本项工作得到原环境保护部"生物多样性保护专项"经费支持

中国红树林生物多样性调查

（海南卷）

陈清华等　编著

中国海洋大学出版社
·青岛·

图书在版编目(CIP)数据

中国红树林生物多样性调查. 海南卷 / 陈清华等编著
. —青岛:中国海洋大学出版社,2021.11
ISBN 978-7-5670-3000-8

Ⅰ.①中… Ⅱ.①陈… Ⅲ.①红树林－生物多样性－
调查研究－海南 Ⅳ.①S796

中国版本图书馆 CIP 数据核字(2021)第 221774 号

出版发行	中国海洋大学出版社			
社 址	青岛市香港东路 23 号		邮政编码	266071
出 版 人	杨立敏			
网 址	http://pub.ouc.edu.cn			
电子信箱	j.jiajun@outlook.com			
订购电话	0532-82032573(传真)			
责任编辑	姜佳君　邓志科		电 话	0532-85901040
印 制	青岛海蓝印刷有限责任公司			
版 次	2021 年 11 月第 1 版			
印 次	2021 年 11 月第 1 次印刷			
成品尺寸	210 mm×297 mm			
印 张	20.25			
字 数	428 千			
印 数	1～1000			
定 价	198.00 元			

发现印装质量问题,请致电 0532-88785354,由印刷厂负责调换。

《中国红树林生物多样性调查(海南卷)》

编委会

红树林是生长在热带、亚热带地区中潮带，受海水周期性浸淹，以红树植物为主体的木本植物群落。红树植物是热带、亚热带海湾、河口泥滩上特有的常绿灌木和小乔木，具有呼吸根或支柱根，种子可以在树上的果实中萌芽长成小苗，然后再脱离母株，坠落于淤泥中发育生长，是一类稀有的木本"胎生"植物。红树植物因富含单宁酸，被砍伐后氧化变成红色，故称"红树"。

在中国，红树林主要分布在海南、广西、广东、福建和台湾沿海。淤泥沉积的热带、亚热带海岸和海湾，或河口处的冲积盐土或含盐沙壤土，适于红树林生长和发展。红树林一般分布于高潮线与低潮线之间的中潮带。随着海岸地貌的发育和红树林本身的作用，红树林常不断向海岸外缘扩展。红树植物对盐土的适应能力比任何陆生植物都强。据测定，红树林带外缘的海水含盐量为 $3.2\%\sim3.4\%$，内缘的海水含盐量为 $1.98\%\sim2.2\%$，河口处海水的含盐量要低些。红树植物是喜盐植物，通常它们不见于海潮达不到的河岸。例外的现象也有，红树林主要组成之一的桐花树就可以在中国广东的黄埔一带河岸生长。温度对红树林的分布和群落的结构及外貌起着决定性的作用。赤道地区的红树林高达 30 m，组成的种类也最复杂，并表现出某些陆生热带森林群落的外貌和结构，林内出现藤本和附生植物等。在热带的边缘地区，如在中国海南岛，红树林一般高达 $10\sim15$ m。随着纬度升高，温度降低，红树林高可不足 1 m，构成红树林的种类也减至 1 种或 2 种。

红树植物以凋落物的方式，通过食物链转换，为海洋动物提供良好的生长发育环境，同时，由于红树林区内潮沟发达，吸引深水区的动物来到红树林区内觅食、繁殖。由于红树林生长于热带、亚热带，并拥有丰富的鸟类食物资源，所以红树林区是候鸟的越冬场和迁徙中转站，更是各种海鸟觅食、繁殖的场所。红树林的另一重要生态功能是防风消浪、促淤保滩、固岸护堤、净化海水和空气。盘根错节的发达根系能有效地滞留陆地来沙，减少近岸海域的含沙量；茂密高大的枝体宛如一道道绿色长城，有效抵御风浪袭击。

海南岛滩涂面积大，红树植物种类丰富，是我国红树植物的分布中心。海南有8个红树林保护区，其中，海南东寨港国家级自然保护区是建立最早、最有代表性的保护区。东寨港位于海南岛东北部海口市境内，海口市美兰区三江镇、演丰镇、三江农场和文昌市罗豆农场交界处，海岸线总长84 km。东寨港是一个半封闭式深入内陆的港湾式潟湖，呈漏斗状。东寨港位于热带北缘，属热带海洋性季风气候，表现为春季温暖，夏季高温多雨，秋季多台风、暴雨，冬季凉爽。年平均气温23.8 ℃，极端高温28.4 ℃（7月），极端低温17.1 ℃（1月），年降雨量约1 700 mm。潮汐属不正规半日潮，平均潮差约1 m。该地区土壤基质为玄武岩，地带性土壤为砖红壤性红土，土层深厚。

海南东寨港国家级自然保护区于1980年1月经广东省人民政府批准建立，1986年7月9日经国务院审定晋升为国家级自然保护区，总面积3 337.6 hm²，其中红树林面积1 578.2 hm²，滩涂面积1 759.4 hm²。海南东寨港国家级自然保护区是我国建立的第一个以保护红树林生态系统为主的自然保护区，也是迄今为止我国红树植物资源最多、树种最丰富的自然保护区，是我国首批被列入《国际重要湿地名录》的7个湿地保护区之一。

海南东寨港国家级自然保护区属于近海及海岸湿地类型中的红树林沼泽湿地，主要保护对象为红树林及水鸟。以往调查结果显示，保护区内分布有红树、半红树植物35种，占全国红树植物种类的95%。其中，水椰、红榄李、海南海桑、卵叶海桑、拟海桑、木果楝、正红树和尖叶卤蕨为珍贵树种，红榄李、水椰、海南海桑、拟海桑和木果楝已被载入《中国植物红皮书》，具有很高的保护价值。2009年调查结果显示，保护区群落类型有木榄群落、海莲群落、角果木群落、白骨壤群落、秋茄群落、红海榄群落、水椰群落、卤蕨群落、桐花树群落、榄李群落、红海榄＋角果木群落、角果木＋桐花树群落、海桑＋秋茄群落。东寨港红树林生长茂盛，属典型的红树林海岸，是开展红树林研究的理想场所。迄今，有关东寨港红树林区的研究较为丰富，涉及分类学、生态学、微生物学、生理学、遗传学等诸多领域，取得了丰硕的成果。

海南东寨港国家级自然保护区设有管理局，隶属于海南省林业局，委托海口市林业局管理。管理局下设综合科、宣传和市场开发科、科研和规划发展科，以及三江、塔市、道学、罗豆保护站，并设有派出所。保护区还是开展科学研究、进行宣传教育的良好场地。保护区设中国森林生态系统定位监测研究网络海南东寨港红树林湿地生态系统定位研究站和海南东寨港国家级自然保护区野生动物疫源疫病监测站,开展研究和监测工作。

本书共分为8章,参与各章编写的人员如下:第1章,刘忠诚、叶矾、邓磊;第2章和第3章,刘伟杰、周国锋、黄建荣;第4章,黄建荣、钟超、张鹏、韩崇;第5章,朱江;第6章,李强、吴健勇;第7章,陈什旺;第8章,崔建国、邓可、朱弼成、蔡炎林、汪继超、王同亮。程琪参与了核稿、编辑工作,廖亚琴负责图片整理、修图和表格数据核定工作。全书由陈清华负责统一修改、定稿。

因编写人员水平有限,书中错误在所难免,恳请读者批评指正。

目　录 *Contents*

第1章　海南红树林植物多样性调查

摘要　本次调查在实地踏勘基础上，采用生态地植物样地记录法，对海南东寨港红树林植物群落多样性进行了调查。共发现红树林植物32科58属63种，其中，真红树植物有8科11属14种，半红树植物有6科8属8种，伴生植物有24科38属41种。红树林沿东寨港呈环形分布，生长条件优越，面积广阔。红树林外貌较为整齐，树冠呈波状起伏，终年常绿，没有季相变化。北港片区、演丰片区、三江片区等都处于良好的湾口，红树林分布面积较大。红树林植物群落类型丰富，结构组成多样化。东寨港红树林不仅有发育良好的海莲、红海榄、秋茄、白骨壤等单优纯林群落，还有很多海莲＋红海榄、海莲＋秋茄、红海榄＋白骨壤、秋茄＋海漆、红海榄＋桐花树、白骨壤＋桐花树等混交群落。东寨港红树林生长良好，恢复扩展很快，保存有很大面积的原生及次生的红树林植物群落。演丰片区连续分布有大片红树林，红树林植物主要有海莲、角果木、白骨壤、红海榄、秋茄和桐花树，外来植物占比例较大，表现出一定程度的次生化。北港片区沿海不连续分布有少量红树林植物群落，其中靠海一边以海莲、红海榄为主，角果木也较多且多呈片状分布在群落中，群落中有少量白骨壤星散分布，岸边伴生有木麻黄、黄槿和水黄皮等植物。保护站周边的红树林主要分布在港口周围，天然的红树林在不断人工引种及补种的过程中，植被覆盖率比较高。三江片区的红树林主要分布在道学村、溪头村、下园村及沟边村周围海岸带。乔木层主要有无瓣海桑、海莲等，灌木层中海莲小树最多，也有白骨壤、角果木、红海榄和秋茄零散分布于群落内，群落的外围主要有黄槿、水黄皮、许树等植物分布。在调查中发现，调查区域内水椰数量不多。在近十几年来的有效管理下,红树林表现出很强的恢复力,逐渐在人工抚育下向成熟群落演变。各样地红树林植物群落类型季节变化不明显,群落结构处于同等水平。红树林植物生长相对缓慢,春秋季节未发现胸径及株高的明显变化。春季桐花树、无瓣海桑茂盛,冬季结实,群落生命力强。春季潮位低,植物繁殖迅速;冬季潮位相对较高,部分植物幼苗发育良好。

东寨港红树林保护区内的北港地区靠近东寨港海水入口处,盐度较高;三江地区地处港湾内,有淡水河流经过,农田、小溪数量多,盐度较北港地区低。因此,在东寨港形成2个典型的分布区:北港红树林区是以红海榄、角果木为优势的群落;三江红树林区是以秋茄、海莲为优势的群落(吴瑞等,2015)。以往对海南东寨港国家级自然保护区植被进行了较多调查。吴瑞等(2013,2016)对红树林植被、鸟类、浮游植物进行了现场调查和管理现状调研,分析了保护区受到的威胁,提出了管理对策,并对东寨港红树林植物种类和群落进行了调查和分析,得出了红树林群落演替系列。辛欣等(2016)利用前人对海南主要是东寨港国家级自然保护区红树林植物种类及破坏因素分析成果,从建立种质资源保育基因库、采取红树林复合种植模式、完善红树林立法体系、加强红树林科研深度、提高遥感技术利用水平以及开展湿地生态旅游等方面提出恢复手段。孙艳伟等(2015)、王荣丽等(2015)、徐蒂等(2014)、郑德璋等(1989)、符国瑗(1995)、马驹如等(1999)对东寨港红树林生态系统退化原因进行了分析。邱广龙等(2016)在东寨港三江红树林片区发现贝克喜盐草(*Halophila beccarii*),该海草是当前全球面临灭绝风险的10种海草之一,被国际自然保护联盟(IUCN)列为易危(VU)种。

1.1 调查方法

植物群落调查一般采取路线调查与重点调查相结合的方法。本次调查在实地踏勘的基础上,确定红树林群落地段,采用我国生态地植物样地记录法进行群落调查。

1.1.1 样点布设

植被调查取样的目的是通过样地的研究,准确地推测评价范围内植被的总体概况。因此所选取的样地应具有代表性,能通过有限的抽样获得较为准确的植被特征。本次调查根据监测区域内不同植被类型做了样地布点设计,在其主要的5个区域(三江、演丰、北港、罗豆和铺前)设置样带,每个区域设置2个断面,每个断面设潮上带、潮间带和潮下带3个样地,共设置30个样地,具体情况见表1-1。

表 1-1　东寨港红树林调查布点情况

监测区域	时间	断面	中心坐标
三江	春季 4 月、秋季 10 月	断面 1	110°36′50.37″E、19°55′34.16″N
		断面 2	110°37′18.92″E、19°55′28.80″N
演丰	春季 4 月、秋季 10 月	断面 1	110°34′39.67″E、19°57′5.57″N
		断面 2	110°35′10.17″E、19°56′20.20″N
北港	春季 4 月、秋季 10 月	断面 1	110°32′44.34″E、19°59′55.88″N
		断面 2	110°32′38.20″E、19°59′43.97″N
罗豆	春季 4 月、秋季 10 月	断面 1	110°37′9.86″E、19°57′47.95″N
		断面 2	110°37′10.25″E、19°57′59.13″N
铺前	春季 4 月、秋季 10 月	断面 1	110°35′53.20″E、20°1′13.66″N
		断面 2	110°35′45.89″E、20°1′15.43″N

1.1.2　样地设置

针对 10 个断面的红树植物群落在种类和分布面积方面的差异，选择不同方法设置样地。在红树林分布面积广、种类多样的区域，严格按照低、中、高潮位的断面式调查方法进行样地设置，在断面内的低、中和高潮区各布设 1 个大小相同的样地；在红树林分布面积较小、呈集中分布或是沿海岸线呈条带式狭窄分布的区域，依据不同群落类型进行样地设置。

1.1.3　样地大小

样地面积取决于树木的密度且不能小于 10 m×10 m。一般来说，每一样地至少应有 40 棵树木。如果红树林沿海岸呈狭窄的条带状分布，则应在此条带状分布区中布设 1 个样地。

1.1.4　样地调查记录方法

1.1.4.1　植物胸径、株高测量

用 2 m 长的玻璃纤维卷尺测量每棵周长大于 4 cm 的树木的基干周长。测量在肩高位置进行，大约在地面以上 1.5 m 处。将钉子(长 5 cm)钉入测量高度以下 10 cm 的茎干，以便为将来的测量提供参考点。将钉子的 1/2 留在茎干以外，以利于树木生长。

一些红树植物形状和生长形态导致难以测量其树木基干周长，采用下述方法测量：

(1)若树木在胸部以下分叉，或在近地面或地面上的基部单向萌芽，将每一分枝看作单独的茎干加以测量。在记录中，将主茎干记为"1"，其他分枝记为"2"。

（2）若茎干具有支撑根系或下部树干呈凹槽形（红树科植物），则在根颈上部 20 cm 处测量树木基干周长。

（3）若测量点茎干具有隆起、枝条或畸形，则把测量基干周长的位置稍微上移或下移。

测量树木基干周长的同时，测定每棵红树植物的高度（地面至植株的最高点）。

胸径（DBH）按公式（1-1）计算：

$$\text{DBH} = C/\pi \qquad (1\text{-}1)$$

式中，DBH 为胸径（cm），C 为树木基干周长（cm）。

1.1.4.2　植物种类组成、密度计算

鉴定样地内所有红树植物种类，按以下 3 类记录不同种类的植株数量：

大树：DBH 大于 4 cm；

小树：DBH 大于 1 cm、小于 4 cm，且树高大于 1 m；

幼树：树高小于 1 m。［注：参照《红树林生态监测技术规程》（HY/T 081—2005）］

红树植物密度按照公式（1-2）计算：

$$d = n/s \times 10 \qquad (1\text{-}2)$$

式中，d 为红树植物密度（每 10 m² 内红树植物的植株数），n 为样地内红树植物的植株数（株），s 为样地面积（m²）。

1.1.4.3　植物物种多样性分析

物种多样性取决于物种丰富度和物种均匀度。一个群落中如果有许多物种，且它们的多度非常均匀，则该群落就有较高的物种多样性；反之，如果群落中物种数较少，并且它们的多度不均匀，则群落有较低的物种多样性。测度物种多样性常用以下几个指数：

1.1.4.3.1　Simpson 多样性指数

该指数是基于概率论提出的，其意义是从包含 N 个个体 S 个种的样方中随机抽取 2 个个体并且不再放回，如果这 2 个个体属于相同种的概率大，则认为样方的多样性低，反之则高。其公式如下：

$$\text{Sp} = N(N-1)/\sum_{i=1}^{S} n_i(n_i-1) \qquad (1\text{-}3)$$

式中，Sp 为 Simpson 多样性指数，N 为群落所有种的个体总数，n_i 为第 i 个种的个体数，S 为物种数。

1.1.4.3.2　Shannon-Wiener 多样性指数

该指数以信息论范畴的 Shannon-Wiener 函数为基础，用以测度从群落中随机排出一定个体的种的平均不定度，当种的数目增加或已存在的物种的个体分布越来越均匀时，此不定度增加。其公式如下：

$$H' = -\sum_{i=1}^{S} P_i \times \log_2 P_i \qquad (1\text{-}4)$$

式中，H' 为 Shannon-Wiener 多样性指数，S 为物种数，N 为个体数，P_i 为第 i 种占总个体数的

比例。

1.1.4.3.3　均匀度

群落的均匀度是指群落中各个物种的多度的均匀度,是通过多样性指数值和该样地物种数、个体总数不变的情况下理论上具有的最大的多样性指数值的比值来度量的。这个理论值实际是在假定群落中所有种的多度分布是均匀的这个基础上来实现的。

基于 Simpson 多样性指数的物种均匀度的计算式为

$$J_{Sp} = Sp/Sp_{max} \tag{1-5}$$

其中,

$$Sp_{max} = S(N-1)/(N-S) \tag{1-6}$$

基于 Shannon-Wiener 多样性指数的物种均匀度的计算式为

$$J' = H'/H'_{max} \tag{1-7}$$

其中,

$$H'_{max} = \log_2 S \tag{1-8}$$

1.2　调查结果

1.2.1　植物群落调查概况

本次对东寨港北港片区、演丰片区、三江片区、罗豆片区、铺前片区的红树植物群落进行调查,可知其有以下几个特点。

第一,红树林沿东寨港呈环形分布,红树植物生长条件优越,面积广阔。红树林外貌较为整齐,树冠呈波状起伏,终年常绿,没有季相变化。本次调查的北港片区、演丰片区、三江片区等都处于良好的湾口,红树林分布面积较大。

第二,红树林植物群落类型丰富,结构组成多样化。本次调查中,不仅发现发育良好的海莲、红海榄、秋茄、白骨壤等单优纯林群落,还发现很多海莲＋红海榄、海莲＋秋茄、红海榄＋白骨壤、秋茄＋海漆、红海榄＋桐花树、白骨壤＋桐花树等各类混交群落。

第三,保护区内红树林生长良好,恢复扩展很快,保存分布有很大面积的原生及次生的红树林植物群落。植物分布方面,演丰片区连续分布有大片红树林,成片状群落分布。红树植物主要有海莲、角果木、白骨壤、红海榄、秋茄和桐花树。外来植物占比较大,表现出一定程度的次生化。北港片区周围沿海不连续分布有少量红树群落,其中靠海一边以海莲、红海榄为主,角果木也较多,在群落中多呈片状分布,群落中白骨壤零散分布,岸边伴生有木麻黄、黄槿和水黄皮等植物。保护站周边的红树林主要分布在港口周围，天然的红树林在不断进行人工引种及补种的过程中，植被覆盖率比较高。三江片区的红树林主要分布在道学村、溪头村、下园村及沟边村周围海岸带。乔木层主要有无瓣海桑、海莲等；灌木层中海莲小树最多，也有白骨壤、角果木、红海榄和秋茄随机分布于群落内。群落的外围主要有黄槿、水黄皮、许树等植物分布。在调查中发现，调查区域内水椰数量不多，说明水椰已逐渐变为濒危种。在近十几年来的有效管理下，红树林表现出很强的恢复力，逐渐在人工抚育的情况下向成熟群落演变。

1.2.2 植物群落种类组成

野外实地调查发现保护区红树林植物有 32 科 58 属 63 种。其中，真红树植物有 8 科 11 属 14 种，半红树植物有 6 科 8 属 8 种，伴生植物有 25 科 38 属 41 种（附录一）。

1.2.2.1 真红树植物

老鼠簕 *Acanthus ilicifolius*

爵床科老鼠簕属。直立灌木。单叶，长圆形至长圆状披针形，长径 6～14 cm。花期 4～6 月。穗状花序顶生，花冠白色，长 3～4 cm。果期 6～7 月。蒴果椭球形，长径 2.5～3 cm。极耐盐，耐水。

卤蕨 *Acrostichum aureum*

卤蕨科卤蕨属。别名：金蕨。多年生草本，高可达 2 m。一回羽状复叶，簇生；叶柄长 30～60 cm；羽叶大，长 15～36 cm。孢子囊满布能育羽片下面，无盖。极耐盐，耐水。

桐花树 *Aegiceras corniculatum*

紫金牛科蜡烛果属。别名：黑榄、浪柴。灌木或小乔木，高 1.5～4 m。单叶，革质，倒卵形、椭圆形，长径 3～10 cm。花期 12 月至翌年 2 月。伞形花序，有花 10 余朵，花冠白色，钟形。果期 10～12 月。蒴果圆柱形，弯曲如新月形，长约 6 cm。

白骨壤 *Avicennia marina*

马鞭草科海榄雌属。别名：咸水矮让木、海豆落叶。灌木，高 1.5～6 m。单叶，革质，卵形至倒卵形、椭圆形，长径 2～7 cm。花期 7～10 月。聚伞花序紧密呈头状，花小，花冠黄褐色。果期 7～10 月。果近球形，直径约 1.5 cm。极耐盐，耐水。

木榄 *Bruguiera gymnorrhiza*

红树科木榄属。别名：鸡爪浪、五脚里、五梨蛟。小乔木，高达 6 m。单叶，椭圆状矩圆形，长径 7～15 cm。花期几乎全年。花单生，长径 3～3.5 cm，花瓣上部 2 裂。果期几乎全年。胚轴长 15～25 cm。极耐盐，耐水。

海漆 *Excoecaria agallocha*

大戟科海漆属。常绿小乔木，高达 4 m。单叶，近革质，叶柄顶端有 2 个圆形的腺体。花期 1～9 月。总状花序。果期 1～9 月。蒴果球形。耐盐，稍耐水。

秋茄 *Kandelia obovata*

红树科秋茄树属。别名：水笔仔、茄行树、红浪、浪柴。灌木或小乔木，高 2～3 m。单叶，椭圆形或近倒卵形，长径 5～9 cm。花期几乎全年。二歧聚伞花序，有花 4～9 朵；花瓣白色，膜质。果期几乎全年。果实圆锥形，胚轴细长，长 12～20 cm。极耐盐，耐水。

红海榄 *Rhizophora stylosa*

红树科红树属。别名：鸡爪榄、厚皮。小乔木或灌木，高达 5 m。单叶，中叶，阔圆形、椭圆形或矩圆形，长径 6.5～11 cm。花期秋冬季。花腋生，小花。果期秋冬季。果实倒梨形，小果，长 2.5～3 cm。胚轴圆柱形，长 30～40 cm。喜阳光，喜潮湿，耐盐碱，耐水。

无瓣海桑 *Sonneratia apetala*

海桑科海桑属。大乔木，高 15～20 m。叶对生，厚革质。总状花序，花瓣缺，花丝白色，柱头蘑菇状。果期秋季。浆果有香味。耐水。

卵叶海桑 *Sonneratia ovata*

海桑科海桑属。大乔木，高 12～15 m。叶卵状，互生。总状花序，花瓣缺，花丝白色，柱头蘑菇状。花期夏季。果期秋季。浆果有香味。

海莲 *Bruguiera sexangula*

红树科木榄属。乔木或灌木，高通常 1～4 m，少数达 8 m。叶矩圆形或倒披针形。花果期秋冬季至次年春季。

角果木 *Ceriops tagal*

红树科角果木属。灌木或乔木，高 2～5 m。树干常弯曲；树皮灰褐色，几乎平滑，有细小的裂纹；枝有明显的叶痕。叶多为倒卵形。花期秋、冬季。果期冬季。

尖叶卤蕨 *Acrostichum speciosum*

卤蕨科卤蕨属。植株高达 1.5 m。根状茎直立，连同叶柄基部被鳞片。叶簇生，叶片奇数，一回羽状：中部以下的不育，阔披针形，两侧并行，顶部略变狭而短渐尖；中部以上的羽片能育，顶部稍急尖而呈短尾状，无柄。

水椰 *Nypa fructicans*

棕榈科水椰属。根茎粗壮，匍匐状，丛生。叶羽状全裂，坚硬而粗，长 4～7 m，羽片多数，整齐排列，线状披针形，外向折叠，先端急尖，全缘，中脉突起，背面沿中脉的近基部处有纤维束状、"丁"字着生的膜质小鳞片。花序长 1 m 或更长；雄花序柔荑状，着生于雌花序的侧边。花期 7 月。

1.2.2.2　半红树植物

许树 *Clerodendrum inerme*

马鞭草科大青属。别名：苦郎树、假茉莉。攀缘状灌木，高可达 2 m。叶薄革质，卵形、椭圆形,长径 3～7 cm。花期 3～12 月。聚伞花序,花很香,花冠白色,顶端 5 裂。果期 3～12 月。核果倒卵形。稍耐盐,耐水。

黄槿 *Hibiscus tiliaceus*

锦葵科木槿属。别名:桐花、海麻。常绿小乔木,高 4～10 m。叶革质,近圆形或广卵形,直径 8～15 cm。花期 6～8 月。聚伞花序顶生或腋生,花冠钟形,直径 6～7 cm,花瓣黄色,内面基部暗紫色。蒴果卵圆形,长径约 2 cm。极耐盐,耐水。

磨盘草 *Abutilon indicum*

锦葵科苘麻属。亚灌木状草本,分枝多,全株均被灰色短柔毛。叶卵圆形或近圆形,长径 3～9 cm。花期 7～10 月。花单生于叶腋,花梗长达 4 cm,花黄色,直径 2～2.5 cm。果形状似磨盘,直径约 1.5 cm,分果爿 15～20 个。

阔苞菊 *Pluchea indica*

菊科阔苞菊属。灌木,高 2～3 m。叶倒卵形或阔倒卵形,长径 3～7 cm。花期全年。头状花序伞房状,小花。瘦果圆柱形。极耐盐,耐水。

水黄皮 *Pongamia pinnata*

豆科水黄皮属。乔木,高 8～15 m。嫩枝通常无毛,有时稍被微柔毛;老枝密生灰白色小皮孔。羽状复叶,小叶 2～3 对,近革质,卵形,阔椭圆形至长椭圆形,先端短而渐尖或圆形,基部宽楔形、圆形或近截形。荚果,表面有不甚明显的小疣凸,顶端有微弯曲的短喙,不开裂,沿缝线处无隆起的边或翅,有种子 1 粒,种子肾形。花期 5～6 月,果期 8～10 月。

海杧果 *Cerbera manghas*

夹竹桃科海杧果属。乔木,高 4～8 m,胸径 6～20 cm。树皮灰褐色;枝条粗厚,绿色,具不明显皮孔,无毛;全株具丰富乳汁。叶厚纸质,倒卵状长圆形或倒卵状披针形,稀长圆形,顶端钝或短渐尖,基部楔形,无毛,叶面深绿色,叶背浅绿色;中脉和侧脉在叶面扁平,在叶背凸起,侧脉在叶缘前网结。核果双生或单个,阔卵形或球形,顶端钝或急尖,外果皮纤维质或木质,未成熟绿色,成熟时橙黄色,种子通常 1 粒。花期 3～10 月,果期 7 月至翌年 4 月。

银叶树 *Heritiera littoralis*

梧桐科银叶树属。常绿乔木,高约 10 m。树皮灰黑色,小枝幼时被白色鳞秕。叶革质,矩圆状披针形、椭圆形或卵形,顶端锐尖或钝,基部钝,上面无毛或几乎无毛,下面密被银白色鳞秕;托叶披针形,早落。圆锥花序腋生,花红褐色,萼钟状。果木质,坚果状,近椭球形,光滑,干时黄褐色,种子卵形。花期夏季。

钝叶臭黄荆 *Premna obtusifolia*

马鞭草科豆腐柴属。攀缘状灌木或小乔木,高 1～3 m。老枝有圆形或椭圆形黄白色皮孔,嫩枝有短柔毛。叶片卵形、倒卵形至近圆形,顶端钝圆或短尖,但尖头钝,基部阔楔形或圆形,全缘,两面沿脉有短柔毛,上面常有沟。聚伞花序在枝顶组成伞房状。花果期 7～9 月。

1.2.2.3　伴生植物

鱼藤 *Derris trifoliata*

豆科鱼藤属。攀缘状灌木。枝叶均无毛。羽状复叶;小叶通常 2 对,有时 1 对或 3 对,厚纸质或薄革质,卵形或卵状长椭圆形,先端渐尖,钝头,基部圆形或微心形;小叶柄短。总状花序腋生,无毛,有时下部的花束轴延长成一短枝;花梗聚生;花萼钟状,无毛或近无毛,萼齿钝,极短;花冠白色或粉红色,旗瓣近圆形,翼瓣和龙骨瓣狭长椭圆形,雄蕊单体。荚果斜卵形、球形或阔长椭球形,扁平,无毛,仅于腹缝有狭翅,有种子 1～2 粒。花期 4～8 月,果期 8～12 月。

文殊兰 *Crinum asiaticum* var. *sinicum*

石蒜科文殊兰属。多年生粗壮草本。鳞茎长柱形。叶 20～30 枚,多列,带状披针形,长可达 1 m,通常宽 7～12 cm,顶端渐尖,具一急尖的尖头,边缘波状,暗绿色。花茎直立,几乎与叶等长,伞形花序,佛焰苞状;总苞片披针形,膜质,小苞片狭线形;花高脚碟状,芳香;花被管纤细,伸直。花期夏季。

海马齿 *Sesuvium portulacastrum*

番杏科海马齿属。多年生肉质草本。茎平卧或匍匐,绿色或红色,有白色瘤状小点,多分枝,常节上生根。叶片厚,肉质,线状倒披针形或线形,顶端钝,中部以下渐狭成短柄状,基部变宽,边缘膜质,抱茎。花小,单生叶腋,卵状披针形,外面绿色,里面红色,边缘膜质,顶端急尖。蒴果卵形,长不超过花被,中部以下环裂。种子小,亮黑色,卵形,顶端凸起。花期 4～7 月。

斜叶榕 *Ficus tinctoria* subsp. *gibbosa*

桑科榕属。小乔木,幼时多附生,树皮微粗糙,小枝褐色。叶薄革质,排为 2 列,椭圆形至卵形,顶端钝或急尖,基部宽楔形,全缘,一侧稍宽,两面无毛,背面略粗糙;网脉明显,干后网眼深褐色,基生侧脉短,不延长,侧脉 5～8 对,两面凸起;叶柄粗壮,托叶钻状披针形,厚。榕果球形或球状梨形,单生或成对腋生,略粗糙,疏生小瘤体,顶端脐状,基部收缩成柄,卵圆形,干后反卷;总梗极短;雄花生榕果内壁近口部。瘦果椭球形,具龙骨,表面有瘤体。花果期冬季至翌年 6 月。

曼陀罗 *Datura stramonium*

茄科曼陀罗属。草本或半灌木状,高 0.5～1.5 m,全体近于平滑或在幼嫩部分被短柔毛。茎粗壮,圆柱状,淡绿色或带紫色,下部木质化。叶广卵形,顶端渐尖,基部不对称楔形,边缘有不规则波状浅裂,裂片顶端急尖,有时亦有波状齿。蒴果直立生,卵状,表面生有坚硬针刺或有时无刺而近平滑,成熟后淡黄色,规则 4 瓣裂,种子卵形。花期 6～10 月,果期 7～11 月。

水茄 *Solanum torvum*

茄科茄属。灌木,高 1～3 m。小枝、叶下面、叶柄及花序柄均被星状毛,小枝疏具基部宽扁的皮刺,皮刺淡黄色,基部疏被星状毛。叶单生或双生,卵形至椭圆形,先端尖,基部心脏形或楔形,两边不相等,边缘半裂或波状,有刺或无刺。浆果黄色,光滑无毛,圆球形,宿萼外面被稀疏的星状毛,上部膨大,种子盘状。全年均开花结果。

黄花棯 *Sida acuta*

锦葵科黄花棯属。直立亚灌木状草本,高 1～2 m。分枝多,小枝被柔毛至近无毛。叶披针形,先端短尖或渐尖,基部圆或钝,具锯齿,两面均无毛或疏被星状柔毛;托叶线形,与叶柄近等长,常宿存。果皮具网状皱纹。花期冬、春季。

锈鳞飘拂草 *Fimbristylis ferrugineae*

莎草科飘拂草属。根状茎短,木质,水平生长。秆丛生,细而坚挺,扁三棱形,平滑,灰绿色,基部稍膨大,具少数叶。小穗单生于辐射枝顶端,长卵形、长圆形或长圆状披针形,顶端急尖,少有钝的,圆柱状,具多数密生的花;鳞片近于膜质,卵形或椭圆形,顶端钝,具短尖,灰褐色,中部具深棕色条纹,背面具 1 条明显的中肋。小坚果倒卵形或宽倒卵形,扁双凸状,表面近于平滑,成熟时棕色或黑棕色,有很短的柄。花果期 6～8 月。

细叶飘拂草 *Fimbristylis polytrichoides*

莎草科飘拂草属。根状茎极短或无,具许多须根。秆密丛生,较细,圆柱状,具纵槽,平滑,基部具少数叶。叶短于秆,近灯芯草状,平滑;叶鞘短,黄棕色,草质,边缘干膜质,无毛。小穗单个顶生,椭圆形或长圆形,顶端钝或圆;鳞片紧密地螺旋状排列,膜质,长圆形,顶端圆,无短尖或具极短的硬尖,苍白色,半透明,中间具棕色短条纹,有时上部两侧稍带黄褐色。小坚果倒卵形,双凸状,灰黑色,表面具稀疏的疣状突起和横长圆形网纹,基部具暗褐色短柄。花果期 3～9 月。

狼尾草 *Pennisetum alopecuroides*

禾本科狼尾草属。多年生。须根较粗壮。秆直立,丛生,高 30～120 cm,在花序下密生柔毛。叶鞘光滑,两侧压扁,主脉呈脊状,在基部者跨生状,秆上部者长于节间。颖果长球形。叶片上、下表皮细胞结构不同:上表皮脉间细胞 2～4 行,为长筒状、有波纹、壁薄的长细胞;下表皮脉间 5～9 行,为长筒状、壁厚、有波纹的长细胞与短细胞交叉排列。花果期夏、秋季。

红毛草 *Rhynchelytrum repens*

禾本科红毛草属。多年生。根茎粗壮。秆直立,常分枝,高可达 1 m,节间常具疣毛,节具软毛。叶鞘松弛,大都短于节间,下部亦散生疣毛;叶舌由长约 1 mm 的柔毛组成;叶片线形。圆锥花序开展,分枝纤细,小穗柄纤细弯曲,顶端稍膨大,疏生长柔毛,常被粉红色绢毛;花柱分离,柱头羽毛状;鳞被 2 枚,折叠,具 5 脉。花果期 6～11 月。

破布叶 *Microcos paniculata*

椴树科破布叶属。灌木或小乔木,高 3～12 m,树皮粗糙,嫩枝有毛。叶薄革质,卵状长圆形,先端渐尖,基部圆形,两面初时有极稀疏星状柔毛,以后变秃净;三出脉的两侧脉从基部发出,向上行超过叶片中部,边缘有细钝齿;托叶线状披针形。顶生圆锥花序,苞片披针形,花柄短小,萼片长圆形。核果近球形或倒卵形,长约 1 cm,果柄短。花期 6～7 月。

白背叶 *Mallotus apelta*

大戟科野桐属。灌木或小乔木,高 1～4 m。小枝、叶柄和花序均密被淡黄色星状柔毛和散生橙黄色颗粒状腺体。叶互生,卵形或阔卵形,极少数为心形。蒴果近球形,密生被灰白色星状毛的软刺,软刺线形,黄褐色或淡黄色;种子近球形,褐色或黑色,具皱纹。花期 6～9 月,果期 8～11 月。

椰子 *Cocos nucifera*

棕榈科椰子属。植株高大,乔木状,高 15～30 m。茎粗壮,有环状叶痕,基部增粗,常有簇生小根。叶羽状全裂,裂片多数,外向折叠,革质,线状披针形,顶端渐尖;叶柄粗壮。花序腋生,多分枝;佛焰苞纺锤形,厚木质,老时脱落。果卵球状或近球形,顶端微具 3 棱,外果皮薄,中果皮厚纤维质,内果皮木质坚硬,果腔含有胚乳(即“果肉”或种仁)、胚和汁液(椰子水)。花果期主要在秋季。

酸浆 *Physalis alkekengi*

茄科酸浆属。多年生草本,基部常匍匐生根。基部略带木质,分枝稀疏或不分枝,茎节不甚膨大,常被有柔毛,尤其以幼嫩部分较密。叶长卵形至阔卵形,顶端渐尖,基部不对称狭楔形,下延至叶柄,全缘波状或者有粗齿。浆果球状,橙红色,柔软多汁。种子肾形,淡黄色。花期 5～9 月,果期 6～10 月。

水翁 *Cleistocalyx operculatus*

桃金娘科水翁属。乔木,高 15 m。树皮灰褐色,颇厚,树干多分枝;嫩枝压扁,有沟。叶片薄革质,长圆形至椭圆形,先端急尖或渐尖,基部阔楔形或略圆,两面多透明腺点;网脉明显,边脉离边缘 2 mm。圆锥花序生于无叶的老枝上。浆果阔卵圆形,长径 10～12 mm,直径 10～14 mm,成熟时紫黑色。花期 5～6 月。

山小橘 *Glycosmis pentaphylla*

芸香科山小橘属。小乔木,高达 5 m。新梢淡绿色,略呈两侧压扁状。叶有小叶 5 片,有时 3 片,小叶长圆形,稀卵状椭圆形,顶部钝尖或短渐尖,基部短尖至阔楔形,硬纸质,叶缘有疏离而裂的锯齿状裂齿,中脉在叶面至少下半段明显凹陷呈细沟状。多花,花蕾球形;萼裂片阔卵形,花瓣早落,白色或淡黄色,油点多,花蕾期在背面被锈色微柔毛。浆果近球形,果皮多油点,淡红色。花期 7～10 月,果期翌年 1～3 月。

山乌桕 *Sapium discolor*

大戟科乌桕属。乔大或灌木,高 3～12 m。各部均无毛;小枝灰褐色,有皮孔。叶互生,纸质,嫩时呈淡红色,叶片椭圆形或长卵形,顶端钝或短渐尖,基部短狭或楔形,背面近缘常有数个圆形的腺体；中脉在两面均凸起，于背面尤明显，侧脉纤细；托叶小，近卵形，易脱落。花单性。蒴果黑色，球形，分果爿脱落后中轴宿存。种子近球形，外薄被蜡质的假种皮。花期4~6月。

乌桕 *Sapium sebiferum*

大戟科乌桕属。乔木，高可达15 m。各部均无毛而具乳状汁液；树皮暗灰色，有纵裂纹；枝广展，具皮孔。叶互生，纸质，菱形、菱状卵形或稀有菱状倒卵形，顶端骤然紧缩，具长短不等的尖头，基部阔楔形或钝，全缘。蒴果梨形，成熟时黑色，具3粒种子，分果爿脱落后中轴宿存。种子扁球形，黑色，外被白色、蜡质的假种皮。花期4~8月。

木薯 *Manihot esculenta*

大戟科木薯属。直立灌木，高1.5~3 m。块根圆柱状。叶纸质，轮廓近圆形，掌状深裂几乎达基部，倒披针形至狭椭圆形，顶端渐尖，全缘；叶柄稍盾状着生，具不明显的细棱；托叶三角状披针形，全缘或具1~2条刚毛状细裂。圆锥花序顶生或腋生，苞片条状披针形；花萼带紫红色且有白粉霜。花期9~11月。

青葙 *Celosia argentea*

苋科青葙属。一年生草本，高0.3~1 m。全体无毛；茎直立，有分枝，绿色或红色，具明显条纹。叶片矩圆披针形、披针形或披针状条形，少数卵状矩圆形，绿色常带红色，顶端急尖或渐尖，具小芒尖，基部渐狭。花期5~8月，果期6~10月。

蓖麻 *Ricinus communis*

大戟科蓖麻属。一年生粗壮草本或草质灌木，高达5 m。小枝、叶和花序通常被白霜，茎多液汁。叶轮廓近圆形，掌状7~11裂，裂缺几乎达中部，裂片卵状椭圆形或披针形，顶端急尖或渐尖，边缘具锯齿；网脉明显；叶柄粗壮，中空。蒴果卵形或近球形，果皮具软刺或平滑。种子椭球形，微扁平，平滑，斑纹淡褐色或灰白色。种阜大。花期几乎全年。

蟛蜞菊 *Wedelia chinensis*

菊科蟛蜞菊属。多年生草本。茎匍匐，上部近直立，基部各节生出不定根。叶无柄，椭圆形、长圆形或线形，基部狭，顶端短尖或钝，全缘或有1~3对疏粗齿。花冠近钟形，向上渐扩大，檐部5裂，裂片卵形。瘦果倒卵形，多疣状突起，顶端稍收缩，舌状花的瘦具3边，边缘增厚。无冠毛，有具细齿的冠毛环。花期3~9月。

苦楝 *Melia azedarach*

楝科楝属。落叶乔木，高达10余米。树皮灰褐色，纵裂。分枝广展，小枝有叶痕。叶为2~3回奇数羽状复叶，小叶对生，卵形、椭圆形至披针形，顶生一片通常略大，先端短渐尖，基部楔形或宽楔形，多少偏斜，边缘有钝锯齿。核果球形至椭球形，内果皮木质，4~5室，每室有种子1粒，种子椭球形。花期4~5月，果期10~12月。

南方碱蓬 *Suaeda australis*

藜科碱蓬属。一年生草本,高可达1 m。茎直立,粗壮,圆柱状,浅绿色,有棱,上部多分枝;枝细长,上升或斜伸。叶线形,半圆柱状,灰绿色,光滑无毛,稍向上弯曲,先端微尖,基部稍收缩。花两性兼有雌性,单生或2~5朵团集,大多着生于叶的近基部处。两性花花被杯状,黄绿色;雌花花被近球形,较肥厚,灰绿色。花果期7~9月。

酒饼簕 *Atalantia buxifolia*

芸香科酒饼簕属。灌木,高达2.5 m。分枝多,下部枝条披垂,小枝绿色,老枝灰褐色,节间稍扁平,刺多,劲直,顶端红褐色,很少近于无刺。叶硬革质,有柑橘叶香气,叶面暗绿色,叶背淡绿色,卵形、倒卵形。果球形,果皮平滑,有稍凸起油点,透熟时蓝黑色,果萼宿存于果梗上,有种子2粒或1粒。种皮薄膜质,子叶厚,肉质,绿色,多油点。花期5~12月,果期9~12月,常在同一植株上花、果并茂。

鸡矢藤 *Paederia scandens*

茜草科鸡矢藤属。藤本,茎长3~5 m,无毛或近无毛。叶对生,纸质或近革质,形状变化很大,卵形至披针形。圆锥花序式的聚伞花序腋生和顶生,扩展,分枝对生,末次分枝上着生的花常呈蝎尾状排列。小坚果无翅,黑色。花期5~7月。

小叶海金沙 *Lygodium microphyllum*

海金沙科海金沙属。植株可攀至4 m。叶轴上面有2条狭边,羽片多数,对生于叶轴上的短距两侧,平展,距长达3 mm,顶端有一丛黄色柔毛覆盖腋芽。不育羽片尖三角形,长宽几乎相等,同羽轴一样多少被短灰毛,两侧并有狭边,二回羽状;孢子囊穗长2~4 mm,往往长远超过小羽片的中央不育部分,排列稀疏,暗褐色,无毛。

飞机草 *Eupatorium odoratum*

菊科泽兰属。多年生草本,根茎粗壮,横走。茎直立,高1~3 m,苍白色,有细条纹;分枝粗壮,常对生,水平射出,与主茎成直角,少有分披互生而与主茎成锐角的;全部茎枝被稠密黄色茸毛或短柔毛。叶对生,卵形至三角形,花白色或粉红色,花冠长5 mm。瘦果黑褐色,长4 mm,5棱,无腺点,沿棱有稀疏的白色贴紧的顺向短柔毛。花果期4~12月。

刺果苏木 *Caesalpinia bonduc*

豆科云实属。有刺藤本,各部均被黄色柔毛,刺直或弯曲。叶轴有钩刺;羽片6~9对,对生;羽片柄极短,基部有刺1枚;托叶大,叶状,常分裂,脱落;在小叶着生处常有托叶状小钩刺1对;小叶膜质,长圆形,先端圆钝而有小尖,基部斜,两面均被黄色柔毛。总状花序腋生,具长梗,上部稠密,下部稀疏。荚果革质,外面具细长针刺。种子2~3粒,近球形,铅灰色,有光泽。花期8~10月,果期10月至翌年3月。

合萌 *Aeschynomene indica*

豆科合萌属。一年生亚灌木状草本。叶具 20～30 对小叶或更多，小叶薄纸质，线状长圆形。花期 7～8 月。总状花序比叶短，花冠淡黄色。果期 8～10 月。荚果线状长圆形。

春云实 *Caesalpinia vernalis*

豆科云实属。有刺藤本，各部被锈色绒毛。二回羽状复叶，羽片 8～16 对，小叶 6～10 对，对生，革质，卵状披针形、卵形或椭圆形。花期 4 月。圆锥花序，花瓣黄色，有红色斑纹。果期 12 月。荚果斜长圆形，长径 4～6 cm。

海刀豆 *Canavalia maritima*

豆科刀豆属。草质藤本，羽状复叶具 3 小叶，被长柔毛。花期 6～7 月。总状花序腋生，长达 30 cm，小花，花冠紫红色，长约 2.5 cm。荚果线状长卵形，长 8～12 cm。喜潮湿，耐盐碱，稍耐水。

木麻黄 *Casuarina equisetifolia*

木麻黄科木麻黄属。别名：马尾树。大乔木，高可达 30 m。叶退化成鳞片状，7 枚轮生，极小。雄花序，棒状圆柱形，长 1～4 cm。球果状果序椭圆形，长 1.5～2.5 cm。极耐盐，耐水。

凤眼蓝 *Eichhornia crassipes*

雨久花科凤眼蓝属。浮水草本。须根发达，具长匍匐枝。叶莲座状，圆形或宽菱形；叶柄长短不等，中部膨大成囊状或纺锤形。花期 7～10 月。穗状花序长 17～20 cm，花被裂片花瓣状，紫蓝色，花冠具 3 色。果期 8～11 月。蒴果。原产自巴西。

厚藤 *Ipomoea pes-caprae*

旋花科番薯属。别名：二叶红薯、沙灯芯、海薯。多年生草本，叶肉质，卵形、椭圆形、圆形、肾形或长圆形，长径 3.5～9 cm。多歧聚伞花序，花冠紫色或深红色，漏斗状，长 4～5 cm。蒴果球形，高 1.1～1.7 cm。耐盐碱，耐水。

马缨丹 *Lantana camara*

马鞭草科马缨丹属。直立或蔓性灌木，高 1～2 m，茎枝有倒钩状刺。叶对生，卵形至卵状长圆形。全年开花。花序直径 1.5～2.5 cm，花萼管状，花冠黄色或橙黄色，开花后不久转为深红色。果球形，成熟时紫黑色。

含羞草 *Mimosa pudica*

豆科含羞草属。多年生草本或亚灌木。叶为羽毛状复叶互生，呈掌状排列。花期 9 月。头状花序长圆形，2～3 个生于叶腋。花为白色、粉红色。荚果扁平。

露兜树 *Pandanus tectorius*

露兜树科露兜树属。别名：簕古子。常绿小乔木。叶带状，长一般为 1 m 多，边缘具刺。花期 5～6 月。雄花序由若干穗状花序组成，雄花白色，芳香；雌花序头状，圆锥形，长约 4 cm，佛焰苞多枚,长 14～20 cm。聚花果椭球形,由 150 多个核果束组成。核果束倒圆锥形,长约 3 cm。稍耐盐,耐水。

龙珠果 *Passiflora foetida*

西番莲科西番莲属。草质藤本,有臭味。叶膜质,宽卵形至长圆状卵形。叶脉羽状,叶柄长 2～6 cm。花期 7～8 月。花白色或淡紫色,具白斑,直径 2～3 cm。果期翌年 4～5 月。浆果卵形。

地桃花 *Urena lobata*

锦葵科梵天花属。别名:肖梵天花。亚灌木状草本,小枝被星状绒毛。叶互生。茎下部的叶近圆形,先端浅 3 裂,基部圆形或近心形;中部的叶卵形;上部的叶长圆形至披针形。花期 7～10 月。花淡红色。果扁球形,直径约 1 cm,被星状短柔毛和锚状刺。

1.2.3　植物群落特征

本次调查中,依据海南东寨港红树林的分布情况和调查要求,在其 5 个主要的红树林分布区域布设的 10 个断面进行植被调查。各样点的具体调查结果如下。

1.2.3.1　三江红树林区域

1.2.3.1.1　三江红树林断面 1

三江红树林断面 1 群落总体情况见图 1-1。

图 1-1　三江红树林断面 1 群落

图 1-1　三江红树林断面 1 群落（续）

1.2.3.1.1.1　潮上带样地

三江红树林断面 1 潮上带样地编号 SJCS-1，样地中心坐标为 $19°55'25.64''$N、$110°36'57.19''$E，样地面积为 100 m²，群落类型为无瓣海桑＋海莲－桐花树＋红海榄＋海漆－老鼠簕＋卤蕨群落（图 1-2）。该群落是一个处于发育中期的典型红树林群落。群落乔木层以无瓣海桑和海莲占绝对优势；灌木层以桐花树为主，零星分布有红海榄、海漆等植物；草本层分布有海莲、桐花树小苗，同时存在少量的老鼠簕、卤蕨等草本植物。群落郁闭度高，林间分枝密集。

该样地有无瓣海桑 4 株，11 个分枝，平均胸径约 33.5 cm，平均株高约 9.7 m；海莲 13 株，平均胸径 7.6 cm，平均株高约 3.65 m；海莲小苗 20 株，平均株高 0.35 m；桐花树 22 株，45 个分枝，平均胸径约 3.5 cm，平均株高约 2.2 m；桐花树小苗 30 株，平均株高 0.4 m；红海榄 3 株，平均胸径 4.0 cm，平均株高 2.5 m；海漆 4 株，平均胸径 3.2 cm，平均株高 1.8 m；老鼠簕 7 株，平均株高 0.6 m；卤蕨 3 株，平均株高 0.5 m。本样地数据情况见表 1-2。

图 1-2　SJCS-1 样地群落

表 1-2　SJCS-1 样地群落监测数据报表

种类	数量/株	分枝数/个	平均胸径/cm	平均株高/m
无瓣海桑	4	11	33.5	9.7
海莲	13	—	7.6	3.65
桐花树	22	45	3.5	2.2
红海榄	3	—	4.0	2.5
海漆	4	—	3.2	1.8
老鼠簕	7	—	—	0.6
卤蕨	3	—	—	0.5
海莲小苗	20	—	—	0.35
桐花树小苗	30	—	—	0.4

断面编号:SJ-1;样地编号:SJCS-1;样地中心坐标:19°55′25.64″N,110°36′57.19″E

群落类型:无瓣海桑＋海莲－桐花树＋红海榄＋海漆－老鼠簕＋卤蕨;植物种数:7 种

乔木层平均密度:1.7;灌木层平均密度:2.9;草本层平均密度:6

注:密度数据指每 10 m² 内植物的植株数。本章下表同。

1.2.3.1.1.2　潮间带样地

三江红树林断面 1 潮间带样地编号 SJCJ-1,样地中心坐标为 19°55′34.16″N、110°36′50.37″E,样地面积为 100 m²,群落类型为海莲＋秋茄－海漆－老鼠簕＋卤蕨群落(图 1-3)。该群落是一个处于以海莲为优势种和以秋茄为优势种群落的交汇地带的混交群落。群落乔木层以海莲占绝对优势;灌木层以秋茄为主;草本层存在大量海莲以及秋茄小苗,且零星分布有少量老鼠簕、卤蕨等草本植物。

该样地有海莲 32 株,平均胸径 8.2 cm,平均株高约 4.7 m;海莲小苗 68 株,平均株高 0.35 m;秋茄 36 株,平均胸径约 8.5 cm,平均株高约 4.6 m;秋茄小苗 55 株,平均株高 0.3 m;海漆 4 株,平均胸径 4.2 cm,平均株高 1.7 m;老鼠簕 2 株,平均株高 0.55 m;卤蕨 3 株,平均株高 0.4 m。本样地数据情况见表 1-3。

图 1-3 SJCJ-1 样地群落

表 1-3 SJCJ-1 样地群落监测数据报表

断面编号:SJ-1;样地编号:SJCJ-1;样地中心坐标:19°55′34.16″N,110°36′50.37″E			
群落类型:海莲＋秋茄—海漆—老鼠簕＋卤蕨;植物种数:5 种			
乔木层平均密度:6.8;灌木层平均密度:0.4;草本层平均密度:12.8			
种类	数量/株	平均胸径/cm	平均株高/m
海莲	32	8.2	4.7
秋茄	36	8.5	4.6
海漆	4	4.2	1.7
老鼠簕	2	—	0.55
卤蕨	3	—	0.4
海莲小苗	68	—	0.35
秋茄小苗	55	—	0.3

1.2.3.1.1.3 潮下带样地

三江红树林断面 1 潮下带样地编号 SJCX-1,样地中心坐标为 19°55′44.46″N、110°36′46.26″E,样地面积为 100 m²,群落类型为秋茄—桐花树＋海漆—卤蕨群落(图 1-4)。该群落是一个以秋茄为优势种、混杂少量桐花树的群落。群落乔木层以秋茄占绝对优势,群落郁闭度高,林间分枝密集;灌木层植物分布较少,主要零星分布少量桐花树;草本层分布有秋茄、桐花树小苗,同时存在少量卤蕨。

　　该样地有秋茄 49 株,平均胸径约 8.5 cm,平均株高约 4.8 m;秋茄小苗 46 株,平均株高 0.4 m;桐花树 10 株,平均胸径约 3.0 cm,平均株高约 1.6 m;桐花树小苗 38 株,平均株高 0.3 m;海漆 5 株,平均胸径 4.0 cm,平均株高 1.7 m;卤蕨 4 株,平均株高 0.3 m。本样地数据情况见表 1-4。

图 1-4　SJCX-1 样地群落

表 1-4　SJCX-1 样地群落监测数据报表

断面编号:SJ-1;样地编号:SJCX-1;样地中心坐标:19°55′44.46″N,110°36′46.26″E			
群落类型:秋茄－桐花树＋海漆－卤蕨;植物种数:4 种			
乔木层平均密度:4.9;灌木层平均密度:1.5;草本层平均密度:8.8			
种类	数量/株	平均胸径/cm	平均株高/m
秋茄	49	8.5	4.8
桐花树	10	3.0	1.6
海漆	5	4.0	1.7
卤蕨	4	—	0.3
秋茄小苗	46	—	0.4
桐花树小苗	38	—	0.3

1.2.3.1.2　三江红树林断面 2

三江红树林断面 2 群落总体情况见图 1-5。

图 1-5　三江红树林断面 2 群落

1.2.3.1.2.1　潮上带样地

三江红树林断面 2 潮上带样地编号 SJCS-2,样地中心坐标为 19°55′23.31″N、110°37′20.63″E,样地面积为 100 m²,群落类型为无瓣海桑＋卵叶海桑＋海莲－桐花树＋黄槿＋海漆－老鼠簕＋卤蕨群落(图 1-6)。该群落是一个由多种红树植物混交所组成的红树林群落。群落乔木层以无瓣海桑、卵叶海桑、海莲占绝对优势;灌木层以桐花树为主,零星分布有黄槿、海漆等植物;草本层分布有海莲、桐花树小苗,同时存在少量的老鼠簕、卤蕨等草本植物。

该样地有无瓣海桑 5 株,15 个分枝,平均胸径约 28.5 cm,平均株高约 8.5 m;卵叶海桑 3 株,分枝数 8 个,平均胸径 27.0 cm,平均株高 8.3 m;海莲 24 株,平均胸径 8.0 cm,平均株高约 3.8 m;海莲小苗 27 株,平均株高 0.5 m;桐花树 15 株,平均胸径约 4.0 cm,平均株高约 1.6 m;

桐花树小苗 21 株,平均株高 0.4 m;黄槿 2 株,分枝数 5 个,平均胸径 6.5 cm,平均株高 1.9 m;海漆 3 株,平均胸径 3.2 cm,平均株高 1.6 m;老鼠簕 1 株,株高 0.6 m;卤蕨 2 株,平均株高 0.4 m。本样地数据情况见表 1-5。

图 1-6　SJCS-2 样地群落

表 1-5　SJCS-2 样地群落监测数据报表

断面编号:SJ-2;样地编号:SJCS-2;样地中心坐标:19°55′23.31″N,110°37′20.63″E				
群落类型:无瓣海桑＋卵叶海桑＋海莲－桐花树＋黄槿＋海漆－老鼠簕＋卤蕨;植物种数:8 种				
乔木层平均密度:3.2;灌木层平均密度:2.0;草本层平均密度:5.1				
种类	数量/株	分枝数/个	平均胸径/cm	平均株高/m
无瓣海桑	5	15	28.5	8.5
卵叶海桑	3	8	27.0	8.3
海莲	24	—	8.0	3.8
桐花树	15	—	4.0	1.6
黄槿	2	5	6.5	1.9
海漆	3	—	3.2	1.6
老鼠簕	1	—	—	0.6
卤蕨	2	—	—	0.4
海莲小苗	27	—	—	0.5
桐花树小苗	21	—	—	0.4

1.2.3.1.2.2 潮间带样地

三江红树林断面 2 潮间带样地编号 SJCJ-2,样地中心坐标为 19°55′28.80″N、110°37′18.92″E,样地面积为 100 m²,群落类型为海莲－桐花树＋秋茄＋海漆群落(图 1-7)。该群落是一个以海莲为绝对优势种的红树林群落,群落乔木层以长势旺盛的海莲占绝对优势,灌木层零星分布有桐花树、秋茄、海漆等植物,草本层分布有海莲、桐花树小苗,无草本植物。群落郁闭度高,林间分枝密集,属发育较为成熟的海莲群落。

该样地有海莲 43 株,平均胸径 8.5 cm,平均株高约 4.2 m;海莲小苗 34 株,平均株高 0.4 m;桐花树 4 株,平均胸径约 4.0 cm,平均株高约 1.4 m;桐花树小苗 34 株,平均株高 0.4 m;秋茄 8 株,平均胸径 5.5 cm,平均株高 1.8 m;海漆 3 株,平均胸径 3.0 cm,平均株高 1.2 m。本样地数据情况见表 1-6。

图 1-7 SJCJ-2 样地群落

表 1-6 SJCJ-2 样地群落监测数据报表

断面编号:SJ-2;样地编号:SJCJ-2;样地中心坐标:19°55′28.80″N,110°37′18.92″E			
群落类型:海莲－桐花树＋秋茄＋海漆;植物种数:4 种			
乔木层平均密度:4.3;灌木层平均密度:1.5;草本层平均密度:4.7			
种类	数量/株	平均胸径/cm	平均株高/m
海莲	43	8.5	4.2
桐花树	4	4.0	1.4
秋茄	8	5.5	1.8

种类	数量/株	平均胸径/cm	平均株高/m
海漆	3	3.0	1.2
海莲小苗	34	—	0.4
桐花树小苗	13	—	0.3

1.2.3.1.2.3　潮下带样地

三江红树林断面 2 潮下带样地编号 SJCX-2,样地中心坐标为 19°55′30.64″N、110°37′22.67″E,样地面积为 100 m²,群落类型为秋茄－桐花树＋白骨壤－卤蕨群落(图 1-8)。该群落是一个以秋茄为绝对优势种的红树林群落,群落乔木层以长势旺盛的秋茄占绝对优势,灌木层零星分布有桐花树、白骨壤,草本层分布有秋茄、桐花树、白骨壤小苗。群落郁闭度高,林间分枝密集,属发育较为成熟的秋茄群落。

该样地有秋茄 38 株,平均胸径约 9.6 cm,平均株高约 4.1 m;秋茄小苗 20 株,平均株高 0.4 m;桐花树 5 株,平均胸径约 4.0 cm,平均株高约 1.4 m;桐花树小苗 4 株,平均株高 0.3 m;白骨壤 3 株,平均胸径 3.0 cm,平均株高 1.2 m;白骨壤小苗 5 株,平均株高 0.25 m;卤蕨 1 株,株高 0.25 m。本样地数据情况见表 1-7。

图 1-8　SJCX-2 样地群落

表 1-7 SJCX-2 样地群落监测数据报表

断面编号:SJ-2;样地编号:SJCX-2;样地中心坐标:19°55′30.64″N,110°37′22.67″E

群落类型:秋茄－桐花树＋白骨壤－卤蕨;植物种数:4 种

乔木层平均密度:3.8;灌木层平均密度:0.8;草本层平均密度:3.0

种类	数量/株	平均胸径/cm	平均株高/m
秋茄	38	9.6	4.1
桐花树	5	4.0	1.4
白骨壤	3	3.0	1.2
卤蕨	1	—	0.25
秋茄小苗	20	—	0.4
桐花树小苗	4	—	0.3
白骨壤小苗	5	—	0.25

1.2.3.2 演丰红树林区域

1.2.3.2.1 演丰红树林断面 1

演丰红树林断面 1 群落总体情况见图 1-9。

图 1-9 演丰红树林断面 1 群落

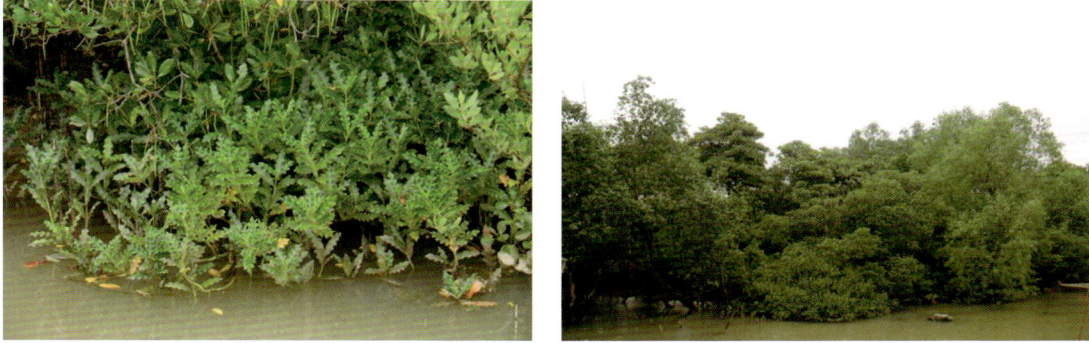

图 1-9　演丰红树林断面 1 群落(续)

1.2.3.2.1.1　潮上带样地

演丰红树林断面 1 潮上带样地编号 YFCS-1,样地中心坐标为 $19°57'7.17''N$、$110°34'36.99''E$,样地面积为 $100\ m^2$,群落类型为无瓣海桑＋卵叶海桑＋海莲－秋茄＋桐花树－老鼠簕＋卤蕨群落(图 1-10)。该群落是一个以无瓣海桑、卵叶海桑、海莲为优势种所组成的混交红树林群落,群落乔木层主要为无瓣海桑、卵叶海桑、海莲,灌木层零星分布有秋茄、桐花树,草本层分布有秋茄、桐花树小苗以及老鼠簕、卤蕨等草本植物。

该样地有无瓣海桑 4 株,分枝数 13 个,平均胸径约 28.5 cm,平均株高约 7.8 m;卵叶海桑 2 株,分枝数 7 个,平均胸径 27 cm,平均株高 7.5 m;海莲 8 株,平均胸径 8.5 cm,平均株高 4.3 m;海莲小苗 35 株,平均株高 0.25 m;秋茄 11 株,平均胸径 5.5 cm,平均株高 1.5 m;秋茄小苗 20 株,平均株高 0.3 m;桐花树 5 株,平均胸径约 4.0 cm,平均株高约 1.4 m;桐花树小苗 14 株,平均株高 0.3 m;老鼠簕 2 株,平均株高 0.6 m;卤蕨 3 株,平均株高 0.5 m。本样地数据情况见表 1-8。

图 1-10　YFCS-1 样地群落

表 1-8　YFCS-1 样地群落监测数据报表

断面编号：YF-1；样地编号：YFCS-1；样地中心坐标：19°57′7.17″N，110°34′36.99″E			
群落类型：无瓣海桑＋卵叶海桑＋海莲—秋茄＋桐花树—老鼠簕＋卤蕨；植物种数：7 种			
乔木层平均密度：1.4；灌木层平均密度：1.6；草本层平均密度：7.4			
种类	数量/株	平均胸径/cm	平均株高/m
无瓣海桑	4	13	28.5
卵叶海桑	2	7	27.0
海莲	8	8.5	4.3
秋茄	11	5.5	1.5
桐花树	5	4.0	1.4
老鼠簕	2	—	0.6
卤蕨	3	—	0.5
秋茄小苗	20	—	0.3
桐花树小苗	14	—	0.3
海莲小苗	35	—	0.25

1.2.3.2.1.2　潮间带 1 样地

演丰红树林断面 1 潮间带样地编号 YFCJ-1，样地中心坐标为 19°57′5.57″N、110°34′39.67″E，样地面积为 100 m²，群落类型为海莲—红海榄＋桐花树＋秋茄—老鼠簕＋卤蕨群落（图 1-11）。该群落是一个以海莲为绝对优势种所组成的红树林群落。群落乔木层主要为海莲，群落密闭度较高；灌木层主要为红海榄，零星分布有秋茄、桐花树，同时分布有少量水椰；草本层分布有海莲、秋茄、桐花树小苗以及老鼠簕、卤蕨等草本植物。

该样地有海莲 26 株，平均胸径 7.8 cm，平均株高 3.9 m；海莲小苗 46 株，平均株高 0.25 cm；红海榄 15 株，平均胸径 8.0 cm，平均株高 2.5 m；秋茄 4 株，平均胸径约 3.0 cm，平均株高约 1.2 m；秋茄小苗 10 株，平均株高 0.4 m；桐花树 6 株，平均胸径约 4.0 cm，平均株高约 1.4 m；桐花树小苗 13 株，平均株高 0.3 m；老鼠簕 1 株，平均株高 0.6 m；卤蕨 2 株，平均株高 0.25 m；水椰 2 株，平均株高 2.4 m。本样地数据情况见表 1-9。

图 1-11　YFCJ-1 样地群落

表 1-9　YFCJ-1 样地群落监测数据报表

断面编号:YF-1;样地编号:YFCJ-1;样地中心坐标:19°57′5.57″N,110°34′39.67″E			
群落类型:海莲－红海榄＋桐花树＋秋茄－老鼠簕＋卤蕨;植物种数:7 种			
乔木层平均密度:2.6;灌木层平均密度:2.5;草本层平均密度:7.4			
种类	数量/株	平均胸径/cm	平均株高/m
海莲	26	7.8	3.9
红海榄	15	8.0	2.5
桐花树	6	4.0	1.4
秋茄	4	3.0	1.2
老鼠簕	1	—	0.6
卤蕨	2	—	0.25
水椰	2		2.4
秋茄小苗	10	—	0.4
桐花树小苗	13	—	0.3
海莲小苗	46	—	0.25

1.2.3.2.1.3　潮下带样地

演丰红树林断面 1 潮下带样地编号 YFCX-1,样地中心坐标为 19°57′1.91″N、110°34′45.35″E,样地面积为 100 m²,群落类型为海莲－红海榄＋秋茄＋桐花树群落（图 1-12）。该群落是以海莲为绝对优势种所组成的红树林群落。群落乔木层主要为海莲,由于群落较为密闭,因此灌木、草本层植被分布较少;灌木层有少量红海榄,零星分布有秋茄、桐花树;草本层除分布有海莲、秋茄、桐花树小苗,不存在草本植物。

该样地有海莲 51 株,平均胸径约 8.5 cm,平均株高约 4.5 m;海莲小苗 75 株,平均株高 0.25 m;红海榄 6 株,平均胸径 5.5 cm,平均株高 2.4 m;桐花树 3 株,平均胸径 3.0 cm,平均株高约 1.2 m;桐花树小苗 10 株,平均株高 0.3 m;秋茄 3 株,平均胸径 4.5 cm,平均株高 1.7 m;秋茄小苗 20 株,平均株高 0.3 m。本样地数据情况见表 1-10。

图 1-12　YFCX-1 样地群落

表 1-10　YFCX-1 样地群落监测数据报表

断面编号:YF-1;样地编号:YFCX-1;样地中心坐标:19°57′1.91″N,110°34′45.35″E			
群落类型:海莲－红海榄＋秋茄＋桐花树;植物种数:4 种			
乔木层平均密度:5.1;灌木层平均密度:1.2;草本层平均密度:10.5			
种类	数量/株	平均胸径/cm	平均株高/m
海莲	51	8.5	4.5
红海榄	6	5.5	2.4
桐花树	3	3.0	1.2
秋茄	3	4.5	1.7

种类	数量/株	平均胸径/cm	平均株高/m
秋茄小苗	20	—	0.3
桐花树小苗	10	—	0.3
海莲小苗	75	—	0.25

1.2.3.2.2　演丰红树林断面 2

演丰红树林断面 2 群落总体情况见图 1-13。

图 1-13　演丰红树林断面 2 群落

1.2.3.2.2.1 潮上带样地

演丰红树林断面 2 潮上带样地编号 YFCS-2,样地中心坐标为 19°56′22.46″N、110°35′12.30″E,样地面积为 100 m²,群落类型为海莲—秋茄＋桐花树—卤蕨群落(图 1-14)。该样地是以海莲为绝对优势种所组成的红树林群落。群落乔木层主要为海莲,靠近岸边少量分布有黄槿;灌木层分布有株形较小的海莲,零星分布有少量桐花树、秋茄;草本层分布有海莲、秋茄、桐花树小苗以及少量卤蕨。

该样地有海莲 48 株,平均胸径约 9 cm,平均株高约 4.8 m;海莲灌木 12 株,平均胸径 4.5 cm,平均株高 2.1 m;黄槿 2 株,平均胸径约 12 cm,平均株高 2.6 m;桐花树 3 株,平均胸径 4.5 cm,平均株高约 1.5 m;桐花树小苗 8 株,平均株高 0.25 m;秋茄 20 株,平均胸径 5 cm,平均株高 1.7 m;秋茄小苗 13 株,平均株高 0.3 m;卤蕨 2 株,平均株高 0.45 m。本样地数据情况见表 1-11。

图 1-14 YFCS-2 样地群落

表 1-11 YFCS-2 样地群落监测数据报表

断面编号:YF-2;样地编号:YFCS-2;样地中心坐标:19°56′22.46″N,110°35′12.30″E			
群落类型:海莲—秋茄＋桐花树—卤蕨;植物种数:5 种			
乔木层平均密度:5.0;灌木层平均密度:3.5;草本层平均密度:2.3			
种类	数量/株	平均胸径/cm	平均株高/m
海莲	48	9	4.8
海莲（灌木）	12	4.5	2.1
黄槿	2	12	2.6
秋茄	20	5	1.7

续表

种类	数量/株	平均胸径/cm	平均株高/m
秋茄小苗	13	—	0.3
桐花树	3	4.5	1.5
桐花树小苗	8	—	0.25
卤蕨	2	—	0.45

1.2.3.2.2.2　潮间带样地

演丰红树林断面 2 潮间带样地编号 YFCJ-2,样地中心坐标为 19°56′20.20″N、110°35′10.17″E,样地面积为 100 m²,群落类型为海莲—秋茄＋红海榄—卤蕨群落(图 1-15)。该群落是以秋茄为绝对优势种所组成的红树林群落。群落乔木层分布有少量海莲、红海榄,灌木层密度较大,秋茄占据绝对优势,由于群落较为密闭,因此灌木、草本层植被分布较少;草本层分布有秋茄小苗以及卤蕨。

该样地有海莲 4 株,平均胸径约 7.5 cm,平均株高约 4.0 m;红海榄 6 株,平均胸径 5.0 cm,平均株高 1.9 m;秋茄 53 株,平均胸径 4.5 cm,平均株高 1.8 m,小苗 65 株,平均株高 0.3 m;卤蕨 2 株,平均株高 0.3 m。本样地数据情况见表 1-12。

图 1-15　YFCJ-2 样地群落

表 1-12　YFCJ-2 样地群落监测数据报表

断面编号：YF-2；样地编号：YFCJ-2；样地中心坐标：19°56′20.20″N，110°35′10.17″E			
群落类型：海莲－秋茄＋红海榄－卤蕨；植物种数：4 种			
乔木层平均密度：0.4；灌木层平均密度：5.9；草本层平均密度：6.7			
种类	数量/株	平均胸径/cm	平均株高/m
海莲	4	7.5	4.0
红海榄	6	5.0	1.9
秋茄	53	4.5	1.8
秋茄小苗	65	—	0.3
卤蕨	2	—	0.3

1.2.3.2.2.3　潮下带样地

演丰红树林断面 2 潮下带样地编号 YFCX-2，样地中心坐标为 19°56′17.73″N、110°35′7.92″E，样地面积为 100 m²，群落类型为海莲－白骨壤＋红海榄＋桐花树－老鼠簕群落（图 1-16）。该群落是以白骨壤、红海榄为优势种所组成的混生红树林群落，群落乔木层主要为海莲，灌木层有较多的白骨壤以及少量红海榄、桐花树，草本层分布有少量老鼠簕。

该样地有海莲 3 株，平均胸径约 8.0 cm，平均株高约 4.0 m；红海榄 13 株，平均胸径 5.5 cm，平均株高 2.0 m；白骨壤 11 株，分枝数 35 个，平均胸径 13.5 cm，平均株高约 1.7 m；白骨壤灌木 24 株，平均胸径 3.5 cm，平均株高 1.1 m；白骨壤小苗 37 株，平均株高 0.15 m；桐花树 5 株，平均胸径 3.0 cm，平均株高 1.2 m；桐花树小苗 11 株，平均株高 0.3 m；老鼠簕 2 株，平均株高 0.5 m。本样地数据情况见表 1-13。

图 1-16　YFCX-2 样地群落

表 1-13　YFCX-2 样地群落监测数据报表

断面编号：YF-2；样地编号：YFCX-2；样地中心坐标：19°56′17.73″N，110°35′7.92″E

群落类型：海莲—白骨壤＋红海榄＋桐花树—老鼠簕；植物种数：5 种

乔木层平均密度：0.3；灌木层平均密度：5.3；草本层平均密度：5.0

种类	数量/株	分枝数/个	平均胸径/cm	平均株高/m
海莲	3	—	8.0	4.0
红海榄	13	—	5.5	2.0
白骨壤	11	35	13.5	1.7
白骨壤（灌木）	24	—	3.5	1.1
桐花树	5	—	3.0	1.2
白骨壤小苗	37	—	—	0.15
桐花树小苗	11	—	—	0.3
老鼠簕	2	—	—	0.5

1.2.3.3　北港红树林区域

1.2.3.3.1　北港红树林断面 1

北港红树林断面 1 群落总体情况见图 1-17。

图 1-17　北港红树林断面 1 群落

图 1-17　北港红树林断面 1 群落（续）

1.2.3.3.1.1　潮上带样地

北港红树林断面 1 潮上带样地编号 BGCS-1，样地中心坐标为 $19°59'53.53''$N、$110°32'33.12''$E，样地面积为 100 m²，群落类型为海莲—角果木＋红海榄—卤蕨群落（图 1-18）。该样地是以角果木、红海榄为优势种所组成的红树林群落。群落上层分布有少量海莲，靠近岸边分布有少量黄槿；中层分布有大量角果木、红海榄；草本层分布有角果木、红海榄小苗以及少量卤蕨。

该样地有海莲 7 株，平均胸径约 8 cm，平均株高约 4.5 m；角果木 25 株，平均胸径 6.3 cm，平均株高约 1.8 m；角果木小苗 30 株，平均株高 0.25 cm；红海榄 18 株，平均胸径 4.5 cm，平均株高约 2.1 m；红海榄小苗 7 株，平均株高 0.5 m；黄槿 3 株，平均胸径 5 cm，平均株高 1.9 m；卤蕨 3 株，平均株高 0.45 m。本样地数据情况见表 1-14。

图 1-18　BGCS-1 样地群落

表 1-14　BGCS-1 样地群落监测数据报表

断面编号:BG-1;样地编号:BGCS-1;样地中心坐标:19°59′53.53″N,110°32′33.12″E			
群落类型:海莲－角果木＋红海榄－卤蕨;植物种数:5 种			
乔木层平均密度:0.7;灌木层平均密度:4.3;草本层平均密度:4.0			
种类	数量/株	平均胸径/cm	平均株高/m
海莲	7	8.0	4.5
角果木	25	6.3	1.8
红海榄	18	4.5	2.1
黄槿	3	5.0	1.9
角果木小苗	30	—	0.25
红海榄小苗	7	—	0.5
卤蕨	3	—	0.45

1.2.3.3.1.2　潮间带样地

北港红树林断面 1 潮间带样地编号 BGCJ-1,样地中心坐标为 19°59′55.88″N、110°32′44.34″E,样地面积为 100 m²,群落类型为红海榄－老鼠簕群落(图 1-19)。该样地是以红海榄为绝对优势种所组成的红树林群落,群落乔木层无植物分布,灌木层分布有大量红海榄,草本层分布有少量老鼠簕及红海榄小苗。

该样地有红海榄有 39 株,平均胸径 7.2 cm,平均株高约 2.5 m,小苗有 16 株,平均株高 0.3 m;老鼠簕 1 株,株高 0.6 m。本样地数据情况见表 1-15。

图 1-19　BGCJ-1 样地群落

表 1-15　BGCJ-1 样地群落监测数据报表

断面编号:BG-1;样地编号:BGCJ-1;样地中心坐标:19°59′55.88″N,110°32′44.34″E

群落类型:红海榄－老鼠簕;植物种数:2 种

乔木层平均密度:0;灌木层平均密度:3.9;草本层平均密度:1.7

种类	数量/株	平均胸径/cm	平均株高/m
红海榄	39	7.2	2.5
红海榄小苗	16	—	0.3
老鼠簕	1	—	0.6

1.2.3.3.1.3　潮下带样地

北港红树林断面 1 潮下带样地编号 BGCX-1,样地中心坐标为 20°0′1.58″N、110°32′51.18″E,样地面积为 100 m²,群落类型为红海榄＋白骨壤＋桐花树－卤蕨群落(图 1-20)。该样地是以红海榄、白骨壤、桐花树 3 种红树植物混交所形成的红树林群落,群落乔木层无植物分布,灌木层分布有大量红海榄、白骨壤、桐花树,草本层分布有少量卤蕨及红树小苗。

该样地有红海榄 14 株,平均胸径 6.8 cm,平均株高约 1.9 m;红海榄小苗 11 株,平均株高 0.4 m;白骨壤 21 株,分枝 30 个,平均胸径 9 cm,平均株高 1.4 m;白骨壤小苗 37 株,平均株高 0.2 m;桐花树 8 株,平均胸径 4 cm,平均株高 1.3 m;桐花树小苗 15 株,平均株高 0.3 m;卤蕨 3 株,平均株高 0.5 m。本样地数据情况见表 1-16。

图 1-20　BGCX-1 样地群落

表 1-16　BGCX-1 样地群落监测数据报表

断面编号:BG-1;样地编号:BGCX-1;样地中心坐标:20°0′1.58″N,110°32′51.18″E				
群落类型:红海榄＋白骨壤＋桐花树—卤蕨;植物种数:4 种				
乔木层平均密度:0;灌木层平均密度:4.3;草本层平均密度:6.6				
种类	数量/株	分枝数/个	平均胸径/cm	平均株高/m
红海榄	14	—	6.8	1.9
白骨壤	21	30	9	1.4
桐花树	8	—	4	1.3
红海榄小苗	11	—	—	0.4
桐花树小苗	15	—	—	0.3
白骨壤小苗	37	—	—	0.2
卤蕨	3	—	—	0.5

1.2.3.3.2　北港红树林断面 2

北港红树林断面 2 群落总体情况见图 1-21。

图 1-21　北港红树林断面 2 群落

图 1-21　北港红树林断面 2 群落（续）

1.2.3.3.2.1　潮上带样地

北港红树林断面 2 潮上带样地编号 BGCS-2，样地中心坐标为 19°59′47.10″N、110°32′27.83″E，样地面积为 100 m²，群落类型为角果木＋红海榄＋黄槿—卤蕨群落（图 1-22）。该样地是以角果木为绝对优势种所组成的红树林群落。群落乔木层无植物分布；灌木层分布有大量角果木，零星分布有几株红海榄，靠近岸边处分布有黄槿；草本层分布有少量卤蕨及红树小苗。

该样地有角果木 68 株，平均胸径 6.5 cm，平均株高约 1.6 m；角果木小苗 43 株，平均株高 0.4 m；红海榄 7 株，平均胸径 6 cm，平均株高 2.1 m；黄槿 2 株，平均胸径 4 cm，平均株高 1.7 m；卤蕨 1 株，平均株高 0.5 m。本样地数据情况见表 1-17。

图 1-22　BGCS-2 样地群落

表 1-17 BGCS-2 样地群落监测数据报表

断面编号:BG-2;样地编号:BGCS-2;样地中心坐标:19°59′47.10″N,110°32′27.83″E			
群落类型:角果木＋红海榄＋黄槿—卤蕨;植物种数:4 种			
乔木层平均密度:0;灌木层平均密度:7.7;草本层平均密度:4.4			
种类	数量/株	平均胸径/cm	平均株高/m
角果木	68	6.5	1.6
红海榄	7	6	2.1
黄槿	2	4	1.7
角果木小苗	43	—	0.4
卤蕨	1	—	0.5

1.2.3.3.2.2 潮间带样地

北港红树林断面 2 潮间带样地编号 BGCJ-2,样地中心坐标为 19°59′43.97″N、110°32′38.20″E,样地面积为 100 m²,群落类型为红海榄＋角果木＋桐花树—老鼠簕＋卤蕨群落(图 1-23)。该样地是以角果木为绝对优势种所组成的红树林群落。群落乔木层无植物分布;灌木层分布有大量角果木,零星分布有几株红海榄,靠近岸边处分布有黄槿;草本层分布有少量卤蕨及红树小苗。

该样地有角果木 16 株,平均胸径 4.5 cm,平均株高约 1.65 m;角果木小苗 35 株,平均株高 0.25 m;红海榄 17 株,平均胸径 7.5 cm,平均株高 2.6 m;红海榄小苗 22 株,平均株高 0.5 m;桐花树 11 株,平均胸径 5 cm,平均株高 1.5 m;桐花树小苗 14 株,平均株高 0.3 m;老鼠簕 1 株,株高 0.6 m;卤蕨 4 株,平均株高 0.5 m。本样地数据情况见表 1-18。

图 1-23 BGCJ-2 样地群落

表 1-18　BGCJ-2 样地群落监测数据报表

断面编号：BG-2；样地编号：BGCJ-2；样地中心坐标：19°59′43.97″N,110°32′38.20″E
群落类型：红海榄＋角果木＋桐花树—老鼠簕＋卤蕨；植物种数：5 种
乔木层平均密度：0；灌木层平均密度：4.4；草本层平均密度：7.6

种类	数量/株	平均胸径/cm	平均株高/m
红海榄	17	7.5	2.6
角果木	16	4.5	1.65
桐花树	11	5.0	1.5
老鼠簕	1	—	0.6
卤蕨	4	—	0.5
桐花树小苗	14	—	0.3
角果木小苗	35	—	0.25
红海榄小苗	22	—	0.5

1.2.3.3.2.3　潮下带样地

北港红树林断面 2 潮下带样地编号 BGCX-2,样地中心坐标为 19°59′45.30″N、110°32′47.49″E,样地面积为 100 m²,群落类型为海莲—红海榄＋白骨壤＋桐花树—卤蕨群落(图 1-24)。该样地优势种主要为海莲、红海榄,其间混生几株桐花树、卤蕨,草本层分布有数量较多的白骨壤、桐花树、红海榄小苗。

图 1-24　BGCX-2 样地群落

该样地有海莲 8 株,平均胸径 8.5 cm,平均株高 4.3 m;红海榄 11 株,平均胸径 5.5 cm,平均株高约 1.7 m;红海榄小苗 5 株,平均株高 0.5 m;桐花树 5 株,平均胸径 4 cm,平均株高 1.4 m;桐花树小苗 14 株,平均株高 0.3 m;白骨壤小苗 20 株,平均株高 0.3 m;卤蕨 3 株,平均株高 0.5 m。本样地数据情况见表 1-19。

表 1-19　BGCX-2 样地群落监测数据报表

断面编号:BG-2;样地编号:BGCX-2;样地中心坐标:19°59′45.30″N,110°32′47.49″E			
群落类型:海莲－红海榄＋白骨壤＋桐花树－卤蕨;植物种数:4 种			
乔木层平均密度:0;灌木层平均密度:2.4;草本层平均密度:4.2			
种类	数量/株	平均胸径/cm	平均株高/m
海莲	8	8.5	4.3
红海榄	11	5.5	1.7
桐花树	5	4.0	1.4
卤蕨	3	—	0.5
白骨壤小苗	20	—	0.3
桐花树小苗	14	—	0.3
红海榄小苗	5	—	0.5

1.2.3.4　罗豆红树林区域

1.2.3.4.1　罗豆红树林断面 1

罗豆红树林断面 1 群落总体情况见图 1-25。

图 1-25　罗豆红树林断面 1 群落

图 1-25　罗豆红树林断面 1 群落（续）

1.2.3.4.1.1　潮上带样地

罗豆红树林断面 1 潮上带样地编号 LDCS-1,样地中心坐标为 19°57′46.39″N、110°37′12.44″E,样地面积为 100 m²,群落类型为无瓣海桑＋海莲－黄槿＋桐花树－老鼠簕＋卤蕨群落（图 1-26）。该样地是以桐花树、海莲优势种所组成的红树林群落。群落乔木层分布有无瓣海桑、海莲;灌木层分布有桐花树,零星分布有几株老鼠簕,靠近岸边处分布有黄槿;草本层分布有少量卤蕨及红树小苗。

图 1-26　LDCS-1 样地群落

该样地有无瓣海桑 3 株，平均胸径 18.5 cm，分枝数 11 个，平均株高 6.5 m；海莲 18 株，平均胸径 5.5 cm，平均株高约 4.3 m；海莲小苗 11 株，平均株高 0.25 m；黄槿 3 株，平均胸径 5.5 cm，平均株高 2.1 m；桐花树 27 株，平均胸径 4.5 cm，平均株高 1.8 m；桐花树小苗 15 株，平均株高 0.3 m；老鼠簕 2 株，平均株高 0.6 m；卤蕨 3 株，平均株高 0.5 m。本样地数据情况见表 1-20。

表 1-20　LDCS-1 样地群落监测数据报表

断面编号：LD-1；样地编号：LDCS-1；样地中心坐标：19°57′46.39″N，110°37′12.44″E				
群落类型：无瓣海桑＋海莲－黄槿＋桐花树－老鼠簕＋卤蕨；植物种数：6 种				
乔木层平均密度：2.1；灌木层平均密度：3.0；草本层平均密度：3.1				
种类	数量/株	分枝数/个	平均胸径/cm	平均株高/m
无瓣海桑	3	11	18.5	6.5
海莲	18	—	5.5	4.3
黄槿	3	—	5.5	2.1
桐花树	27	—	4.5	1.8
老鼠簕	2	—	—	0.6
卤蕨	3	—	—	0.5
桐花树小苗	15	—	—	0.3
海莲小苗	11	—	—	0.25

1.2.3.4.1.2　潮间带样地

罗豆红树林断面 1 潮间带样地编号 LDCJ-1，样地中心坐标为 19°57′47.95″N、110°37′9.86″E，样地面积为 100 m²，群落类型为海莲－秋茄＋桐花树＋白骨壤－卤蕨群落（图 1-27）。该样地是以秋茄、桐花树为绝对优势种所组成的红树林群落。群落乔木层分布有少量海莲；灌木层分布有秋茄、桐花树，零星分布有几株白骨壤；草本层分布有少量卤蕨及红树小苗。

该样地有海莲 26 株，平均胸径 5.5 cm，平均株高 4.3 m；海莲小苗 11 株，平均株高 0.25 m；秋茄 17 株，平均胸径 4.5 cm，平均株高约 1.6 m；秋茄小苗 15 株，平均株高 0.3 m；桐花树 15 株，平均胸径 4.0 cm，平均株高 1.6 m；桐花树小苗 13 株，平均株高 0.3 m；白骨壤 9 株，平均胸径 5 cm，平均株高 1.2 m；卤蕨 2 株，平均株高 0.5 m。本样地数据情况见表 1-21。

图 1-27　LDCJ-1 样地群落

表 1-21　LDCJ-1 样地群落监测数据报表

断面编号：LD-1；样地编号：LDCJ-1；样地中心坐标：19°57′47.95″N，110°37′9.86″E

群落类型：海莲－秋茄＋桐花树＋白骨壤－卤蕨；植物种数：5 种

乔木层平均密度：2.6；灌木层平均密度：4.1；草本层平均密度：4.1

种类	数量/株	平均胸径/cm	平均株高/m
海莲	26	5.5	4.3
秋茄	17	4.5	1.6
桐花树	15	4.0	1.6
白骨壤	9	5	1.2
卤蕨	2	—	0.5
秋茄小苗	15	—	0.3
桐花树小苗	13	—	0.3
海莲小苗	11	—	0.25

1.2.3.4.1.3　潮下带样地

罗豆红树林断面 1 潮下带样地编号 LDCX-1，样地中心坐标为 19°57′54.03″N、110°37′5.38″E，样地面积为 100 m²，群落类型为海莲－白骨壤＋桐花树＋海漆－卤蕨群落（图 1-28）。该样地是以海莲为优势种所组成的红树林群落，群落乔木层分布有海莲，灌木层分布有桐花树、白骨壤，草本层分布有少量卤蕨及红树小苗。

该样地有海莲 16 株，平均胸径 5 cm，平均株高 3.5 m；海莲小苗 9 株，平均株高 0.25 m；海漆 2 株,平均株高约 1.5 m;桐花树 5 株,平均胸径 4.0 cm,平均株高 1.6 m;桐花树小苗 7 株,平均株高 0.3 m;白骨壤 6 株,平均胸径 3.5 cm,平均株高 1.3 m;白骨壤小苗 16 株,平均株高 0.3 m;卤蕨 1 株,株高 0.5 m。本样地数据情况见表 1-22。

图 1-28　LDCX-1 样地群落

表 1-22　LDCX-1 样地群落监测数据报表

断面编号:LD-1;样地编号:LDCX-1;样地中心坐标:19°57′54.03″N,110°37′5.38″E			
群落类型:海莲－白骨壤＋桐花树＋海漆－卤蕨;植物种数:5 种			
乔木层平均密度:1.6;灌木层平均密度:1.3;草本层平均密度:3.3			
种类	数量/株	平均胸径/cm	平均株高/m
海莲	16	5	3.5
白骨壤	6	3.5	1.3
桐花树	5	4.0	1.6
海漆	2	—	1.5
卤蕨	1	—	0.5
白骨壤小苗	16	—	0.3
桐花树小苗	7	—	0.3
海莲小苗	9	—	0.25

1.2.3.4.2　罗豆红树林断面 2

罗豆红树林断面 2 群落总体情况见图 1-29。

图 1-29　罗豆红树林断面 2 群落

1.2.3.4.2.1　潮上带样地

罗豆红树林断面 2 潮上带样地编号 LDCS-2，样地中心坐标为 19°57′58.91″N、110°37′12.98″E，样地面积为 100 m²，群落类型为海莲－桐花树＋红海榄＋白骨壤＋黄槿－卤蕨群落（图 1-30）。该样地是以海莲为优势种所组成的红树林群落，群落乔木层分布有海莲，灌木层分布有桐花树、白骨壤，草本层分布有少量卤蕨及红树小苗。

该样地有海莲 20 株，平均胸径 5.5 cm，平均株高 4.5 m；白骨壤 8 株，分枝数 19 个，平均胸径 6.5 cm，平均株高约 2.5 m；白骨壤小苗 20 株，平均株高 0.3 m；桐花树 25 株，平均胸径

4.0 cm,平均株高 1.4 m;桐花树小苗 14 株,平均株高 0.3 m;红海榄 9 株,平均胸径 4.5 cm,平均株高 1.9 m;黄槿 2 株,平均胸径 4.0 cm,平均株高 1.9 m;卤蕨 3 株,平均株高 0.5 m。本样地数据情况见表 1-23。

图 1-30 LDCS-2 样地群落

表 1-23 LDCS-2 样地群落监测数据报表

断面编号:LD-2;样地编号:LDCS-2;样地中心坐标:19°57′58.91″N,110°37′12.98″E				
群落类型:海莲—桐花树+红海榄+白骨壤+黄槿—卤蕨;植物种数:6 种				
乔木层平均密度:2;灌木层平均密度:4.4;草本层平均密度:5.2				
种类	数量/株	分枝数/个	平均胸径/cm	平均株高/m
海莲	20	—	5.5	4.5
白骨壤	8	19	6.5	2.5
红海榄	9	—	4.5	1.9
桐花树	25	—	4.0	1.4
黄槿	2	—	4.0	1.9
卤蕨	3	—	—	0.5
白骨壤小苗	20	—	—	0.3
桐花树小苗	14	—	—	0.3
红海榄小苗	15	—	—	0.5

1.2.3.4.2.2 潮间带样地

罗豆红树林断面2潮间带样地编号LDCJ-2,样地中心坐标为19°57′59.13″N、110°37′10.25″E,样地面积为100 m²,群落类型为海莲—红海榄＋海漆＋黄槿—卤蕨群落(图1-31)。该样地是以海莲为优势种所组成的红树林群落,群落乔木层分布有海莲,灌木层分布有红海榄、海漆、黄槿,草本层分布有少量卤蕨及红树小苗。

该样地有海莲17株,平均胸径8.5 cm,平均株高4.3 m;海莲小苗23株,平均株高0.5 m;红海榄6株,平均胸径5.5 cm,平均株高约1.9 m;红海榄小苗5株,平均株高0.5 m;黄槿3株,平均胸径4.0 cm,平均株高1.4 m;海漆7株,平均胸径4.5 cm,平均株高1.6 m;卤蕨3株,平均株高0.5 m。本样地数据情况见表1-24。

图 1-31 LDCJ-2 样地群落

表 1-24 LDCJ-2 样地群落监测数据报表

断面编号:LD-2;样地编号:LDCJ-2;样地中心坐标:19°57′59.13″N,110°37′10.25″E			
群落类型:海莲—红海榄＋海漆＋黄槿—卤蕨;植物种数:5种			
乔木层平均密度:1.7;灌木层平均密度:1.6;草本层平均密度:3.1			
种类	数量/株	平均胸径/cm	平均株高/m
海莲	17	8.5	4.3
红海榄	6	5.5	1.9
黄槿	3	4.0	1.4

种类	数量/株	平均胸径/cm	平均株高/m
海漆	7	4.5	1.6
卤蕨	3	—	0.5
海莲小苗	23	—	0.5
红海榄小苗	5	—	0.5

1.2.3.4.2.3　潮下带样地

罗豆红树林断面 2 潮下带样地编号 LDCX-2,样地中心坐标为 19°57′58.86″N、110°37′6.43″E,样地面积为 100 m²,群落类型为白骨壤＋桐花树群落(图 1-32)。该样地是红树林演替早期群落,群落高度不到 2 m。乔木层无植物分布;灌木层分布有桐花树、白骨壤;草本层分布有白骨壤和桐花树小苗,平均高度约 30 cm。

该样地有白骨壤 26 株,平均胸径 4.5 cm,平均株高 1.3 m;白骨壤小苗 15 株,平均株高约 0.3 m;桐花树 18 株,平均胸径 4.5 cm,平均株高 1.5 m;桐花树小苗 11 株,平均株高 0.3 m。本样地数据情况见表 1-25。

图 1-32　LDCX-2 样地群落

表 1-25　LDCX-2 样地群落监测数据报表

断面编号:LD-2;样地编号:LDCX-2;样地中心坐标:19°57′58.86″N,110°37′6.43″E			
群落类型:白骨壤＋桐花树;植物种数:2 种			
乔木层平均密度:0;灌木层平均密度:4.4;草本层平均密度:2.6			
种类	数量/株	平均胸径/cm	平均株高/m
白骨壤	26	4.5	1.3
桐花树	18	4.5	1.5
白骨壤小苗	15	—	0.3
桐花树小苗	11	—	0.3

1.2.3.5　铺前红树林区域

1.2.3.5.1　铺前红树林断面 1

铺前红树林断面 1 群落总体情况见图 1-33。

图 1-33　铺前红树林断面 1 群落

图 1-33 铺前红树林断面 1 群落(续)

1.2.3.5.1.1 潮上带样地

铺前红树林断面 1 潮上带样地编号 PQCS-1,样地中心坐标为 20°1′15.87″N、110°35′54.83″E,样地面积为 100 m²,群落类型为秋茄＋桐花树群落(图 1-34)。该样地是以秋茄为优势种所组成的红树林群落。该样地应该属于人工繁育区,群落物种优势度较大,物种数量单一。群落乔木层无植物分布;灌木层分布有大量秋茄,零星分布有桐花树;草本层分布有少量红树小苗。

该样地有秋茄 46 株,平均胸径 5.5 cm,平均株高 1.65 m;秋茄小苗 57 株,平均株高约 0.3 m;桐花树 12 株,平均胸径 4.0 cm,平均株高 1.4 m;桐花树小苗 24 株,平均株高 0.3 m。本样地数据情况见表 1-26。

图 1-34 PQCS-1 样地群落

表 1-26　PQCS-1 样地群落监测数据报表

断面编号:PQ-1;样地编号:PQCS-1;样地中心坐标:20°1′15.87″N,110°35′54.83″E			
群落类型:秋茄＋桐花树;植物种数:2 种			
乔木层平均密度:0;灌木层平均密度:5.8;草本层平均密度:8.1			
种类	数量/株	平均胸径/cm	平均株高/m
秋茄	46	5.5	1.65
桐花树	12	4.0	1.4
秋茄小苗	57	—	0.3
桐花树小苗	24	—	0.3

1.2.3.5.1.2　潮间带样地

铺前红树林断面 1 潮间带样地编号 PQCJ-1,样地中心坐标为 20°1′13.66″N,110°35′53.20″E,样地面积为 100 m²,群落类型为红海榄＋秋茄群落(图 1-35)。该样地是以红海榄为优势种所组成的红树林群落。群落乔木层无植物分布;灌木层分布有大量红海榄,零星分布有秋茄;草本层分布有少量红树小苗。

该样地有红海榄 28 株,平均胸径 6.5 cm,平均株高 2.1 m;红海榄小苗 30 株,平均株高约 0.5 m;秋茄 13 株,平均胸径 5.5 cm,平均株高 1.5 m;秋茄小苗 9 株,平均株高 0.5 m。本样地数据情况见表 1-27。

图 1-35　PQCJ-1 样地群落

表 1-27　PQCJ-1 样地群落监测数据报表

断面编号:PQ-1;样地编号:PQCJ-1;样地中心坐标:20°1′13.66″N,110°35′53.20″E			
群落类型:红海榄＋秋茄;植物种数:2 种			
乔木层平均密度:0;灌木层平均密度:4.1;草本层平均密度:3.9			
种类	数量/株	平均胸径/cm	平均株高/m
红海榄	28	6.5	2.1
秋茄	13	5.5	1.5
红海榄小苗	30	—	0.5
秋茄小苗	9	—	0.5

1.2.3.5.1.3　潮下带样地

铺前红树林断面 1 潮下带样地编号 PQCX-1,样地中心坐标为 20°1′7.99″N、110°35′53.43″E,样地面积为 100 m²,群落类型为白骨壤纯林群落(图 1-36)。该样地是以白骨壤为绝对优势种所组成的红树林群落,群落乔木层无植物分布,灌木层分布有大量白骨壤,草本层分布有少量红树小苗。

该样地有白骨壤 27 株,分枝数 73 个,平均胸径 23.5 cm,平均株高 1.9 m;白骨壤小苗 65 株,平均株高约 0.3 m。本样地数据情况见表 1-28。

图 1-36　PQCX-1 样地群落

表 1-28　PQCX-1 样地群落监测数据报表

断面编号：PQ-1；样地编号：PQCX-1；样地中心坐标：20°1′7.99″N,110°35′53.43″E

群落类型：白骨壤纯林；植物种数：1 种

乔木层平均密度：0；灌木层平均密度：2.7；草本层平均密度：6.5

种类	数量/株	分枝数/个	平均胸径/cm	平均株高/m
白骨壤	27	73	23.5	1.9
白骨壤小苗	65	—	—	0.3

1.2.3.5.2　铺前红树林断面 2

铺前红树林断面 2 群落总体情况见图 1-37。

图 1-37　铺前红树林断面 2 群落

1.2.3.5.2.1　潮上带样地

铺前红树林断面 2 潮上带样地编号 PQCS-2,样地中心坐标为 20°1′17.84″N、110°35′47.28″E,样地面积为 100 m²,群落类型为秋茄纯林群落(图 1-38)。该样地是以秋茄为绝对优势种所组成的红树林群落,属人工繁育区,群落乔木层无植物分布,灌木层分布有大量秋茄,草本层分布有少量红树小苗。

该样地有秋茄 92 株,平均胸径 5.5 cm,平均株高 1.7 m;秋茄小苗 85 株,平均株高约 0.3 m。本样地数据情况见表 1-29。

图 1-38　PQCS-2 样地群落

表 1-29　PQCS-2 样地群落监测数据报表

断面编号:PQ-2;样地编号:PQCS-2;样地中心坐标:20°1′17.84″N,110°35′47.28″E			
群落类型:秋茄纯林;植物种数:1 种			
乔木层平均密度:0;灌木层平均密度:9.2;草本层平均密度:8.5			
种类	数量/株	平均胸径/cm	平均株高/m
秋茄	92	5.5	1.7
秋茄小苗	85	—	0.3

1.2.3.5.2.2　潮间带样地

铺前红树林断面 2 潮间带样地编号 PQCJ-2,样地中心坐标为 20°1′15.43″N、110°35′45.89″E,样地面积为 100 m²,群落类型为红海榄纯林群落(图 1-39)。该样地是以红海榄为绝对优势种所组成的红树林群落,属人工繁育区,群落乔木层无植物分布,灌木层分布有大量红海榄,草本层分布有少量红树小苗。

该样地有红海榄27株，平均胸径10.5 cm，平均株高2.5 m；红海榄小苗41株，平均株高约0.35 m。本样地数据情况见表1-30。

图 1-39 PQCJ-2 样地群落

表 1-30 PQCJ-2 样地群落监测数据报表

断面编号:PQ-2;样地编号:PQCJ-2;样地中心坐标:20°1′15.43″N,110°35′45.89″E			
群落类型:红海榄纯林;植物种数:1种			
乔木层平均密度:0;灌木层平均密度:2.7;草本层平均密度:4.1			
种类	数量/株	平均胸径/cm	平均株高/m
红海榄	27	10.5	2.5
红海榄小苗	41	—	0.35

1.2.3.5.2.3 潮下带样地

铺前红树林断面2潮下带样地编号PQCX-2，样地中心坐标为20°1′13.56″N、110°35′45.25″E，样地面积为100 m²，群落类型为红海榄纯林群落（图1-40）。该样地是以红海榄为绝对优势种所组成的红树林群落，属人工繁育区，群落乔木层无植物分布，灌木层分布有大量红海榄，草本层分布有少量红树小苗。

该样地有红海榄32株，平均胸径8.5 cm，平均株高2.8 m；红海榄小苗21株，平均株高约0.35 m。本样地数据情况见表1-31。

图 1-40 PQCX-2 样地群落

表 1-31 PQCX-2 样地群落监测数据报表

断面编号:PQ-2;样地编号:PQCX-2;样地中心坐标:20°1′13.56″N,110°35′45.25″E			
群落类型:红海榄纯林;植物种数:1 种			
乔木层平均密度:0;灌木层平均密度:32;草本层平均密度:21			
种类	数量/株	平均胸径/cm	平均株高/m
红海榄	32	8.5	2.8
红海榄小苗	21	—	0.35

1.2.4 植物群落多样性分析

1.2.4.1 群落类型多样性

通过对海南东寨港国家级自然保护区 5 个区域的各断面及植物群落的调查,共统计东寨港红树林 30 个植物样地,有群落类型 28 个(表 1-32)。依据群落优势种的情况,可将海南东寨港红树林植物群落分为 6 个优势种群落,即白骨壤群落、海莲群落、红海榄群落、角果木群落、秋茄群落、无瓣海桑群落。海南东寨港红树林群落类型较为丰富,群落结构表现为各优势种之间不同程度的混交状态,群落物种数以 4~6 种居多,说明该地红树林群落发育相对成熟,这与自然保护区较大的保护力度密切相关,红树林极少受到人类活动的直接干扰。

表 1-32　海南东寨港红树林群落类型

序号	群落类型	物种数	样地编号	样地个数
1	白骨壤＋桐花树	2	LDCX－2	2
2	白骨壤纯林	1	PQCX－1	
3	海莲＋秋茄－海漆－老鼠簕＋卤蕨	5	SJCJ－1	13
4	海莲－白骨壤＋桐花树＋海漆－卤蕨	5	LDCX－1	
5	海莲－红海榄＋白骨壤＋桐花树－老鼠簕	5	YFCX－2	
6	海莲－红海榄＋白骨壤＋桐花树－卤蕨	5	BGCX－2	
7	海莲－红海榄＋海漆＋黄槿－卤蕨	5	LDCJ－2	
8	海莲－红海榄＋秋茄＋桐花树	4	YFCX－1	
9	海莲－红海榄＋桐花树＋秋茄－老鼠簕＋卤蕨	6	YFCJ－1	
10	海莲－角果木＋红海榄－卤蕨	4	BGCS－1	
11	海莲－秋茄＋红海榄－卤蕨	4	YFCJ－2	
12	海莲－秋茄＋桐花树＋白骨壤－卤蕨	5	LDCJ－1	
13	海莲－秋茄＋桐花树－卤蕨	4	YFCS－2	
14	海莲－桐花树＋红海榄＋黄槿－卤蕨	5	LDCS－2	
15	海莲－桐花树＋秋茄－海漆	4	SJCJ－2	
16	红海榄＋白骨壤＋桐花树－卤蕨	4	BGCX－1	6
17	红海榄＋角果木＋桐花树－老鼠簕＋卤蕨	5	BGCJ－2	
18	红海榄＋秋茄	2	PQCJ－1	
19	红海榄纯林	1	PQCJ－2、PQCX－2	
20	红海榄－老鼠簕	2	BGCJ－1	
21	角果木＋红海榄＋黄槿－卤蕨	4	BGCS－2	1
22	秋茄＋桐花树	2	PQCS－1	4
23	秋茄纯林	1	PQCS－2	
24	秋茄－桐花树＋白骨壤－卤蕨	4	SJCX－2	
25	秋茄－桐花树＋海漆－卤蕨	4	SJCX－1	
26	无瓣海桑＋海莲－黄槿＋桐花树－老鼠簕＋卤蕨	6	LDCS－1	4
27	无瓣海桑＋海莲－桐花树＋红海榄＋海漆－老鼠簕＋卤蕨	7	SJCS－1	
28	无瓣海桑＋卵叶海桑－海莲－桐花树＋黄槿＋海漆－老鼠簕＋卤蕨	8	YFCS－1、SJCS－2	

1.2.4.2　优势种群落物种多样性

依据对优势种群落的划分,采用 Simpson 多样性指数、Shannon-Wiener 多样性指数及相应的均匀度指数的分析方法,对各优势种群落的物种多样性水平进行分析,具体结果见表 1-33。

结果表明,在多样性指数方面,Simpson 多样性指数和 Shannon-Wiener 多样性指数趋势表现出一致性,以海莲群落、红海榄群落及无瓣海桑群落的指数值较高,Simpson 多样性指数为 3.57~4.19,Shannon-Wiener 多样性指数为 2.67~3.75,表现较高的物种多样性。除了以单一物种组成的白骨壤群落、红海榄群落、秋茄群落外,角果木群落的 Simpson 多样性指数(1.55)和 Shannon-Wiener 多样性指数(1.81)均最低,说明其群落物种多样性很低,并且其种群在群落中的优势度明显高于其他种群。整体上,海南东寨港红树林群落都表现出较高的物种多样性,Simpson 多样性指数和 Shannon-Wiener 多样性指数均分别达到 4.06 及 3.62 以上。

在均匀度方面,海莲群落、红海榄群落、无瓣海桑群落的 J_{Sp} 及 J' 都处于较高水平,说明其群落物种分布较均匀。海南东寨港角果木群落的均匀度都表现为很低水平,基本在 0.23~0.29,说明角果木群落中各种群多集中分布,且角果木种群的个体数远远高于其他种群。角果木群落的这一表现也从总体上拉低了整个红树林群落的均匀度。

表 1-33　海南东寨港红树林优势种群落的多样性

优势种群落	Simpson 多样性指数(Sp)	基于 Simpson 多样性指数的物种均匀度(J_{Sp})	Shannon-Wiener 多样性指数(H')	基于 Shannon-Wiener 多样性指数的物种均匀度(J')
白骨壤群落	2.74	0.46	1.91	0.31
海莲群落	3.95	0.85	3.75	0.87
红海榄群落	3.57	0.79	2.67	0.84
角果木群落	1.55	0.23	1.81	0.29
秋茄群落	2.84	0.51	1.88	0.46
无瓣海桑群落	4.19	0.88	3.70	0.90
整个红树林群落	4.06	0.73	3.62	0.67

1.2.5　春季、秋季监测结果比较分析

本次春季调查监测时间为 3 月底,秋季复查监测时间为 10 月底,秋季与春季调查监测时间相距约 6 个月。各样地群落动态有以下特点:

(1)各样地群落类型变化不明显,群落结构处于同等水平。红树植物生长相对缓慢,春、秋季节未发现胸径及株高的明显变化。

（2）春季桐花树、无瓣海桑花期茂盛,冬季结实,群落生命力强。春季潮位低,群落繁殖迅速;冬季潮位相对较高,部分群落幼苗发育良好。

1.3 讨论

1.3.1 红树林分布面积

红树林的分布、面积、植物组成和结构是红树林研究、管理和保护的基础。对红树林生态系统进行深入的研究和系统的管理,必须准确摸清其分布、面积、植物组成和结构。王胤等(2006)结合早期地形图和实地调查数据,利用 3 个时相的 TM 遥感图片,计算出 1959 年、1989 年、1996 年、2002 年 4 个时相的红树林面积分别为 3 213.8 hm²、1 657.8 hm²、2 018.8 hm² 和 1 552.6 hm²,认为东寨港在过去的近 50 年里,有近 50% 的天然红树林被毁掉,红树林湿地被转换为经济林种植田、水产养殖塘、城镇基础设施建设用地等。自 1980 年保护区成立以来,红树林得到了一定程度的保护,对比 1996 年与 1989 年,红树林面积增加了 361.0 hm²。旅游业的开发对红树林生态系统存在一定程度的干扰。2002 年,红树林面积相对于 1996 年减少了 566.2 hm²(王胤等,2006)。罗丹等(2013)基于 RS 和 GIS 技术,通过遥感影像目视解译,得出 1988 年、1999 年、2010 年东寨港红树林面积分别为 1 691.48 hm²、1 492.54 hm² 和 1 600.20 hm²。1988—2010 年红树林面积总体呈现减小趋势,主要转移去向为其他土地和坑塘。根据海南东寨港国家级自然保护区介绍,保护区总面积为 3 337.6 km²,核心区面积 1 635 km²,缓冲区面积 1 167.1 km²,实验区面积 535.5 km²,其中红树林面积 1 578.2 km²,滩涂面积 1 759.4 km²,东寨港红树林面积由于种养殖、基础设施建设等占用,总体上有所减少。本次通过对北港片区、演丰片区、三江片区、罗豆片区、铺前片区的红树林植物群落进行调查,发现东寨港红树林沿东寨港入海口呈环形分布,相对于我国其他地区如湛江红树林(呈带状散式分布),东寨港红树林分布较为集中。

1.3.2 红树植物种类与群落组成

以往对海南东寨港红树林群落有较多的调查研究。早在 20 世纪 90 年代,郑德璋等(1989)就对东寨港的红树林及其生境进行过调查,发现天然分布于东寨港的红树植物 18 种,另有引种的红树、木果楝、瓶花木和无瓣海桑等,群落类型有白骨壤＋桐花树群落、红海榄＋角果木群落、秋茄＋桐花树群落、木榄群落、海莲－老鼠簕＋卤蕨群落、海莲－桐花树群落、水椰群落、角果木群落、桐花树群落、角果木＋桐花树群落。管伟等(2010)对东寨港场部、竹山、山尾、三江 4 个地点的红树林进行了调查,鉴定出红树植物 11 种,分属 5 科 8 属,共 9 个红树植物群落,分别为秋茄天然林群落、秋茄人工林群落、木榄天然林群落、木榄—桐花树半人工林群落、红海榄—桐花树半人工林群落、海莲天然林群落、海莲—桐花树半人工林群落、海桑人工林群落和无瓣海桑人工林群落。吴瑞等（2016）对东寨港的红树林植物种类和群落进行调查和分析，确定有红树植物17科27种，群落类型有红海榄群落、白骨壤群落、无瓣海桑＋海桑群落、秋茄群落、海莲群落及角果木群落6种，红树林群落演替系列是白骨壤群落（先锋群落，前沿向海带）→红海榄群落→海莲群落→角果木群落。本次野外实地调查发现海南东寨港国家级红树林保护区红树植物种类有32科58属63种，其中真红树植物有8科11属14种，半红树植物有6科8属8种，伴生植物有24科38属41种。依据群落优势种的情况，可将海南东寨港红树林植物群落分为6个优势种群落，即白骨壤群落、海莲群落、红海榄群落、角果木群落、秋茄群落、无瓣海桑群落。海南东寨港红树林群落类型多样性较高，表现为各优势种之间不同程度的混交状态，且群落物种数较多，以4～6种为多，说明该地红树林群落发育相对成熟，与自然保护区保护效果明显、植物群落演替受外界的影响较小有关。

1.3.3　植物群落物种多样性分析

物种多样性是度量群落稳定性的重要指标。物种多样性与群落演替动态密切相关。综合各多样性指数，管伟等（2010）认为，东寨港各红树植物群落的物种多样性指数排序为海桑人工林群落＞木榄天然林群落＞海莲—桐花树半人工林群落＞红海榄—桐花树半人工林群落＞海莲天然林群落＞木榄—桐花树半人工林群落＞秋茄天然林群落＞无瓣海桑人工林群落＞秋茄人工林群落。总体上各红树植物群落在物种组成上具有较大差异，但物种多样性均较低，指数最高仅为2.162。除了恶劣滩涂的适生种类较少外，各群落物种多样性指数较低同各自的群落形成以及演替阶段有关（管伟等，2010；廖宝文等，2000）。广州南沙湿地红树林群落的Shannon-Wiener多样性指数为3.438，Simpson多样性指数为0.890，均匀度指数为0.880。南沙湿地红树林群落多样性高于其他与之纬度相近的澳头和湛江的红树林。湛江红树林以木榄群落、海漆群落、红海榄群落及无瓣海桑群落的指数值较高，Simpson多样性指数为2.34～3.27，Shannon-Wiener多样性指数为1.37～1.81，表现出较高的物种多样性，白骨壤群落的Simpson多样性指数（1.23）和Shannon-Wiener多样性指数（0.61）均最低。本次调查中，在多样性指数方面，东寨港红树林多样性指数以海莲群落、红海榄群落及无瓣海桑群落的较高，Simpson多样性指数为3.57～4.19，Shannon-Wiener多样性指数为2.67～3.75，表现出较高的物种多样性。除了以单一物种组成的白骨壤群落、红海榄群落、秋茄群落外，角果木群落的Simpson多样性指数（1.55）和Shannon-Wiener多样性指数（1.81）均最低，说明其群落物种多样性很低，并且其种群在群落中的优势度明显高于其他种群。整体上，海南东寨港红树林群落都表现出较高的物种多样性，Simpson多样性指数和Shannon-Wiener多样性指数分别达到4.06及3.62。相比较而言，海南东寨港红树林的大部分植物群落物种多样性均高于湛江红树林。

参考文献

符国瑷.1995.海南东寨港红树林自然保护区的红树林[J].广西植物,15(4):340-346.

管伟,廖宝文,张留恩,等.2010.海南东寨港主要红树植物群落特征研究[C]//中国环境科学学会.2010中国环境科学学会学术年会论文集.1卷.北京:中国环境科学出版社.

廖宝文,郑德璋,郑松发,等.2000.海南岛清澜港红树林群落演替系列的物种多样性特征[J].生态科学,19(3):17-22.

罗丹,李正会,王德智,等.2013.海口市东寨港红树林面积动态变化分析[J].林业科学,24(2):97-99.

马驹如,陈克林.1999.海南东寨港国家级自然保护区[J].生物学通报,34(4):24.

邱广龙,苏治南,钟才荣,等.2016.濒危海草贝克喜盐草在海南东寨港的分布及其群落基本特征[J].广西植物,36(7):882-889.

孙艳伟,廖宝文,管伟,等.2015.海南东寨港红树林急速退化的空间分布特征及影响因素分析[J].华南农业大学学报,36(6):111-118.

王荣丽,廖宝文,管伟,等.2015.东寨港红树林群落退化特征与土壤理化性质的相关关系[J].生态学杂志,34(7):1804-1808

王文卿,王瑁.2007.中国红树林[M].北京:科学出版社.

王胤,左平,黄仲琪,等.2006.海南东寨港红树林湿地面积变化及其驱动力分析[J].四川环境,25(3):44-49.

吴瑞,陈丹丹,王道儒,等.2016.海南省东寨港红树林资源现状调查分析[J].热带农业科学,36(9):62-65.

吴瑞,王道儒.2013.东寨港国家级自然保护区现状与管理对策研究[J].海洋开发与管理,30(8):73-76.

吴瑞,詹夏菲,张光星,等.2015.海南岛东寨港红树林研究进展[J].湿地科学与管理,11(4):60-62.

吴征镒.1980.中国植被[M].北京:科学出版社.

徐蒂,廖宝文,朱宁华,等.2014.海南东寨港红树林退化原因初探[J].生态科学,33(2):294-300.

辛欣,宋希强,雷金睿,等.2016.海南红树林植物资源现状及其保护策略[J].热带生物学报,7(4):477-483.

郑德璋,廖宝文.1989.海南岛清澜港和东寨港红树林及其生境的调查研究[J].林业科学研究,2(5):433-441.

附录一

海南红树林植物名录

蕨类植物门 Pteridophyta

 蕨纲 Filicopsida

  真蕨目 Eufilicales

   海金沙科 Lygodiaceae

    海金沙属 *Lygodium*

     小叶海金沙 *Lygodium microphyllum*

   卤蕨科 Acrostichaceae

    卤蕨属 *Acrostichum*

     卤蕨 *Acrostichum aureum*

     尖叶卤蕨 *Acrostichum speciosum*

被子植物门 Angiospermae

 双子叶植物纲 Dicotyledoneae

  芸香目 Rutales

   芸香科 Rutaceae

    山小橘属 *Glycosmis*

     山小橘 *Glycosmis pentaphylla*

    酒饼簕属 *Atalantia*

     酒饼簕 *Atalantia buxifolia*

   楝科 Meliaceae

    楝属 *Melia*

     苦楝 *Melia azedarach*

  百合目 Liliflorae

   石蒜科 Amaryllidaceae

    文殊兰属 *Crinum*

     文殊兰 *Crinum asiaticum* var. *sinicum*

  报春花目 Primulales

   紫金牛科 Myrsinaceae

    蜡烛果属 *Aegiceras*

桐花树 *Aegiceras corniculatum*

侧膜胎座目 Parietales

西番莲科 Passifloraceae

西番莲属 *Passiflora*

龙珠果 *Passiflora foetida*

初生目 Principes

棕榈科 Palmae

水椰属 *Nypa*

水椰 *Nypa fructicans*

椰子属 *Cocos*

椰子 *Cocos nucifera*

大戟目 Euphorbiales

大戟科 Euphorbiaceae

海漆属 *Excoecaria*

海漆 *Excoecaria agallocha*

野桐属 *Mallotus*

白背叶 *Mallotus apelta*

乌桕属 *Sapium*

山乌桕 *Sapium discolor*

乌桕 *Sapium sebiferum*

木薯属 *Manihot*

木薯 *Manihot esculenta*

蓖麻属 *Ricinus*

蓖麻 *Ricinus communis*

管状花目 Tubiflorae

爵床科 Acanthaceae

老鼠簕属 *Acanthus*

老鼠簕 *Acanthus ilicifolius*

马鞭草科 Verbenaceae

海榄雌属 *Avicennia*

白骨壤 *Avicennia marina*

大青属 *Clerodendrum*

许树 *Clerodendrum inerme*

马缨丹属 *Lantana*

马缨丹 *Lantana camara*

豆腐柴属 *Premna*

钝叶臭黄荆 *Premna obtusifolia*

茄科 Solanaceae

曼陀罗属 *Datura*

曼陀罗 *Datura stramonium*

茄属 *Solanum*

水茄 *Solanum torvum*

酸浆属 *Physalis*

酸浆 *Physalis alkekengi*

旋花科 Convolvulaceae

番薯属 *Ipomoea*

厚藤 *Ipomoea pes-caprae*

锦葵目 Malvales

椴树科 Tiliaceae

破布叶属 *Microcos*

破布叶 *Microcos paniculata*

锦葵科 Malvaceae

木槿属 *Hibiscus*

黄槿 *Hibiscus tiliaceus*

苘麻属 *Abutilon*

磨盘草 *Abutilon indicum*

黄花棯属 *Sida*

黄花棯 *Sida acuta*

梵天花属 *Urena*

地桃花 *Urena lobata*

梧桐科 Sterculiaceae

　　银叶树属 *Heritiera*

　　　　银叶树 *Heritiera littoralis*

桔梗目 Campanulales

　　菊科 Compositae

　　　　阔苞菊属 *Pluchea*

　　　　　　阔苞菊 *Pluchea indica*

　　　　泽兰属 *Eupatorium*

　　　　　　飞机草 *Eupatorium odoratum*

　　　　蟛蜞菊属 *Wedelia*

　　　　　　蟛蜞菊 *Wedelia chinensis*

捩花目 Contortae

　　夹竹桃科 Apocynaceae

　　　　海杧果属 *Cerbera*

　　　　　　海杧果 *Cerbera manghas*

轮生目 Verticillatae

　　木麻黄科 Casuarinaceae

　　　　木麻黄属 *Casuarina*

　　　　　　木麻黄 *Casuarina equisetifolia*

茜草目 Rubiales

　　茜草科 Rubiaceae

　　　　鸡矢藤属 *Paederia*

　　　　　　鸡矢藤 *Paederia scandens*

蔷薇目 Rosales

　　豆科 Leguminosae

　　　　水黄皮属 *Pongamia*

　　　　　　水黄皮 *Pongamia pinnata*

　　　　鱼藤属 *Derris*

　　　　　　鱼藤 *Derris trifoliata*

　　　　合萌属 *Aeschynomene*

合萌 *Aeschynomene indica*

刀豆属 *Canavalia*

海刀豆 *Canavalia maritima*

含羞草属 *Mimosa*

含羞草 *Mimosa pudica*

云实属 *Caesalpinia*

春云实 *Caesalpinia vernalis*

刺果苏木 *Caesalpinia bonduc*

桃金娘目 Myrtiflorae

海桑科 Sonneratiaceae

海桑属 *Sonneratia*

无瓣海桑 *Sonneratia apetala*

卵叶海桑 *Sonneratia ovata*

红树科 Rhizophoraceae

木榄属 *Bruguiera*

木榄 *Bruguiera gymnorrhiza*

秋茄树属 *Kandelia*

秋茄 *Kandelia obovata*

红树属 *Rhizophora*

红海榄 *Rhizophora stylosa*

木榄属 *Bruguiera*

海莲 *Bruguiera sexangula*

角果木属 *Ceriops*

角果木 *Ceriops tagal*

桃金娘科 Myrtaceae

水翁属 *Cleistocalyx*

水翁 *Cleistocalyx operculatus*

荨麻目 Urticales

桑科 Moraceae

榕属 *Ficus*

斜叶榕 *Ficus tinctoria* subsp. *gibbosa*

中央种子目 Centrospermae

番杏科 Aizoaceae

海马齿属 *Sesuvium*

海马齿 *Sesuvium portulacastrum*

藜科 Chenopodiaceae

碱蓬属 *Suaeda*

南方碱蓬 *Suaeda australis*

苋科 Amaranthaceae

青葙属 *Celosia*

青葙 *Celosia argentea*

单子叶植物纲 Monocotyledoneae

粉状胚乳目 Farinosae

雨久花科 Pontederiaceae

凤眼蓝属 *Eichhornia*

凤眼蓝 *Eichhornia crassipes*

露兜树目 Pandanales

露兜树科 Pandanaceae

露兜树属 *Pandanus*

露兜树 *Pandanus tectorius*

禾本目 Graminales

禾本科 Gramineae

狼尾草属 *Pennisetum*

狼尾草 *Pennisetum alopecuroides*

红毛草属 *Rhynchelytrum*

红毛草 *Rhynchelytrum repens*

莎草目 Cyperales

莎草科 Cyperaceae

飘拂草属 *Fimbristylis*

锈鳞飘拂草 *Fimbristylis ferrugineae*

细叶飘拂草 *Fimbristylis polytrichoides*

海南红树林植物实物图

老鼠簕

桐花树

白骨壤

白骨壤

木榄

红海榄

秋茄

无瓣海桑

卤蕨

海漆

卵叶海桑

卵叶海桑

角果木

角果木

海莲

海莲

水椰

尖叶卤蕨

黄槿

许树

阔苞菊

磨盘草

水黄皮

海杧果

银叶树

钝叶臭黄荆

合萌

春云实

鱼藤

海刀豆

木麻黄

厚藤

凤眼蓝

文殊兰

水茄

马缨丹

含羞草

露兜树

龙珠果

龙珠果

海马齿

破布叶

白背叶

椰子

地桃花

酸浆

斜叶榕

曼陀罗

黄花稔

锈鳞飘拂草

细叶飘拂草

狼尾草

红毛草

水翁

山小橘

山乌桕

乌桕

木薯

青葙

蓖麻

蟛蜞菊

苦楝

南方碱蓬

酒饼簕

鸡矢藤

小叶海金沙

飞机草

刺果苏木

第 2 章　海南红树林浮游藻类多样性调查

摘要　本次调查共观察到浮游藻类 8 门 110 种,其中硅藻门 41 种,绿藻门 35 种,裸藻门 14 种,蓝藻门 9 种,甲藻门 5 种,隐藻门 4 种,金藻门和黄藻门各 1 种。1～16 号采样点的浮游藻类种类数为 30～39 种,以 4 号和 10 号采样点种类数最多,3 号采样点种类数最少。其中蓝藻门、绿藻门、硅藻门和裸藻门在各个采样点均被采集到。各个采样点浮游藻类密度为 $3.350 \times 10^4 \sim 5.950 \times 10^4$ 个/升,密度最高的为 4 号采样点,密度最低的为 12 号采样点;生物量为 $1.568 \sim 2.785$ mg/L,以 4 号采样点生物量最高,12 号采样点最低。本次调查发现浮游藻类优势种较多,主要为绿藻门、硅藻门和裸藻门的种类,个别采样点优势种为蓝藻门(棒条藻 *Rhabdoderma* sp.、隐球藻 *Aphanocapsa* sp.)、甲藻门(多甲藻 *Peridinium perardiforme*)和隐藻门(尖尾蓝隐藻 *Chroomonas acuta*)的种类。各个采样点浮游藻类丰富度指数(D)为 $6.599 \sim 8.562$,Shannon-Wiener 指数(H')为 $2.930 \sim 3.435$,均匀度指数(J')为 $0.857 \sim 0.958$。总体来讲,各个采样点浮游藻类群落结构生物多样性较高,物种分布较均匀。优势种中有部分绿藻种类为典型的淡水种,如衣藻属(*Chlamydomonas*)、拟新月藻属(*Closteriopsis*)、鼓藻属(*Cosmarium*)的种类,表明保护区水体属于咸淡水性质。

海南岛是我国红树林的分布中心,有绵长的海岸线和众多的港湾、河口,为红树林生物的生存繁衍提供了优越的条件。浮游藻类是红树林生态系统中除红树植物和底栖藻类以外的重要初级生产者,是浮游动物的直接饵料,其生物量与红树林区某些浮游动物的暴发有直接关系。浮游藻类种类和数量的动态变化反映了红树林生态环境的健康状态,其群落结构状态是反映生态系统健康状况的重要指标。研究浮游藻类群落结构,对红树林生态系统的结构、功能运转以及生态系统的生物多样性具有重要意义。目前我国学者已对福建、广西、深圳等红树林区的浮游藻类开展研究,分析红树林区浮游藻类群落的种类组成与时空分布特征,并利用浮游藻类的多样性指数对湿地水体的营养状态进行评价。以往对海南红树林的浮游藻类也有少量报道,如陈丹丹等(2016)对2009年夏季海南岛红树林区(包括东寨港)浮游藻类群落结构特征进行了研究,于一雷等(2018)对清澜港红树林浮游藻类群落结构及水质进行了分析,但未见对东寨港红树林浮游藻类的专门报道。本研究对海南东寨港浮游藻类进行调查,研究水体中浮游藻类群落种类组成、密度、生物量和生物多样性,以期为该海域的水资源利用和水环境综合治理提供参考依据。

2.1 调查方法

2.1.1 调查时间

2018年10月17日调查监测1次。

2.1.2 调查位点

根据海南东寨港的特点,设置16个采样点(表2-1)。

表2-1 东寨港红树林浮游藻类调查采样点坐标

采样点编号	坐标		采样点编号	坐标	
	纬度(N)	经度(E)		纬度(N)	经度(E)
1	19°55′47.36″	110°36′30.93″	9	20°01′02.45″	110°35′10.59″
2	19°55′19.28″	110°36′43.68″	10	20°00′16.29″	110°34′29.96″
3	19°56′42.99″	110°36′07.60″	11	20°01′04.48″	110°34′14.12″
4	19°57′07.53″	110°36′13.94″	12	19°59′50.59″	110°34′14.36″
5	19°57′26.88″	110°36′22.95″	13	20°01′16.68″	110°32′58.65″
6	19°58′40.90″	110°35′24.34″	14	20°01′37.58″	110°33′28.16″
7	19°59′00.06″	110°36′04.20″	15	19°59′15.75″	110°34′13.28″
8	20°00′19.04″	110°35′20.64″	16	19°59′43.91″	110°36′20.27″

2.1.3 监测内容

监测浮游藻类群落种类组成、密度、生物量及群落生物多样性指数等。

2.1.4　监测方法

2.1.4.1　样品的采集

在各采样点,分别用采水器和 25 号浮游藻类网采集定量和定性样品。定量样品:在每个采样点用有机玻璃采水器取混合水样 2 L,水样沉淀浓缩至 100 mL 后用于定量分析。定性样品:每次采样时,随机选定数个采样点,用 25 号浮游藻类网取样,样品用甲醛固定,用于定性鉴定。定量分析时,从浓缩水样中吸取 0.1 mL 置于 10 mm×10 mm 的浮游生物计数框中,10×40 倍光镜下计数并换算成浮游藻类密度,并根据浮游藻类的形状及大小计算体积,以密度 1.0 g/mL 换算成生物量。定性分析时,用显微镜镜检,确定水体中浮游藻类的种类。

2.1.4.2　数据分析

使用 Berger-Parker 优势度指数(Y)对浮游藻类的优势种进行分析,见公式(2-1)。

$$Y = N_{max}/N_T \tag{2-1}$$

式中,N_{max} 为优势种群数量,N_T 为全部种的种群数量。

使用 PRIMER v6.0 软件包进行单变量分析,包括物种丰富度指数 D(Margalef's index)、Shannon-Wiener 多样性指数 H' 和均匀度指数 J'(Pielou's evenness)。

物种丰富度指数(D):物种丰富度指数综合了样品中种类数目和丰度的信息,表示一定丰度中的种类数目,公式如下:

$$D = (S-1)/\ln N \tag{2-2}$$

式中,S 为种类总数,N 为所有物种的数量。

Shannon-Wiener 多样性指数(H'):Shannon-Wiener 多样性指数是最常用的多样性指数,综合群落的丰富性和均匀性 2 个方面的影响,见公式(1-4)。

均匀度指数(J'):均匀度指数是估计理论上的最大 Shannon-Wiener 多样性指数(H'_{max}),再以实际测得的 H' 与 H'_{max} 的比值来表示,见公式(1-7)。

2.2　调查结果

2.2.1　浮游藻类种类组成

通过对各个采样点的水样进行定性分析,共观察到浮游藻类 7 门 110 种(附录二)。其中,硅藻门 41 种,绿藻门 35 种,裸藻门 14 种,蓝藻门 9 种,甲藻门 5 种,隐藻门 4 种,金藻门和黄藻门各 1 种(表 2-2)。

表 2-2　东寨港红树林各采样点浮游藻类

| 浮游藻类 | 采样点 | | | | | | | | | | | | | | | |
---	1	2	3	4	5	6	7	8	9	10	11	12	13	14	15	16
蓝藻门																
鱼腥藻	*					*			*			*	*			
束丝藻				*	*		*		*			*	*	*	*	*
隐球藻				*		*		*	*	*	*	*	*	*		*
腔球藻		*				*		*				*		*	*	*
平裂藻	*	*														
颤藻	*	*	*							*						
假鱼腥藻		*		*			*									
隐杆藻				*						*	*		*			
棒条藻		*	*		*	*			*	*	*	*				*
绿藻门																
英克斯四棘鼓藻																*
多线四鞭藻						*										
球衣藻		*	*										*			
简单衣藻				*	*		*	*		*	*	*				*
衣藻	*	*	*	*	*		*		*	*	*	*		*		*
华美绿梭藻				*												
长绿梭藻			*	*	*		*	*		*	*				*	
拟新月藻	*	*				*	*	*		*	*	*	*			*
双钝顶鼓藻	*			*			*			*		*				
球鼓藻							*								*	
光滑鼓藻		*		*						*					*	
项圈鼓藻	*	*				*	*						*			
肾形鼓藻		*	*													

续表

浮游藻类	采样点															
	1	2	3	4	5	6	7	8	9	10	11	12	13	14	15	16
鼓藻	*		*	*	*	*	*	*	*	*	*		*	*	*	
四足十字藻		*														
网球藻							*									
异形藻	*					*		*				*	*	*	*	
空球藻	*	*									*				*	
转板藻																*
肾形藻																*
卵囊藻		*			*	*		*		*		*		*	*	
实球藻	*	*			*		*				*	*			*	
单角盘星藻具孔变种												*				
针丝藻									*							
二尾栅藻		*														
栅藻													*			
拟菱形弓形藻	*				*								*	*		
弓形藻									*				*			
月牙藻	*	*	*		*	*			*	*	*			*	*	
水绵	*	*	*	*									*		*	
顶接鼓藻	*	*				*					*				*	
叉星鼓藻	*	*			*		*						*			
三角四角藻					*											*
微小四角藻													*			
团藻				*												
硅藻门																
短小曲壳藻	*		*	*		*			*	*		*				

浮游藻类	采样点															
	1	2	3	4	5	6	7	8	9	10	11	12	13	14	15	16
双眉藻	*	*				*	*				*	*		*		*
日本星杆藻										*						
冰河拟星杆藻								*	*	*			*			
卵形藻	*				*	*		*	*	*	*	*	*	*	*	*
圆筛藻							*	*								
梅尼小环藻	*	*		*	*	*			*			*	*	*		
小环藻	*	*	*	*	*		*		*	*				*	*	*
细小桥弯藻				*				*								
桥弯藻	*		*	*		*	*	*	*	*				*		*
膨胀桥弯藻				*		*										*
卵圆双壁藻										*						
蜂腰双壁藻										*						
双壁藻										*		*				
太阳双尾藻			*						*		*					
短缝藻	*						*									
脆杆藻	*			*	*		*		*			*				
菱形肋缝藻												*				
异极藻	*	*	*	*		*	*	*	*	*	*	*	*	*	*	*
尖布纹藻		*				*			*	*						
布纹藻				*		*						*				
印度半管藻							*								*	
半管藻																*
明盘藻		*		*			*						*			
隐头舟形藻	*	*	*		*	*	*	*	*			*	*			*

续表

浮游藻类	采样点															
	1	2	3	4	5	6	7	8	9	10	11	12	13	14	15	16
舟形藻	*			*	*	*	*	*	*	*	*		*		*	*
谷皮菱形藻					*	*				*						
新月菱形藻					*				*		*		*	*		
长菱形藻												*				
琴氏菱形藻				*				*				*	*			
菱形藻	*		*		*						*		*	*	*	*
海洋曲舟藻		*		*			*	*	*				*	*		
羽纹藻			*		*											
曲舟藻	*								*							
尖刺拟菱形藻			*		*			*		*	*		*			*
热带骨条藻										*	*	*				
双菱藻	*		*	*	*		*	*	*		*		*	*	*	*
针杆藻		*		*	*	*	*	*	*	*	*	*	*	*		
菱形海线藻			*				*									*
太平洋海链藻											*			*	*	
新月形桥弯藻				*					*		*					*
黄藻门																
拟气球藻		*											*		*	*
甲藻门																
角甲藻															*	
埃尔多甲藻								*				*	*			
多甲藻			*	*	*	*		*	*	*	*	*		*	*	
拟多甲藻															*	
裸甲藻			*							*						

浮游藻类	采样点															
	1	2	3	4	5	6	7	8	9	10	11	12	13	14	15	16
金藻门																
锥囊藻				*												
裸藻门																
纺锤鳞孔藻		*														
梭形裸藻				*							*		*			
带形裸藻						*					*					
鱼形裸藻	*				*		*		*		*			*	*	*
血红裸藻			*					*								
裸藻	*	*	*	*	*	*	*	*	*	*	*	*	*			*
绿色裸藻			*													
长尾扁裸藻	*		*	*	*	*	*				*				*	*
钩状扁裸藻																*
扁裸藻	*			*												
剑尾陀螺藻		*					*						*			
陀螺藻												*				
湖生囊裸藻		*	*													
囊裸藻		*	*		*	*					*	*	*		*	*
隐藻门																
尖尾蓝隐藻	*		*	*		*		*	*	*	*	*		*	*	*
啮蚀隐藻		*	*	*	*			*					*			
吻状隐藻	*		*		*						*		*		*	
隐藻				*												

注："*"表示被监测到。

　　各采样点浮游藻类种类数为 30～39 种，以 4 号和 10 号采样点种类数最多，3 号采样点种类数最少。其中，蓝藻门、绿藻门、硅藻门和裸藻门的种类在各个采样点均被采集到。只在 4 个采样点采集到黄藻，金藻只在 4 号采样点被发现。除了 2 号、13 号和 15 号采样点以外，各采样点浮游藻类以硅藻种类数最多，其次为绿藻（表 2-3）。

表 2-3　东寨港红树林各采样点浮游藻类种类数

浮游藻类	各采样点种类数															
	1	2	3	4	5	6	7	8	9	10	11	12	13	14	15	16
蓝藻门	3	5	2	5	2	4	3	2	5	3	3	4	5	3	2	4
绿藻门	13	15	6	9	10	11	11	7	7	11	8	10	13	7	11	11
硅藻门	14	9	11	16	15	13	14	16	17	20	14	15	12	15	10	14
黄藻门	0	1	0	0	0	0	0	0	0	0	0	0	1	0	1	1
甲藻门	0	0	2	1	1	1	0	2	1	2	1	2	1	1	3	0
金藻门	0	0	0	1	0	0	0	0	0	0	0	0	0	0	0	0
裸藻门	4	5	6	4	4	4	4	4	3	1	5	4	3	3	3	5
隐藻门	2	1	3	3	1	0	1	2	1	2	1	2	1	2	2	1
总计	36	36	30	39	35	34	32	33	34	39	32	37	36	31	32	36

2.2.2　浮游藻类密度及生物量

各采样点浮游藻类密度为 $3.350\times10^4\sim5.950\times10^4$ 个/升，密度最高的为 4 号采样点，密度最低的为 12 号采样点（表 2-4）。各采样点浮游藻类以硅藻、绿藻为主。

表 2-4　东寨港红树林各采样点浮游藻类密度

单位：个/升

采样点编号	浮游藻类密度（$\times10^4$）								
	蓝藻门	绿藻门	硅藻门	黄藻门	甲藻门	金藻门	裸藻门	隐藻门	总计
1	0.400	2.100	1.550	0	0	0	0.600	0.250	4.900
2	0.600	2.050	0.650	0.100	0	0	0.450	0.200	4.050
3	0.150	0.600	0.850	0	0.100	0	1.650	0.700	4.050
4	1.400	0.750	2.100	0	0.050	0.050	1.150	0.450	5.950
5	0.150	1.100	1.050	0	0.100	0	1.200	0.450	4.050
6	0.300	1.400	1.700	0	0.050	0	0.450	0.350	4.250

采样点编号	浮游藻类密度（×10⁴）								
	蓝藻门	绿藻门	硅藻门	黄藻门	甲藻门	金藻门	裸藻门	隐藻门	总计
7	0.450	1.850	1.800	0	0	0	0.800	0	4.900
8	0.100	1.550	2.200	0	0.150	0	0.600	0.400	5.000
9	0.600	1.100	1.850	0	0.050	0	0.500	0.050	4.150
10	0.200	1.400	2.600	0	0.100	0	0.150	0.450	4.900
11	0.250	1.100	1.450	0	0.100	0	0.650	0.150	3.700
12	0.200	1.150	1.250	0	0.100	0	0.550	0.100	3.350
13	0.600	1.350	1.300	0.100	0.050	0	0.400	0.150	3.950
14	0.300	1.000	2.350	0	0.050	0	0.400	0.300	4.400
15	0.150	0.850	0.650	0.100	0.650	0	0.250	0.750	3.400
16	0.300	1.100	1.450	0.050	0	0	0.850	0.100	3.850

各采样点浮游藻类的生物量为 1.568～2.785 mg/L，以 4 号采样点生物量最高，12 号采样点生物量最低（表 2-5）。各采样点浮游藻类生物量以硅藻、绿藻为主，只在 4 个采样点采集到黄藻。

表 2-5　东寨港红树林各采样点浮游藻类生物量

采样点编号	浮游藻类生物量/（mg/L）								
	蓝藻门	绿藻门	硅藻门	黄藻门	甲藻门	金藻门	裸藻门	隐藻门	总计
1	0.187	0.983	0.725	0	0	0	0.281	0.117	2.293
2	0.281	0.959	0.304	0.047	0	0	0.211	0.094	1.895
3	0.070	0.281	0.398	0	0.047	0	0.772	0.328	1.895
4	0.655	0.351	0.983	0	0.023	0.023	0.538	0.211	2.785
5	0.070	0.515	0.491	0	0.047	0	0.562	0.211	1.895
6	0.140	0.655	0.796	0	0.023	0	0.211	0.164	1.989
7	0.211	0.866	0.842	0	0	0	0.374	0	2.293
8	0.047	0.725	1.030	0	0.070	0	0.281	0.187	2.340

采样点编号	浮游藻类生物量/(mg/L)								
	蓝藻门	绿藻门	硅藻门	黄藻门	甲藻门	金藻门	裸藻门	隐藻门	总计
9	0.281	0.515	0.866	0	0.023	0	0.234	0.023	1.942
10	0.094	0.655	1.217	0	0.047	0	0.070	0.211	2.293
11	0.117	0.515	0.679	0	0.047	0	0.304	0.070	1.732
12	0.094	0.538	0.585	0	0.047	0	0.257	0.047	1.568
13	0.281	0.632	0.608	0.047	0.023	0	0.187	0.070	1.849
14	0.140	0.468	1.100	0	0.023	0	0.187	0.140	2.059
15	0.070	0.398	0.304	0.047	0.304	0	0.117	0.351	1.591
16	0.140	0.515	0.679	0.023	0	0	0.398	0.047	1.802

2.2.3　浮游藻类优势种

本次调查发现的浮游藻类优势种较多(表 2-6),主要为绿藻门、硅藻门和裸藻门的种类,个别采样点优势种为蓝藻门(棒条藻、隐球藻)、甲藻门(多甲藻)和隐藻门(尖尾蓝隐藻)的种类。其中,硅藻门的种类主要为菱形海线藻、隐头舟形藻、尖刺拟菱形藻、异极藻、布纹藻、脆杆藻、针杆藻、卵形藻等,绿藻门的种类主要为双钝顶鼓藻、空球藻、实球藻、衣藻、月牙藻、卵囊藻、长绿梭藻、拟新月藻、拟菱形弓形藻、鼓藻、异形藻等。16 个采样点中,有 9 个采样点(主要是靠岸的采样点)的第一优势种为绿藻,湾口外采样点(如 14 号采样点)的优势种主要为硅藻。

表 2-6　东寨港红树林各采样点浮游藻类优势种及其优势度

采样点编号	优势种	优势度
1	双钝顶鼓藻	0.082
	空球藻	0.071
2	实球藻	0.123
	衣藻	0.086
3	长尾扁裸藻	0.185
	尖尾蓝隐藻	0.148
	裸藻	0.099

续表

采样点编号	优势种	优势度
4	裸藻	0.151
	隐球藻	0.134
	异极藻	0.101
5	裸藻	0.210
	尖尾蓝隐藻	0.086
6	卵囊藻	0.082
	尖尾蓝隐藻	0.082
	布纹藻	0.071
	长绿梭藻	0.071
7	衣藻	0.122
	脆杆藻	0.092
	裸藻	0.071
	拟新月藻	0.071
8	拟新月藻	0.140
	针杆藻	0.090
	裸藻	0.080
	菱形海线藻	0.070
	尖尾蓝隐藻	0.070
9	月牙藻	0.108
	隐球藻	0.072
	异极藻	0.072
	裸藻	0.060
	针杆藻	0.060

续表

采样点编号	优势种	优势度
10	针杆藻	0.133
	拟新月藻	0.082
	尖尾蓝隐藻	0.082
	卵囊藻	0.061
11	拟新月藻	0.122
	针杆藻	0.108
	裸藻	0.081
	菱形海线藻	0.054
12	衣藻	0.104
	裸藻	0.090
13	拟菱形弓形藻	0.076
	棒条藻	0.051
	鼓藻	0.051
	异形藻	0.051
	卵形藻	0.051
	针杆藻	0.051
	裸藻	0.051
14	尖刺拟菱形藻	0.102
	隐头舟形藻	0.080
	裸藻	0.068
	拟新月藻	0.068
15	尖尾蓝隐藻	0.191
	多甲藻	0.132
16	裸藻	0.091
	卵形藻	0.091

2.2.4　浮游藻类生物多样性指数

各采样点浮游藻类丰富度指数(D)为 6.599～8.562,Shannon-Wiener 指数(H')为 2.930～3.435,均匀度指数(J')为 0.857～0.958(表 2-7)。总体来讲,各采样点浮游藻类群落结构生物多样性较高,物种分布较均匀。

表 2-7　东寨港红树林各采样点浮游藻类群落生物多样性指数

采样点编号	丰富度指数(D)	Shannon-Wiener 指数(H')	均匀度指数(J')
1	7.634	3.365	0.939
2	7.965	3.333	0.930
3	6.599	2.930	0.861
4	7.951	3.140	0.857
5	7.737	3.171	0.892
6	7.428	3.283	0.931
7	6.761	3.151	0.909
8	6.949	3.104	0.888
9	7.468	3.285	0.932
10	8.288	3.278	0.895
11	7.202	3.193	0.921
12	8.562	3.383	0.937
13	8.010	3.435	0.958
14	6.700	3.200	0.932
15	7.347	3.097	0.894
16	8.057	3.378	0.943

2.3　讨论

2.3.1　浮游藻类群落结构特征

浮游藻类包括所有在水中营浮游生活的藻类。浮游藻类在大小和体积上差别显著：大型的种类肉眼可见，如团藻和微囊藻的个体直径常常大于 1 mm；小型的种类直径不到 1 μm，甚至比细菌还小。浮游藻类依据个体大小可分为网采浮游藻类（直径 20～200 μm）、微型浮游藻类（直径 2～20 μm）及超微型浮游藻类（直径小于 2 μm）等。浮游藻类在食物链中处于初级生产者地位，其种类的多样性和初级生产量直接影响水体生态系统的结构和功能，也是对水环境质量的直接反映，因此可以利用浮游藻类种群结构和数量分布来估计水域生产力、评价环境质量和水质等。已有一些关于海南红树林浮游藻类群落结构的研究。例如，陈丹丹等（2016）在海南岛红树林区共鉴定出浮游藻类 49 属 97 种（包括变种），其中硅藻门 25 属 59 种，绿藻门 9 属 18 种，蓝藻门 7 属 10 种，裸藻门 2 属 4 种，甲藻门 5 属 5 种，金藻门 1 属 1 种。海南岛各红树林保护区浮游藻类均以硅藻门种类为主，但同时出现了多种绿藻和蓝藻。多个红树林区出现了典型的淡水种，如厚顶栅藻、四尾栅藻、点形平裂藻、颤藻等，以东寨港、清澜港、青梅港和花场湾最为突出，表明了这些红树林保护区水体均属咸淡水性质。浮游藻类密度为 $28.99 \times 10^4 \sim 196.49 \times 10^4$ 个/升，平均为 88.53×10^4 个/升。海南岛红树林区水体浮游藻类以硅藻门种类为主，主要优势种为骨条藻（*Skeletonema* sp.）、微小小环藻（*Cyclotella caspia*）、新月菱形藻、颤藻（*Oscillatoria* sp.），同时出现多种裸藻、绿藻和甲藻。在清澜港，于一雷等（2018）共鉴定出浮游藻类 7 门 74 种，其中蓝藻门 13 种，硅藻门 35 种，绿藻门 13 种，隐藻门 4 种，裸藻门 3 种，甲藻门 3 种，金藻门 3 种。八门湾优势种为硅藻门的角毛藻（*Chaetoceros* sp.）和小环藻（*Cyclotella* sp.），红树林潮间带优势种为蓝藻门的假鱼腥藻（*Pseudoanabaena* sp.）和甲藻门的多甲藻（*Peridinium* sp.）。养殖水浮游藻类密度最高，其次是八门湾和潮间带。除 2016 年 3 月外，生物多样性指数均值由大到小顺序为潮间带、八门湾、养殖水。藻类与氮、磷营养盐及金属离子密切相关，季节变化影响不明显。本次调查中，共观察到浮游藻类 8 门 110 种，种类数较历史调查结果多，主要是监测到的绿藻门和裸藻门的种类较多。各采样点浮游藻类种类数为 30～39 种，密度为 $3.350 \times 10^4 \sim 5.950 \times 10^4$ 个/升，平均为 4.303×10^4 个/升，较历史调查结果低。

查阅红树林区浮游藻类相关调查文献发现，福建漳江口、深圳福田、广西英罗湾等红树林区浮游藻类以硅藻门种类为主。本次调查结果显示，东寨港红树林浮游藻类同样以硅藻门种类为主，有 41 种，与其他地区红树林的浮游藻类种类组成相似。优势种以绿藻为主，还有硅藻、裸藻、蓝藻、甲藻和隐藻。本次调查发现，东寨港浮游藻类优势种中有部分绿藻种类为典型的淡水种，如衣藻属、拟新月藻属、鼓藻属的种类，表明东寨港红树林水体属于咸淡水性质，这与陈丹丹等（2016）的调查研究结果相似。优势种主要由硅藻组成还是由绿藻组成，主要与降水量及港湾内海水盐度有关。在调查期间，东寨港部分地区有连续降雨，可能会导致港湾部分海域盐度降低，部分淡水藻类大量繁殖，形成优势种。在降雨量较小、蒸发量较大的情况下，湾内海水盐度会升高。因为红树林区有丰富的硅和氮，有利于硅藻的繁殖，所以随着湾内海水盐度的升高，适合高盐度的藻类如硅藻等就会大量繁殖，慢慢取代淡水种类，成为优势种。

本次调查发现的硅藻门优势种主要为羽纹纲的种类，如菱形海线藻、隐头舟形藻、尖刺拟菱形藻、异极藻、布纹藻、脆杆藻、针杆藻、卵形藻等。这与福建漳州口、深圳福田等红树林区浮游藻类的硅藻优势种组成相似。这是由于在红树林阻挡下，林前潮汐和风浪冲刷极易使底栖硅藻悬浮于水体，同时也显示了红树林水体浮游藻类群落在组成和结构上类似于近岸或大洋水体的特殊性。

2.3.2　水质生态现状评价

浮游藻类水污染监测法是生物监测法之一。因为浮游藻类对污染物敏感，在污染压迫下，浮游藻类种群组成会发生改变，所以通过采取水样，分析浮游藻类的种群组成，可以对水质情况做出更全面、更接近实际的评价。一般来讲，在贫营养水体中，浮游藻类主要由大量的甲藻以及少量的中心硅藻和单细胞绿藻组成；而在富营养化水体中，浮游藻类则由群聚蓝藻和带状藻类组成。富营养化发生时，水体接纳过多氮、磷等营养物质，使藻类以及其他水生生物过量繁殖，水体透明度下降，溶解氧降低，水质恶化，水体生态系统和水功能受到破坏。严重的，甚至发生"水华"，给水资源的利用，如生活用水、工农业供水、水产养殖、旅游以及水上运动等带来负面影响。富营养化程度的评价是对水体富营养化过程中某一阶段营养状态的定量描述，其主要目的是通过对具体水体富营养化代表性指标的详细调查，判断该水体的营养状态，了解其富营养化进程及预测其发展趋势，为水体水质管理及富营养化的控制提供科学依据。浮游藻类生物多样性指数是水质监测评价的重要指标，广泛应用于水体环境质量评价中。浮游藻类细胞密度通常也可以反映水体的富营养化程度。国内外学者已广泛应用物种多样性指数对水质进行评价。物种丰富度指数（D）综合了样品中种类数和丰度的信息。D 值越大，水质越清洁：D 值 $0 \sim 1$ 为重度污染，$1 \sim 2$ 为严重污染，$2 \sim 4$ 为中度污染，$4 \sim 6$ 为轻度污染，大于 6 为清洁水。Shannon-Wiener 多样性指数（H'）不仅考虑了生物的种类数和总个体数，还考虑了各种群数量在总数量中的比例。一般来说，H' 越小，表明水质污染越重；H' 越大，则水质越好。H' 值在 $0 \sim 1$ 之间为重污染，$1 \sim 3$ 为中污染，大于 3 为轻污染或无污染。均匀度指数（J'）指的是水体中各物种个体数分布的均匀程度，每个物种的个体数越接近，均匀度就越高，反之就越低。本次调查的各采样点浮游藻类丰富度指数 D 为 $6.599 \sim 8.562$，Shannon-Wiener 多样性指数 H' 为 $2.930 \sim 3.435$，均匀度指数 J' 为 $0.857 \sim 0.958$。总体来讲，各采样点浮游藻类群落生物多样性较高，物种分布较均匀。

参考文献

陈丹丹,兰建新,张光星.等.2016.2009 年夏季海南岛红树林区浮游植物群落结构特征[J].热带作物学报,37(5):1030-1036.

胡鸿钧,魏印心.2006.中国淡水藻类——系统、分类及生态[M].北京:科学出版社.

金德祥,陈金环,黄凯歌.1965.中国海洋浮游硅藻类[M].上海:上海科学技术出版社.

金德祥,程兆第,刘师成,等.1992.中国海洋底栖硅藻类:下卷[M].北京:海洋出版社.

王全喜,曹建国,刘妍,等.2008.上海九段沙湿地自然保护区及其附近水域藻类图集[M].北京:科学出版社.

杨世民,董树刚.2006.中国海域常见浮游硅藻图谱[M].青岛:中国海洋大学出版社.

于一雷,郭菊兰,武高洁,等.2018.清澜港红树林浮游植物群落结构及水质对应分析[J].水资源保护,34(2):102-110.

张才学,周凯,孙省利,等.2010.深圳湾浮游植物的季节变化[J].生态环境学报,19(10):2445-2451.

章宗涉,黄祥飞.1991.淡水浮游生物研究方法[M].北京:科学出版社.

附录二

海南红树林浮游藻类名录

蓝藻门 Cyanophyta

  蓝藻纲 Cyanophyceae

    色球藻目 Chroococcales

      色球藻科 Chroococacaceae

        平裂藻属 *Merismopedia*

          平裂藻 *Merismopedia* sp.

        隐球藻属 *Aphanocapsa*

          隐球藻 *Aphanocapsa* sp.

        隐杆藻属 *Aphanothece*

          隐杆藻 *Aphanothece* sp.

        腔球藻属 *Coelosphaerium*

          腔球藻 *Coelosphaerium* sp.

        棒条藻属 *Rhabdoderma*

          棒条藻 *Rhabdoderma* sp.

    念珠藻目 Nostocales

      颤藻科 Oscillatoriaceae

        颤藻属 *Oscillatoria*

          颤藻 *Oscillatoria* sp.

      假鱼腥藻科 Pseudanabaenaceae

        假鱼腥藻属 *Pseudanabaena*

          假鱼腥藻 *Pseudanabaena* sp.

      念珠藻科 Nostocaceae

        束丝藻属 *Aphanizomenon*

          束丝藻 *Aphanizomenon* sp.

        鱼腥藻属 *Anabeana*

          鱼腥藻 *Anabeana* sp.

硅藻门 Bacillariophyta

  中心纲 Centricae

圆筛藻目 Coscinodiscales

 直链藻科 Melosiraceae

  明盘藻属 *Hyalodiscus*

   明盘藻 *Hyalodiscus* sp.

 圆筛藻科 Coscinodiscaceae

  圆筛藻属 *Coscinodiscus*

   圆筛藻 *Coscinodiscus* sp.

  小环藻属 *Cyclotella*

   梅尼小环藻 *Cyclotella meneghiniana*

   小环藻 *Cyclotella* sp.

 海链藻科 Thalassiosiraceae

  海链藻属 *Thalassiosira*

   太平洋海链藻 *Thalassiosira pacifica*

 骨条藻科 Skeletonemaceae

  骨条藻属 *Skeletonema*

   热带骨条藻 *Skeletonema tropicum*

盒形硅藻目 Biddulphiales

 盒形藻科 Biddulphiaceae

  半管藻属 *Hemiaulus*

   印度半管藻 *Hemiaulus indicus*

   半管藻 *Hemiaulus* sp.

  双尾藻属 *Ditylum*

   太阳双尾藻 *Ditylum sol*

羽纹纲 Pennatae

 等片藻目 Diatomales

  等片藻科 Diatomaceae

   星杆藻属 *Asterionella*

    日本星杆藻 *Asterionella japonica*

   拟星杆藻属 *Asterionellopsis*

    冰河拟星杆藻 *Asterionellopsis glacialis*

脆杆藻属 *Fragilaria*

 脆杆藻 *Fragilaria* sp.

针杆藻属 *Synedra*

 针杆藻 *Synedra* sp.

海线藻属 *Thalassiothrix*

 菱形海线藻 *Thalassionema nitzschioides*

曲壳藻目 Achnanthales

 卵形藻科 Cocconeidaceae

  卵形藻属 *Cocconeis*

   卵形藻 *Cocconeis* sp.

 曲壳藻科 Achnanthaceae

  曲壳藻属 *Achnanthes*

   短小曲壳藻 *Achnanthes exigua*

短缝藻目 Eunotiales

 短缝藻科 Eunotiaceae

  短缝藻属 *Eunotia*

   短缝藻 *Eunotia* sp.

舟形藻目 Naviculales

 舟形藻科 Naviculaceae

  双壁藻属 *Diploneis*

   双壁藻 *Diploneis* sp.

   蜂腰双壁藻 *Diploneis bombus*

   卵圆双壁藻 *Diploneis ovalis*

  肋缝藻属 *Frustulia*

   菱形肋缝藻 *Frustulia rhomboids*

  布纹藻属 *Gyrosigma*

   尖布纹藻 *Gyrosigma acuminatum*

   布纹藻 *Gyrosigma* sp.

  羽纹藻属 *Pinnularia*

   羽纹藻 *Pinnularia* sp.

双眉藻属 *Amphora*

双眉藻 *Amphora* sp.

桥弯藻属 *Cymbella*

新月形桥弯藻 *Cymbella parua*

细小桥弯藻 *Cymbella pusilla*

膨胀桥弯藻 *Cymbella tumida*

桥弯藻 *Cymbella* sp.

曲舟藻属 *Pleurosigma*

海洋曲舟藻 *Pieurosigma pelagicum*

曲舟藻 *Pleurosigma* sp.

异极藻科 Gomphonemaceae

异极藻属 *Gomphonema*

异极藻 *Gomphonema* sp.

舟形藻属 *Navicula*

隐头舟形藻 *Navicula cryptocephala*

舟形藻 *Navicula* sp.

双菱藻目 Surirellalles

菱形藻科 Nitzschiaceae

菱形藻属 *Nitzschia*

谷皮菱形藻 *Nitzchia palea*

新月菱形藻 *Nitzschia closterium*

长菱形藻 *Nitzschia longissima*

琴氏菱形藻 *Nitzschia panduriformis*

菱形藻 *Nitzschia* sp.

拟菱形藻属 *Pseudonitzschia*

尖刺拟菱形藻 *Pseudonitzschia pungens*

双菱藻科 Surirellaceae

双菱藻属 *Surirella*

双菱藻 *Surirella* sp.

金藻门 Chrysophyta

金藻纲 Chrysophyceae

金藻目 Chrysomonadales

棕鞭藻科 Ochromonadaceae

锥囊藻属 *Dinobryon*

锥囊藻 *Dinobryon* sp.

隐藻门 Cryptophyta

隐藻纲 Cryptophyceae

隐鞭藻目 Cryptomonadales

隐鞭藻科 Cryptomonadaceae

蓝隐藻属 *Chroomonas*

尖尾蓝隐藻 *Chroomonas acuta*

隐藻属 *Cryptomonas*

啮蚀隐藻 *Cryptomonas erosa*

吻状隐藻 *Cryptomonas rostrata*

隐藻 *Cryptomonas* sp.

黄藻门 Xanthophyta

黄藻纲 Xanthophyceae

无隔藻目 Vaucheriales

气球藻科 Botrydiaceae

气球藻属 *Botrydiopsis*

拟气球藻 *Botrydiopsis arhiza*

甲藻门 Dinophyta

甲藻纲 Dinophyceae

多甲藻目 Peridiniales

裸甲藻科 Gymnodiniaceae

裸甲藻属 *Gymnodinium*

裸甲藻 *Gymnodinium aerucyinosum*

多甲藻科 Peridiniaceae

拟多甲藻属 *Peridiniopsis*

拟多甲藻 *Peridiniopsis* sp.

多甲藻属 *Peridinium*

多甲藻 *Peridinium perardiforme*

埃尔多甲藻 *Peridinium elpatiewskyi*

角甲藻科 Ceratiaceae

角甲藻属 *Ceratium*

角甲藻 *Ceratium* sp.

裸藻门 Euglenophyta

裸藻纲 Euglenophyceae

裸藻目 Euglenales

裸藻科 Euglenaceae

裸藻属 *Euglena*

裸藻 *Euglena* sp.

梭形裸藻 *Euglena acus*

带形裸藻 *Euglena ehrenbergii*

鱼形裸藻 *Euglena pisciformis*

血红裸藻 *Euglena sanguinea*

绿色裸藻 *Euglena viridis*

囊裸藻属 *Trachelomonas*

湖生囊裸藻 *Trachelomonas lacustris*

囊裸藻 *Trachelomonas* sp.

陀螺藻属 *Strombomonas*

剑尾陀螺藻 *Strombomonas ensifera*

陀螺藻 *Strombomonas* sp.

扁裸藻属 *Phacus*

钩状扁裸藻 *Phacus hamatus*

长尾扁裸藻 *Phacus longicauda*

扁裸藻 *Phacus* sp.

鳞孔藻属 *Lepocinclis*

纺锤鳞孔藻 *Lepocinclis fusiformis*

绿藻门 Chlorophyta

绿藻纲 Chlorophyceae

团藻目 Volvocales

衣藻科 Chlamydomonadaceae

四鞭藻属 *Carteria*

多线四鞭藻 *Carteria multifilis*

衣藻属 *Chlamydomonas*

球衣藻 *Chlamydomonas globosa*

简单衣藻 *Chlamydomonas simplex*

衣藻 *Chlamydomonas* sp.

绿梭藻属 *Chlorogonium*

华美绿梭藻 *Chlorogonium elegans*

长绿梭藻 *Chlorogonium elongatum*

壳衣藻科 Phacotaceae

异形藻属 *Dysmorphococcus*

异形藻 *Dysmorphococcus variabilis*

团藻科 Volvocaceae

空球藻属 *Eudorina*

空球藻 *Eudorina elegans*

实球藻属 *Pandorina*

实球藻 *Pandorina morum*

团藻属 *Volvox*

团藻 *Volvox* sp.

绿球藻目 Chlorococcales

绿球藻科 Chlorococcaceae

弓形藻属 *Schroederia*

拟菱形弓形藻 *Schroederia nitzschioides*

弓形藻 *Schroederia setigera*

小球藻科 Chlorellaceae

四角藻属 *Tetraedron*

三角四角藻 *Tetraedron trigonum*

微小四角藻 *Tetraedron minimum*

拟新月藻属 *Closteriopsis*

拟新月藻 *Closteriopsis longissima*

月牙藻属 *Selenastrum*

月牙藻 *Selenastrum bibraianum*

卵囊藻科 Oocystaceae

卵囊藻属 *Oocystis*

卵囊藻 *Oocystis naegelii*

肾形藻属 *Nephrocytium*

肾形藻 *Nephrocytium agardhianum*

网球藻科 Dictyosphaeraceae

网球藻属 *Dictyosphaeria*

网球藻 *Dictyosphaeria cavernosa*

盘星藻科 Pediastraceae

盘星藻属 *Pediastrum*

单角盘星藻具孔变种 *Pediastrum simplex* var. *duodenarium*

栅藻科 Scenedesmaceae

栅藻属 *Scenedesmus*

二尾栅藻 *Scenedesmus bicaudatus*

栅藻 *Scenedesmus* sp.

十字藻属 *Crucigenia*

四足十字藻 *Crucigenia tetrapedia*

双星藻纲 Zygnematophyceae

双星藻目 Zygnematales

双星藻科 Zygnemataceae

转板藻属 *Mougeotia*

转板藻 *Mougeotia* sp.

水绵属 *Spirogyra*

水绵 *Spirogyra* sp.

鼓藻目 Desmidiales

鼓藻科 Desmidiaceae

鼓藻属 *Cosmarium*

双钝顶鼓藻 *Cosmarium biretum*

球鼓藻 *Cosmarium globosum*

光滑鼓藻 *Cosmarium laeve*

项圈鼓藻 *Cosmarium moniliforme*

肾形鼓藻 *Cosmarium reniforme*

鼓藻 *Cosmarium* sp.

顶接鼓藻属 *Spondylosium*

顶接鼓藻 *Spondylosium* sp.

叉星鼓藻属 *Staurodesmus*

叉星鼓藻 *Staurodesmus* sp.

四棘鼓藻属 *Arthrodesmus*

英克斯四棘鼓藻 *Arthrodesmus incus*

丝藻目 Ulotrichales

丝藻科 Ulotrichaceae

针丝藻属 *Raphidonema*

针丝藻 *Raphidonema* sp.

第3章　海南红树林浮游动物多样性调查

摘要　本次调查共鉴定出浮游动物5门7纲11目21科25属31种。种类数最多的是纤毛虫,为13种;桡足类次之,为12种;刺胞动物3种;轮虫2种;尾索动物1种。还检测到多毛类幼体、贝类面盘幼虫、桡足类无节幼体等6类浮游幼虫。各采样点种类数为8～20种。桡足类和浮游幼虫种类数在各采样点都被采集到,钟形网纹虫(*Favella campanula*)、小拟哲水蚤(*Paracalanus parvus*)和蔓足类藤壶幼虫出现频率较高,在多数采样点被采集到。海南东寨港红树林的浮游动物具有明显的热带近岸咸淡水水体区系特征。

各采样点浮游动物密度为8.5～64.8个/升,平均为26.99个/升。浮游动物优势种主要由桡足类无节幼体、桡足幼体、钟形网纹虫和小拟哲水蚤组成。桡足类无节幼体和桡足幼体在各采样点密度都较高,是优势种,在多数采样点是第一优势种。各采样点的浮游动物物种丰富度指数(D)为1.724～4.126,Shannon-Wiener多样性指数(H')为0.839～2.001,均匀度指数(J')为0.403～0.793。

浮游动物是指悬浮于水体中的水生动物。它们或者完全没有游泳能力,或者游泳能力很弱,不能做远距离的移动,也不足以抵抗水的流动力。它们的身体一般微小,要借助显微镜才能观察到。浮游动物是一个生态学名词而不是分类学名词。浮游动物个体较小,但数量极多,是红树林生态系统食物链和生产力的基本环节,在物质转化、能量流动和信息传递等生态过程中起着至关重要的作用。某些浮游动物群落结构的特征能及时准确地反映红树林生态系统的健康状况以及水域生态环境的优劣。此外,浮游动物是许多鱼、虾的主要饵料,其数量变化可以直接影响渔业资源量,因此,研究浮游动物群落结构对于了解水生生物资源状况、监测和评估水体的营养状况具有重要意义。海南东寨港红树林区内有多条河流,大量有机碎屑汇集于此,为浮游动物提供丰富的营养物质。本研究通过调查海南东寨港红树林浮游动物的种类组成、密度和生态分布，分析浮游动物群落结构多样性特征、时空变化规律，为了解该红树林生态系统结构和水生生物资源状况提供基础资料。

3.1 调查方法

3.1.1 采样点设置和采样时间

采样点设置和采样时间同 2.1.1。

3.1.2 样品的采集

浮游动物采集方法参照《红树林生态监测技术规程》（HY/T 081—2005）和《海洋调查规范第 7 部分：近海污染生态调查和生物监测》（GB/T 12763.7—2007），在各采样点总共采水样 50 L，用 25 号浮游生物网（孔径为 6 μm）现场过滤。所有样品均用体积分数为 5% 的甲醛溶液固定。用浮游生物网尽量收集样品，用于种类鉴定。

3.1.3 浮游动物的计数和种类鉴定

原生动物、轮虫和桡足类幼体用 1 mL 浮游生物计数框计数，并换算成单位体积密度。枝角类、桡足类和其他无脊椎动物幼虫全部计数。

单位体积浮游动物的数量按下式计算：

$$N = (V_s \cdot n)/(V \cdot V_a) \tag{3-1}$$

式中，N 为 1 L 水样中浮游动物的数量，V 为采样体积（mL）；V_s 为样品浓缩后的体积（mL）；V_a 为计数样品体积（mL）；n 为计数所获得的个数。

浮游动物的种类鉴定参照有关文献的描述。

3.1.4 数据的统计和分析

数据统计与分析同 2.1.4.2。

3.2　调查结果

3.2.1　浮游动物种类组成

如附录三所示,本次调查共鉴定出浮游动物 5 门 7 纲 11 目 21 科 25 属 31 种。种类数最多的是纤毛虫,为 13 种;桡足类次之,为 12 种;刺胞动物 3 种;轮虫 2 种;尾索动物 1 种。还采集到多毛类、贝类面盘幼虫、桡足类无节幼体等 6 类浮游幼虫。本次调查没有采集到枝角类。

如表 3-1、图 3-1 所示,各个采样点种类数为 8~20 种,以 11 号采样点最多,2 号采样点最少。桡足类和浮游幼虫在各个采样点都被采集到。钟形网纹虫、小拟哲水蚤和蔓足类藤壶幼虫出现频率较高,在多数采样点被采集到。

表 3-1　各采样点浮游动物种类组成

浮游动物	采样点															
	1	2	3	4	5	6	7	8	9	10	11	12	13	14	15	16
纤毛虫																
双环栉毛虫	*										*	*				
红色中缢虫	*	*	*											*		
锥形急游虫	*														*	
诺氏薄铃虫								*			*	*	*			
长形旋口虫								*			*		*		*	*
钟形网纹虫		*	*	*	*	*	*	*								
爱氏网纹虫						*	*				*		*	*		
触角拟铃虫			*	*					*	*				*	*	
妥肯丁拟铃虫												*				
管状拟铃虫											*	*	*		*	
根突拟铃虫								*		*	*	*	*	*	*	
斯氏拟铃虫									*		*		*	*		
酒杯类管虫											*					
刺胞动物																

续表

浮游动物	采样点															
	1	2	3	4	5	6	7	8	9	10	11	12	13	14	15	16
耳状囊水母														*		
双叉薮枝螅水母				*	*						*			*		*
半球杯水母										*						
轮虫动物																
转轮虫				*	*							*				
曲腿龟甲轮虫						*										
桡足类																
小拟哲水蚤		*	*	*	*	*	*	*	*	*	*	*	*	*		*
亚强次真哲水蚤							*									
广布中剑水蚤																*
近邻剑水蚤															*	
太平洋大眼水蚤		*			*	*							*	*	*	
小长腹剑水蚤				*				*			*		*			
拟长腹剑水蚤	*		*	*	*		*		*	*	*		*			
分叉小猛水蚤														*		
尖额真猛水蚤						*	*	*	*	*			*	*		*
硬鳞暴猛水蚤					*											
瘦长毛猛水蚤							*	*		*	*	*	*	*	*	
猛水蚤 1 种										*				*		
尾索动物																
中型住囊虫				*		*	*		*				*	*		*
浮游幼虫																
桡足类无节幼体	*	*	*	*	*	*	*	*	*	*	*	*	*	*	*	*
桡足幼体	*	*	*	*	*	*	*	*	*	*	*	*	*	*	*	*

续表

浮游动物	采样点															
	1	2	3	4	5	6	7	8	9	10	11	12	13	14	15	16
蔓足类藤壶幼虫	*	*	*		*	*	*	*		*		*	*	*	*	*	*
多毛类幼体	*		*	*	*		*	*	*	*	*					*	*
短尾类幼虫									*							
贝类面盘幼虫	*	*			*		*	*			*		*			*	*

注:"＊"表示被监测到。

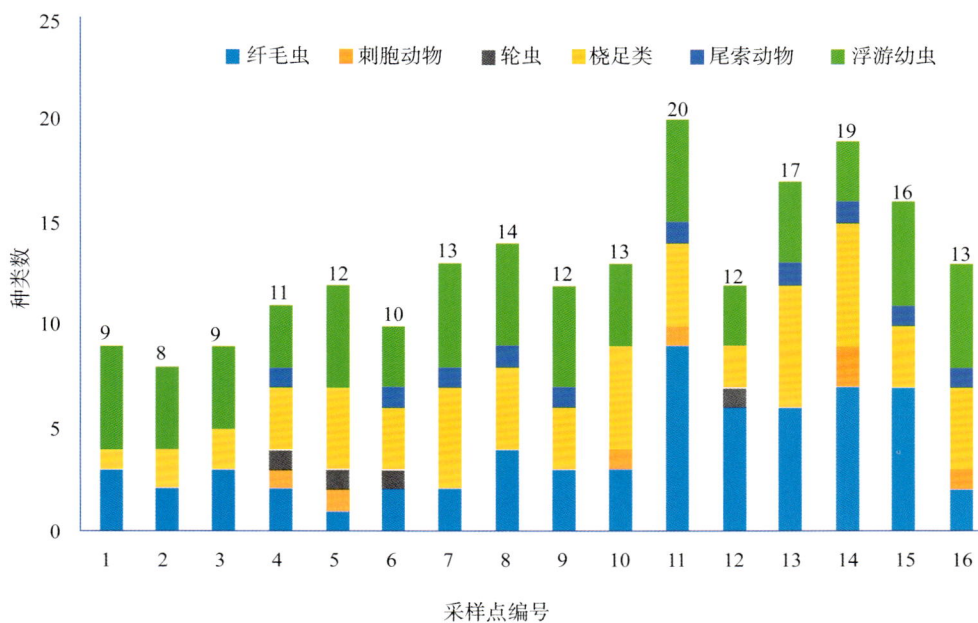

图 3-1　各采样点浮游动物种类数

3.2.2　浮游动物密度

如图 3-2 所示,各采样点浮游动物密度为 8.5～64.8 个/升,平均为 26.99 个/升。以 4 号采样点密度最高,1 号采样点密度最低。

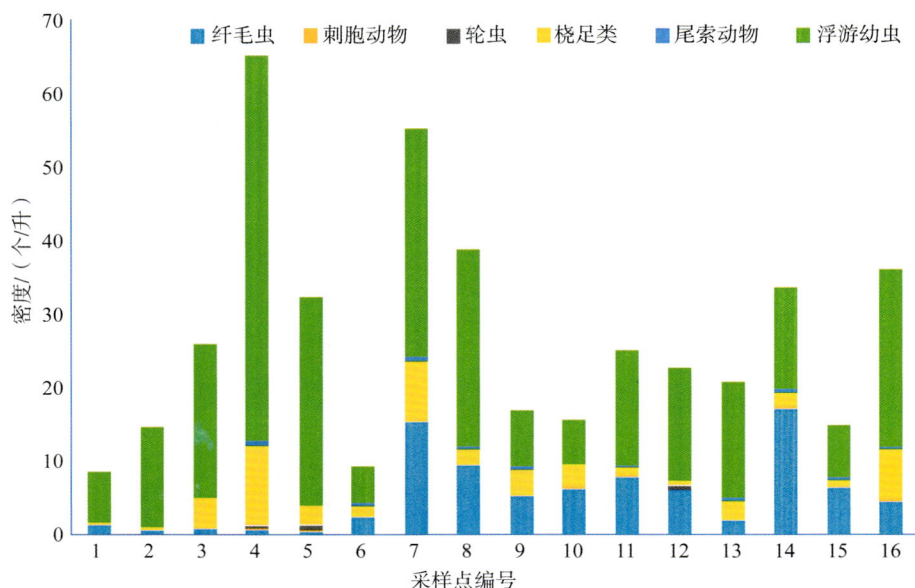

图 3-2　各采样点浮游动物密度

3.2.3　浮游动物优势种

本次调查中，浮游动物优势种主要由桡足类无节幼体、桡足幼体、钟形网纹虫和小拟哲水蚤组成。桡足类无节幼体和桡足幼体在各采样点密度都较高，是优势种，在多数采样点是第一优势种（表 3-2）。

表 3-2　各采样点浮游动物优势种（类群）及其优势度

采样点编号	优势种	优势度
1	桡足类无节幼体	0.647
	桡足幼体	0.088
2	桡足类无节幼体	0.793
	桡足幼体	0.103
3	桡足幼体	0.447
	桡足类无节幼体	0.331
	小拟哲水蚤	0.155
4	桡足类无节幼体	0.426
	桡足幼体	0.375
	小拟哲水蚤	0.121

续表

采样点编号	优势种	优势度
5	桡足幼体	0.598
	钟形网纹虫	0.216
	桡足类无节幼体	0.187
	小拟哲水蚤	0.081
6	桡足幼体	0.297
	桡足类无节幼体	0.243
	小拟哲水蚤	0.056
7	桡足幼体	0.308
	钟形网纹虫	0.264
	桡足类无节幼体	0.171
	小拟哲水蚤	0.099
8	桡足幼体	0.422
	桡足类无节幼体	0.219
	钟形网纹虫	0.219
9	钟形网纹虫	0.284
	桡足幼体	0.209
	桡足类无节幼体	0.209
	小拟哲水蚤	0.164
10	钟形网纹虫	0.355
	桡足幼体	0.177
	桡足类无节幼体	0.161
	小拟哲水蚤	0.065
11	桡足类无节幼体	0.42
	钟形网纹虫	0.22
	桡足幼体	0.16

采样点编号	优势种	优势度
12	桡足幼体	0.373
	桡足类无节幼体	0.293
	钟形网纹虫	0.187
13	蔓足类藤壶幼虫	0.439
	桡足类无节幼体	0.195
	桡足幼体	0.122
14	钟形网纹虫	0.432
	桡足类无节幼体	0.324
	桡足幼体	0.072
15	钟形网纹虫	0.304
	桡足类无节幼体	0.304
	桡足幼体	0.087
16	钟形网纹虫	0.412
	桡足幼体	0.353
	桡足类无节幼体	0.218
	小拟哲水蚤	0.151

3.2.4　浮游动物群落生物多样性

各采样点的浮游动物物种多样性指数（D）为 1.724～4.126，Shannon-Wiener 多样性指数（H'）为 0.839～2.001，均匀度指数（J'）为 0.403～0.793（表 3-3）。总体来讲，各采样点的浮游动物群落生物多样性指数都不高。

表 3-3　浮游动物群落生物多样性指数

采样点编号	物种多样性指数（D）	Shannon-Wiener 多样性指数（H'）	均匀度指数（J'）
1	2.269	1.332	0.606
2	1.724	0.839	0.403
3	1.726	1.317	0.599

采样点编号	物种多样性指数(D)	Shannon-Wiener 多样性指数(H')	均匀度指数(J')
4	1.860	1.319	0.550
5	2.354	1.372	0.552
6	2.492	1.825	0.793
7	2.306	1.847	0.720
8	2.679	1.621	0.614
9	2.616	1.852	0.746
10	2.908	2.001	0.780
11	4.126	1.865	0.623
12	2.548	1.637	0.659
13	3.631	1.897	0.670
14	3.822	1.681	0.571
15	3.918	2.072	0.747
16	2.511	1.840	0.717

3.3　讨论

3.3.1　浮游动物群落区系特征

浮游动物是水域生态系统食物链中的重要环节,其种类和数量的变化直接或间接对初级生产者和营养级更高的消费者产生影响,在水生生态系统中起着承上启下的作用。原生动物多数种类呈世界性分布,而轮虫、枝角类和桡足类等后生浮游动物则有明显的地理分布模式(沈韫芬等,1990)。本次对海南东寨港红树林的调查中,所采集到的原生动物多为近岸海水常见种,如钟形网纹虫、爱氏网纹虫、红色中缢虫、妥肯丁拟铃虫、双环栉毛虫、根突拟铃虫和触角拟铃虫等,其中红色中缢虫为世界性海洋广布赤潮种,双环栉毛虫为淡水和咸淡水水体常见种。全世界轮虫有 1 200 多种,多数轮虫生活于淡水中,只有少数种类生活于咸淡水和海水中。在热带、亚热带地区,腔轮属(*Lecane*)、臂尾轮属(*Brachionus*)和异尾轮属(*Trichocerca*)是种类最多的 3

个属,龟甲轮属、叶轮属(*Notholca*)和疣毛轮属(*Synchaeta*)也有所分布。本次调查所采集到的轮虫种类数较少,只有 2 种,分别为转轮虫和曲腿龟甲轮虫。这两种轮虫都是热带、亚热带水体中常见种类,也可以忍受低盐度的水体,生活于近岸或河口区的咸淡水中。本次调查采集到的桡足类种类数相对较多,有 12 种。其中,小拟哲水蚤、亚强次真哲水蚤、拟长腹剑水蚤、小长腹剑水蚤、瘦长毛猛水蚤和分叉小猛水蚤都是广温性种类,在咸淡水常见;而广布中剑水蚤和近邻剑水蚤是淡水常见种,也可见于低盐度的近岸或河口区水体中。因此,海南东寨港红树林的浮游动物区系组成具有明显的热带近岸咸淡水区系特征。

浮游幼虫是多类动物(含底栖动物和游泳动物等)的早期发育阶段,种类多、数量大、分布广,是红树林区水域浮游动物的重要组成部分,也是许多动物的饵料。浮游幼虫种类繁杂,即使同一种类也有不同的发育阶段,使得鉴定分类工作艰巨。本次调查共采集到多毛类幼体、贝类面盘幼虫、短尾类幼虫、蔓足类藤壶幼虫、桡足幼体、桡足类无节幼体等 6 类浮游幼虫,桡足类无节幼体和桡足幼体在各采样点密度都较高,是优势种,在多数采样点是第一优势种。

3.3.2 浮游动物群落结构特征

红树林是生长在热带、亚热带海岸的木本植物群落,是海岸和河口湿地生态系统重要的生产者。有关红树林的生态学特征、生物资源及经营管理的研究已有很多,国内对海南红树林浮游动物的研究有少量报道。吴瑞等(2016)对海南东寨港、清澜港、彩桥、新英湾、花场湾、三亚河及青梅港 7 个主要红树林区进行浮游动物调查,所采获的浮游动物共有 42 种,分属肉足虫类、纤毛虫类、腹足类、樱虾类、桡足类、毛颚类、多毛类、被囊类和浮游幼虫等 9 个类群。其中,桡足类种类数最多,有 19 属 26 种,樱虾类 1 属 1 种,肉足虫类 3 属 3 种,纤毛虫类 2 属 3 种,毛颚类1 属 4 种,被囊类 3 属 3 种,腹足类和多毛类均有 1 属 1 种。优势种为桡足类的中华哲水蚤、亚强真哲水蚤、精致真刺水蚤、瘦长腹剑水蚤、小哲水蚤、粗大眼剑水蚤等,多毛类的游蚕,原生动物的钟状网纹虫,毛颚类的肥胖箭虫、大头箭虫,樱虾类的中国毛虾,腹足类的塔明螺。浮游动物丰度平均值为 245.14 个/米^3,生物量平均值为 4.28 g/m^3,Shannon-Wiener 多样性指数 H' 范围是 3.35～3.95,均匀度指数 J' 范围是 0.82～0.97。丁敬敬等(2016)对海南东寨港红树林春、秋季节浮游动物群落的特征研究,共鉴定出浮游动物 72 种,浮游幼虫 22 种,以甲壳动物最为丰富。3 月的优势种共有 9 种,生物量平均值为 98.84 mg/m^3,平均丰度为 58 个/米^3,H' 和 J' 的平均值分别为 3.545 和 0.619。9 月的优势种为 4 种,生物量平均值为 202.72 mg/m^3,平均丰度为 270 个/米^3,H' 和 J' 的平均值分别为 3.123 和 0.538。在夏、冬季,共发现浮游动物 82 种,隶属于 6 门 14 属,节肢动物门为主要类群(45 种),12 月份的浮游动物种类明显多于 6 月份的(胡亚强等,2016)。两个季度的共同优势种为微刺哲水蚤(*Canthocalanus pauper*)和汤氏长足水蚤(*Calanopia thompsoni*)。6 月的平均生物量、平均丰度分别为 97.2 mg/m^3 和 131 个/升,12 月的分别为 131.4 mg/m^3 和 99 个/升,其总生物量空间分布由优势种决定,两个季度都形成两个高值区,但浮游动物的总生物量季节性差异显著。H' 和 J' 皆为冬季(3.129 和 0.523)大于夏季(2.496 和 0.449),两个季节浮游动物在分布格局、分布密度上明显不同,温度、盐度和红树林生境是影响东寨港浮游动物多样性分布的主要因素。

本次调查共鉴定出浮游动物 31 种。种类数最多的是纤毛虫,为 13 种;桡足类次之,为 12 种;刺胞动物 3 种;轮虫 2 种;尾索动物 1 种。另外还检测到多毛类幼体、贝类面盘幼虫、桡足类无节幼体等 6 类浮游幼虫。各采样点浮游动物密度相差较大,为 8.5～64.8 个/升,平均为 26.99 个/升。浮游动物优势种主要由桡足类无节幼体、桡足幼体、钟形网纹虫和小拟哲水蚤组成,桡足类无节幼体和桡足幼体在各采样点都是优势种,在多数采样点是第一优势种。各采样点的浮游动物物种多样性指数 D 为 1.724～4.126,H' 为 0.839～2.001,J' 为 0.403～0.793。

参考文献

丁敬敬,胡亚强,黄勃,等.2016.海南岛东寨港红树林春、秋季节浮游动物群落的特征研究[J].海南大学学报:自然科学版,34(3):257-263.

胡亚强,丁敬敬,黄勃,等.2016.东寨港红树林夏冬季浮游动物的多样性[J].热带生物学报,7(1):23-29.

刘玉.2013.珠江口无瓣海桑(*Sonneratia apetala*)湿地中浮游动物构成及富营养化评价[J].海洋与湖沼,44(2):292-298.

沈韫芬,蒋燮治.1979.从浮游动物评价水体自然净化的效能[J].海洋与湖泊,10(2):161-173.

沈韫芬,章宗涉,龚循矩,等.1990.微型生物监测新技术[M].北京:中国建筑工业出版社.

王家楫.1961.中国淡水轮虫志[M].北京:科学出版社.

吴瑞,兰建新,陈丹丹,等.2016.海南省红树林区浮游动物多样性的初步研究[J].热带农业科学,36(11):43-47.

章宗涉,黄祥飞.1991.淡水浮游生物研究方法[M].北京:科学出版社.

中国科学院动物研究所甲壳动物研究组.1979.中国动物志:节肢动物门:甲壳纲:淡水桡足类[M].北京:科学出版社.

中华人民共和国水利部.2013.SL 219—2013 水环境监测规范[S].北京:中国水利水电出版社.

Arcifa M S.1984.Zooplankton composition of ten reservoirs in southen Brazil[J].Hydrobiologia,113:137-145.

Arndt H.1993.Rotifers as predators on components of the microbial web (bacteria,heterotrophic flagellates,ciliates)—a review[J].Hydrobiologia,255:231-246.

Clarke K R,Gorley R N.2006.Primer v6:User Manual/Tutorial[Z].Plymouth:Primer-

E Ltd.

Fernando C H. 2002. A Guide to Tropical Freshwater Zooplankton:Identification,Ecology and Impact on Fisheries[M]. Leiden:The Netherlands:Backhuys Publishers.

Gannon J E,Stemberger R S. 1978. Zooplankton (especially crustaceans and rotifers) as indicators of water quality[J]. Transactions of the American Microscopical Society,97(1):16-35.

Koste W. 1978. Rotatorria. Die Radertiere Mitteleuropas[M]. Berlin&Stuttgart:Gebrüder Borntrager.

Reynolds C S. 1986. The Ecology of Freshwater Phytoplankton[M]. New York:Cambridge University Press.

附录三

海南红树林浮游动物名录

纤毛门 Ciliophora

　动基片纲 Kinetofragminophorea

　　刺钩目 Haptorida

　　　栉毛科 Didiniidae

　　　　栉毛虫属 *Didinium*

　　　　　双环栉毛虫 *Didinium nasutum*

　　　中缢虫科 Mesodiniidae

　　　　中缢虫属 *Mesodinium*

　　　　　红色中缢虫 *Mesodinium rubrum*

　多膜纲 Polymenophorea

　　寡毛目 Oligotrichida

　　　急游虫科 Strombidiidae

　　　　急游虫属 *Strombidium*

　　　　　锥形急游虫 *Strombidium conicum*

　　丁丁目 Tintinnida

　　　筒壳科 Tintinnidiidae

　　　　薄铃虫属 *Leprotintinnus*

　　　　　诺氏薄铃虫 *Leprotintinnus nordqvistii*

　　　　旋口虫属 *Helicostomella*

　　　　　长形旋口虫 *Helicostomella longa*

　　　褶皱虫科 Ptychocylididae

　　　　网纹虫属 *Favella*

　　　　　钟形网纹虫 *Favella campanula*

　　　　　爱氏网纹虫 *Favella ehrenbergii*

　　　铃壳虫科 Codonellidae

　　　　拟铃虫属 *Tintinnopsis*

　　　　　触角拟铃虫 *Tintinnopsis tentaculata*

　　　　　妥肯丁拟铃虫 *Tintinnopsis tocantinensis*

管状拟铃虫 *Tintinnopsis tubulosa*

根突拟铃虫 *Tintinnopsis radix*

斯氏拟铃虫 *Tintinnopsis schotti*

类管虫属 *Dadayiella*

酒杯类管虫 *Dadayiella ganymedes*

刺胞动物门 Cnidaria

水螅纲 Hydrozoa

花水母目 Anthoathecata

囊水母科 Euphysidae

囊水母属 *Euphysa*

耳状囊水母 *Euphysa aurata*

软水母目 Leptothecata

钟螅科 Campanulariidae

薮枝螅水母属 *Obelia*

双叉薮枝螅水母 *Obelia dichotoma*

杯水母属 *Phialidium*

半球杯水母 *Phialidium hemisphaericum*

轮虫动物门 Rotifera

双巢纲 Digononta

蛭态轮虫目 Bdelloidea

旋轮科 Philodinidae

转轮属 *Rotaria*

转轮虫 *Rotaria rotatoria*

单卵巢纲 Monogononta

游泳目 Ploima

臂尾轮科 Brachionida

龟甲轮属 *Keratella*

曲腿龟甲轮虫 *Keratella valga*

节肢动物门 Arthropoda

六肢幼虫纲 Hexanauplia

桡足亚纲 Copepoda

哲水蚤目 Calanoida

哲水蚤科 Calanidae

拟哲水蚤属 *Paracalanus*

小拟哲水蚤 *Paracalanus parvus*

真哲水蚤科 Eucalanidae

次真哲水蚤属 *Subeucalanus*

亚强次真哲水蚤 *Subeucalanus subcrassus*

剑水蚤目 Cyclopoidea

剑水蚤科 Cyclopidae

中剑水蚤属 *Mesocyclops*

广布中剑水蚤 *Mesocyclops leuckarti*

剑水蚤属 *Cyclops*

近邻剑水蚤 *Cyclops vicinus*

大眼剑水蚤科 Corycaeidae

大眼剑水蚤属 *Corycaeus*

太平洋大眼剑水蚤 *Corycaeus pacificus*

长腹剑水蚤科 Oithonidae

长腹剑水蚤属 *Oithona*

小长腹剑水蚤 *Oithona nana*

拟长腹剑水蚤 *Oithona similis*

猛水蚤目 Harpacticoida

日猛水蚤科 Tisbidae

日猛水蚤属 *Tisbe*

分叉小猛水蚤 *Tisbe furcata*

大吉猛水蚤科 Tachidiidae

真猛水蚤属 *Euterpina*

尖额真猛水蚤 *Euterpina acutifrons*

暴猛水蚤科 Clytemnestridae

暴猛水蚤属 *Clytemnestra*

硬鳞暴猛水蚤 *Clytemnestra scutellate*

奇异猛水蚤科 Miraciidae

长毛猛水蚤属 *Macrosetella*

瘦长毛猛水蚤 *Macrosetella gracilis*

猛水蚤 1 种

叶水蚤科 Sapphirinidae

叶水蚤属 *Sapphirina*

达氏叶水蚤 *Sapphirina darwinii*

脊索动物门 Chordata

尾索动物亚门 Urochordata

尾海鞘纲 Appendicularia

有尾目 Copelata

住囊虫科 Oikopleuridae

住囊虫属 *Oikopleura*

中型住囊虫 *Oikopleura intermedia*

浮游幼虫

桡足类无节幼体

桡足幼体

蔓足类藤壶幼虫

多毛类幼体

短尾类幼虫

贝类面盘幼虫

海南红树林浮游动物实物图

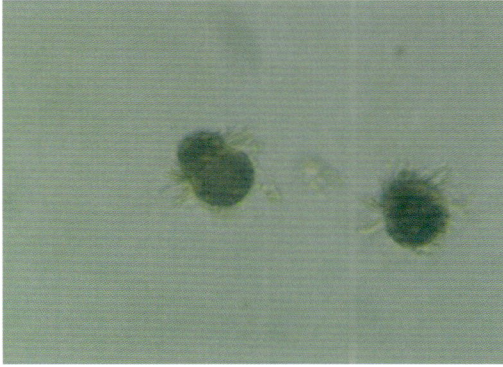
红色中缢虫

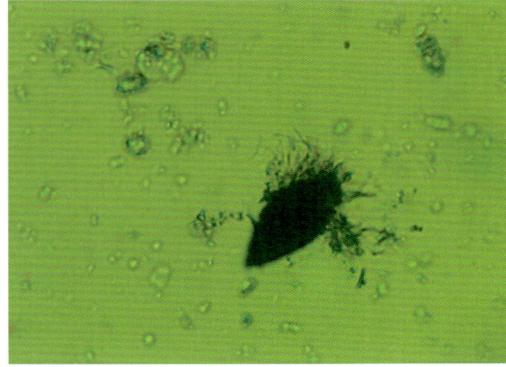
锥形急游虫

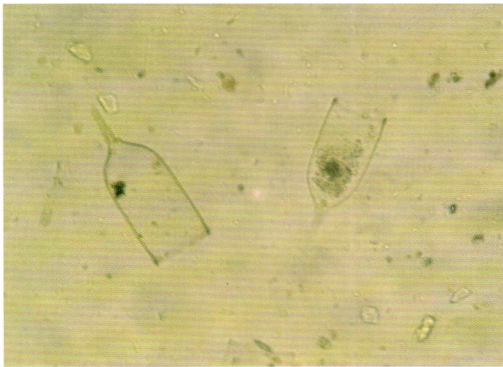
钟形网纹虫

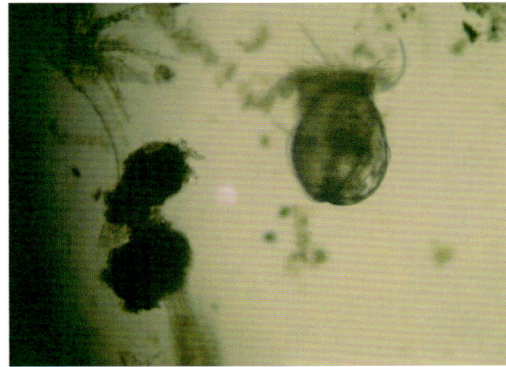
贝类面盘幼虫

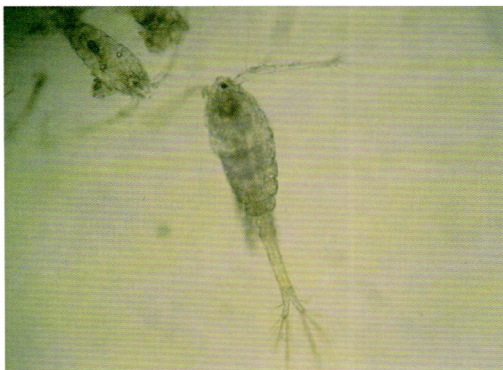
小长腹剑水蚤

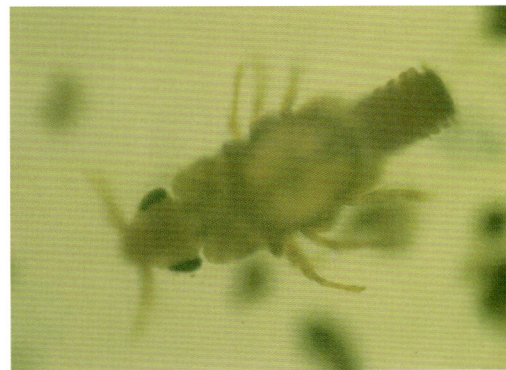
短尾类幼虫

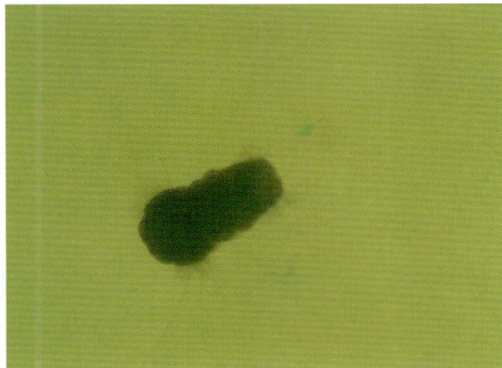
多毛类幼体

第4章　海南红树林底栖动物多样性调查

摘要　本次调查共鉴定出 92 种底栖动物,其中,软体动物门(包括空壳)54 种,环节动物门多毛纲 9 种,节肢动物门软甲纲 27 种,鱼类 2 种。软体动物门中,腹足纲有 27 种,双壳纲 25 种,掘足纲 2 种。各断面底栖动物种类数为 6～23 种,苍头潮上带种类数最多,铺前潮上带种类数最少。各断面底栖动物密度为 5.33～2 256.00 个/米²,茅上潮下带底栖动物密度最大,苍头潮下带底栖动物密度最小。除了苍头潮下带,其他各采样点均采集到甲壳类。各断面底栖动物生物量为 1.87～ 713.52 g/m^2,茅上潮中带底栖动物生物量最高,苍头潮下带底栖动物生物量最低。底栖动物密度优势种主要由多毛类、腹足类和甲壳类组成,底栖动物生物量优势种主要由双壳类、腹足类和甲壳类组成。其中,多毛类主要为腺带刺沙蚕和尖刺缨虫,腹足类主要为紫游螺、拟蟹守螺属、拟滨螺属和石磺等,双壳类主要为截形鸭嘴蛤、美女白樱蛤、红树蚬和青蛤等,甲壳类主要为麦克碟尾虫、招潮蟹属、泥蟹属与相手蟹科。

红树林是陆地和海洋重要的过渡地带,它为诸多生物提供了栖息和摄食场所。底栖动物是红树林生态系统的重要生态类群之一,也是该生态系统能量流动、物质循环中的消费者和转移者,决定着红树林生态系统的许多重要生态过程。深入而持续地开展红树林底栖动物的研究对于保护和开发利用红树林资源具有重要的理论和现实意义。东寨港红树林区是我国红树植物种类最多、面积最大的红树林分布区,底栖动物资源十分丰富。我们对东寨港红树林底栖动物群落结构进行了研究,以期为东寨港红树林底栖动物资源的合理开发、红树林生态系统的保护及保护区的管理提供相应的科学依据。

4.1　调查方法

4.1.1　采样时间和采样点布设

根据东寨港红树林的特点,设置 7 个采样点:铺前、管理站、三江、沙土、茅上、罗豆和苍头。每个采样点依据底栖动物的生境各设置高潮带、中潮带和低潮带 3 个断面(表 4-1)。调查时间为 2018 年 10 月 17—21 日。

表 4-1　调查采样点分布

采样点	铺前			管理站			三江			沙土			茅上			罗豆			苍头		
断面	潮上带	潮中带	潮下带	潮上带	潮中带	潮下带	潮上带	潮中带	潮下带	潮上带	潮中带	潮下带	潮上带	潮中带	潮下带	潮上带	潮中带	潮下带	潮上带	潮中带	潮下带

4.1.2　样品的采集

在各个采样点用取样面积为 25 cm×25 cm 的取样框取样 3 次。取样方法为先拾取框内表面的大型底栖动物标本,然后挖取样框内 30 cm 深的底泥,并根据底栖动物穴居特点,适当加大采样深度。所采泥样用孔径为 1.0 mm 的筛网进行淘洗。所获大型底栖动物标本及残渣全部转移至样品瓶,用体积分数为 10％的甲醛溶液现场固定,贴上标签(写明地点、编号、日期),带回实验室。定性采集是在采集站点附近尽可能多地采集生物样品,以补充定量采集底栖动物种类的不足。

4.1.3　底栖动物的鉴定

在实验室用解剖镜分检出底栖动物,标本鉴定至尽可能低的分类单元,然后计数和称重,用体积分数为 70％的乙醇溶液保存标本。计数时,每个采样点所得的底栖动物按不同种类准确地统计个体数。在标本已有损坏的情况下,一般只统计头部,不统计零散的腹部、附肢。样品在室内称重时,先将样品表面的水分吸干,再用电子秤(精度为 0.001 g)分别称重。最后将结果换算成密度(个/米²)和生物量(mg/m²)。样品的处理、保存和计数参考《海洋调查规范　第 6 部分:海洋生物调查》(GB/T 12763.6—2007)和《红树林生态监测技术规程》(HY/T 081—2005)。

4.2 调查结果

4.2.1 底栖动物种类组成和分布

如表 4-2 和附录四所示，本次调查共鉴定出 92 种底栖动物，其中软体动物门（包括空壳）54 种，环节动物门多毛纲 9 种，节肢动物门软甲纲 27 种，鱼类 2 种。软体动物门中，腹足纲有 27 种，双壳纲 25 种，掘足纲 2 种。

表 4-2 各采样点底栖动物种类

底栖动物	铺前			管理站			三江			沙土			茅上			罗豆			苍头		
	潮上带	潮中带	潮下带	潮上带	潮中带	潮下带	潮上带	潮中带	潮下带	潮上带	潮中带	潮下带	潮上带	潮中带	潮下带	潮上带	潮中带	潮下带	潮上带	潮中带	潮下带
多毛纲																					
羽须鳃沙蚕	*				*		*				*						*				
腺带刺沙蚕	*	*			*		*							*			*			*	
寡鳃齿吻沙蚕							*	*			*										
日本角吻沙蚕		*																		*	
岩虫										*											
角海蛹													*						*		
背蚓虫		*									*			*					*	*	
尖刺缨虫		*	*								*			*			*	*			
不倒翁虫		*																			
掘足纲																					
中国沟角贝																					*
肋缝角贝																		*			
腹足纲																					
紫游螺	*			*			*			*	*					*	*		*		
细斑游螺										*											

续表

底栖动物	铺前			管理站			三江			沙土			茅上			罗豆			苍头		
	潮上带	潮中带	潮下带	潮上带	潮中带	潮下带	潮上带	潮中带	潮下带	潮上带	潮中带	潮下带	潮上带	潮中带	潮下带	潮上带	潮中带	潮下带	潮上带	潮中带	潮下带
多色彩螺																					*
奥莱彩螺		*																	*		
玉螺																			*	*	
亲和山椒螺		*	*																		*
波纹拟滨螺	*																				
粗糙拟滨螺	*			*																	
黑口拟滨螺				*						*											
短拟沼螺				*									*	*	*				*	*	*
斜粒粒蜷								*	*												
放逸短沟蜷											*										
瘤拟黑螺																					*
塔蜷								*													
光滑狭口螺																			*		
沟纹笋光螺														*							
纵带滩栖螺																				*	
红树拟蟹守螺				*						*			*	*							
珠带拟蟹守螺		*	*		*	*				*			*			*	*		*		
中华拟蟹守螺																				*	*
节织纹螺																	*				
斜肋齿蜷							*			*									*	*	*
纺锤光子螺																	*				
棒锥螺		*																			*
泥螺																	*				*

续表

底栖动物	铺前			管理站			三江			沙土			茅上			罗豆			苍头		
	潮上带	潮中带	潮下带	潮上带	潮中带	潮下带	潮上带	潮中带	潮下带	潮上带	潮中带	潮下带	潮上带	潮中带	潮下带	潮上带	潮中带	潮下带	潮上带	潮中带	潮下带
婆罗囊螺																	*				
石磺				*																	
双壳纲																					
道氏珠蚶																					*
泥蚶																	*				
结蚶																				*	*
紫贻贝																					*
牡蛎														*							
疏纹满月蛤		*															*				
编织美丽蛤																				*	
红树蚬		*												*							
虹光亮樱蛤																				*	
红明樱蛤		*															*				
美女白樱蛤		*															*		*		*
圆楔樱蛤													*								
鳞杓拿蛤		*																		*	
凸加夫蛤													*								
细纹卵蛤																					*
亚明卵蛤		*												*			*		*	*	*
日本镜蛤		*																			
镜蛤			*																		
灰异篮蛤																				*	
皱纹杓蛤									*												*

续表

底栖动物	铺前			管理站			三江			沙土			茅上			罗豆			苍头		
	潮上带	潮中带	潮下带	潮上带	潮中带	潮下带	潮上带	潮中带	潮下带	潮上带	潮中带	潮下带	潮上带	潮中带	潮下带	潮上带	潮中带	潮下带	潮上带	潮中带	潮下带
青蛤																			*	*	*
截形鸭嘴蛤		*												*							
珊瑚蛤					*																
中国绿螂														*					*		*
环纹盘筒蛎														*							
软甲纲																					
钩虾	*	*			*		*				*	*	*	*							
中华蜾蠃蜚					*									*							
杯状水虱					*	*	*	*		*	*					*					
麦克碟尾虫	*	*			*																
蝎形拟绿虾蛄					*																
对虾（幼体）											*										
墨吉对虾																*	*				
近缘新对虾							*														
新对虾（幼体）																*	*				
中型新对虾																	*				
拟穴青蟹		*																			
颗粒股窗蟹																			*		
宽身拟闭口蟹					*																
谭氏泥蟹					*						*			*							
台湾泥蟹		*			*			*			*	*		*							
泥蟹						*			*												
太平大眼蟹		*																		*	

底栖动物	铺前			管理站			三江			沙土			茅上			罗豆			苍头		
	潮上带	潮中带	潮下带	潮上带	潮中带	潮下带	潮上带	潮中带	潮下带	潮上带	潮中带	潮下带	潮上带	潮中带	潮下带	潮上带	潮中带	潮下带	潮上带	潮中带	潮下带
日本大眼蟹		*																			
四齿大额蟹													*								
秀丽长方蟹				*	*		*														
弧边招潮蟹				*	*		*	*		*			*						*		
屠氏招潮蟹														*							
中华中相手蟹				*																	
带纹近相手蟹							*						*								
双齿近相手蟹	*						*			*						*	*		*		
斑点拟相手蟹							*			*							*	*			
褶痕拟相手蟹	*												*								
辐鳍鱼纲																					
弹涂鱼							*		*												
虾虎鱼																		*			

注：" * "表示被监测到。

如表 4-3 所示，各断面底栖动物种类数为 5～22 种，以苍头潮上带的底栖动物种类数最多，铺前潮上带最少。腹足纲与软甲纲的种类在各断面都被采集到，且种类数较多。除了苍头潮下带，在其他各断面均采集到软甲纲的种类。

表 4-3　各采样点底栖动物种类数

底栖动物	铺前			管理站			三江			沙土			茅上			罗豆			苍头		
	潮上带	潮中带	潮下带	潮上带	潮中带	潮下带	潮上带	潮中带	潮下带	潮上带	潮中带	潮下带	潮上带	潮中带	潮下带	潮上带	潮中带	潮下带	潮上带	潮中带	潮下带
多毛纲	0	6	4	0	0	3	0	2	2	0	3	3	0	4	0	0	0	4	4	2	0
腹足纲	3	4	3	5	2	2	1	3	2	5	1	2	4	3	2	6	2	5	9	6	10

底栖动物	铺前 潮上带	铺前 潮中带	铺前 潮下带	管理站 潮上带	管理站 潮中带	管理站 潮下带	三江 潮上带	三江 潮中带	三江 潮下带	沙土 潮上带	沙土 潮中带	沙土 潮下带	茅上 潮上带	茅上 潮中带	茅上 潮下带	罗豆 潮上带	罗豆 潮中带	罗豆 潮下带	苍头 潮上带	苍头 潮中带	苍头 潮下带
掘足纲	0	0	0	0	0	0	0	0	0	0	0	0	0	0	0	0	0	0	1	0	1
双壳纲	0	6	3	0	1	0	0	0	1	0	0	0	0	2	5	1	1	7	5	6	8
软甲纲	2	4	4	4	9	5	5	4	4	3	5	5	5	6	3	4	4	2	3	1	0
辐鳍鱼纲	0	0	0	0	0	1	0	1	0	0	0	0	0	0	0	1	0	0	0	0	0
总计	5	20	14	9	12	10	7	9	10	8	9	10	9	15	10	12	7	18	22	15	19

4.2.2　底栖动物密度、生物量和优势种

如表 4-4 所示,各断面的底栖动物密度为 5.33～2 256.00 个/米²。茅上潮下带底栖动物密度最大,三江潮中带次之,主要是由于在这两个断面采集到大量的麦克碟尾虫。苍头潮下带底栖动物密度最小。

表 4-4　各采样点底栖动物密度

单位:个/米²

采样点	断面	多毛纲	腹足纲	双壳纲	软甲纲	辐鳍鱼纲	总计
铺前	潮上带	0	58.67	0	42.67	0	101.33
	潮中带	197.33	0	42.67	208.00	0	448.00
	潮下带	389.33	0	5.33	197.33	0	592.00
管理站	潮上带	0	58.67	0	37.33	0	96.00
	潮中带	0	0	0	218.67	0	218.67
	潮下带	85.33	0	0	474.67	0	560.00
三江	潮上带	0	32.00	0	48.00	5.33	85.33
	潮中带	69.33	10.67	0	1 930.67	0	2 010.67
	潮下带	144.00	0	0	1 013.33	5.33	1 162.67

采样点	断面	多毛纲	腹足纲	双壳纲	软甲纲	辐鳍鱼纲	总计
沙土	潮上带	0	74.67	0	21.33	0	96.00
	潮中带	80.00	0	0	986.67	0	1 066.67
	潮下带	74.67	0	0	560.00	0	634.67
茅上	潮上带	0	26.67	0	69.33	0	96.00
	潮中带	58.67	0	10.67	128.00	0	197.33
	潮下带	0	0	10.67	2 245.33	0	2 256.00
罗豆	潮上带	0	53.33	0	101.33	5.33	160.00
	潮中带	16.00	0	0	1 616.00	0	1 632.00
	潮下带	272.00	309.33	0	362.67	0	944.00
苍头	潮上带	80	74.67	10.67	21.33	0	186.67
	潮中带	16.00	5.33	10.67	5.33	0	37.33
	潮下带	0	5.33	0	0	0	5.33

如表 4-5 所示，各断面底栖动物生物量为 $1.87 \sim 713.52$ g/m²。茅上潮中带底栖动物生物量最高，主要是由于采集到个体较大的红树蚬。苍头潮上带次之，在该断面采集到个体较大的青蛤。苍头潮下带底栖动物生物量最低。

表 4-5　各采样点底栖动物生物量

单位：g/m²

采样点	断面	多毛纲	腹足纲	双壳纲	软甲纲	辐鳍鱼纲	总计
铺前	潮上带	0	43.04	0	122.24	0	165.28
	潮中带	2.72	0	24.64	9.65	0	37.01
	潮下带	9.55	0	204.43	2.83	0	216.81
管理站	潮上带	0	155.31	0	66.61	0	221.92
	潮中带	0	0	0	42.09	0	42.09
	潮下带	0.48	0	0	15.73	0	16.21

续表

采样点	断面	多毛纲	腹足纲	双壳纲	软甲纲	辐鳍鱼纲	总计
三江	潮上带	0	24.64	0	36.85	20.16	81.65
	潮中带	0.64	7.57	0	13.12	0	21.33
	潮下带	1.81	0	0	6.13	13.87	21.81
沙土	潮上带	0	121.76	0	34.29	0	156.05
	潮中带	2.83	0	0	20.21	0	23.04
	潮下带	1.44	0	0	4.96	0	6.40
茅上	潮上带	0	30.13	0	138.83	0	168.96
	潮中带	0.33	0	677.33	35.85	0	713.51
	潮下带	0	0	16.00	29.28	0	45.28
罗豆	潮上带	0	25.81	0	95.84	0.11	121.76
	潮中带	0.21	0	0	24.05	0	24.26
	潮下带	4.85	164.80	0	1.65	0	171.30
苍头	潮上带	0.75	19.15	268.64	35.25	0	323.79
	潮中带	0.11	0.11	11.31	16.00	0	27.53
	潮下带	0	1.87	0	0	0	1.87

如表 4-6 所示,底栖动物密度优势种主要是多毛类、腹足类和甲壳类,底栖动物生物量优势种主要是双壳类、腹足类、甲壳类和鱼类。其中,多毛类主要为腺带刺沙蚕和尖刺缨虫,腹足类主要为紫游螺、拟蟹守螺属、拟滨螺和石磺,双壳类主要为截形鸭嘴蛤、美女白樱蛤、红树蚬和青蛤,甲壳类主要为麦克碟尾虫、招潮蟹属、泥蟹属与相手蟹科,鱼类为弹涂鱼。

除沙土潮上带、苍头潮下带底栖动物密度优势种为腹足类,苍头潮中带和潮下带动物密度优势种为多毛类之外,其他各断面密度优势种主要为甲壳类。

麦克碟尾虫是三江潮中带和茅上潮下带的密度与生物量优势种。潮上带底栖动物优势种主要为蟹类与腹足类,双齿近相手蟹是铺前潮上带和罗豆潮上带的密度与生物量优势种,紫游螺是三江潮上带的密度与生物量优势种。沙土潮上带密度与生物量优势种为拟蟹守螺属的物种。个体比较大的红树蚬是铺前潮下带与茅上潮中带的生物量优势种。

表 4-6　各采样点底栖动物密度优势种和生物量优势种及其优势度

采样点	断面	密度优势种及其优势度	生物量优势种及其优势度
铺前	潮上带	双齿近相手蟹 0.316、波纹拟滨螺 0.211	双齿近相手蟹 0.418、褶痕相手蟹 0.322
	潮中带	麦克碟尾虫 0.238、腺带刺沙蚕 0.167	美女白樱蛤 0.343、截形鸭嘴蛤 0.277
	潮下带	麦克碟尾虫 0.243、尖刺缨虫 0.396	红树蚬 0.949
管理站	潮上带	红树拟蟹守螺 0.167、黑口拟滨螺 0.167	石磺 0.431、中华中相手蟹 0.201
	潮中带	台湾泥蟹 0.585	弧边招潮蟹 0.607
	潮下带	麦克碟尾虫 0.188、泥蟹 0.188	泥蟹 0.586
三江	潮上带	紫游螺 0.375、双齿近相手蟹 0.188、斑点拟相手蟹 0.188	紫游螺 0.302、弹涂鱼 0.247
	潮中带	麦克碟尾虫 0.886	麦克碟尾虫 0.415、紫游螺 0.355
	潮下带	麦克碟尾虫 0.659	弹涂鱼 0.636
沙土	潮上带	珠带拟蟹守螺 0.333、红树拟蟹守螺 0.167	细斑游螺 0.261、红树拟蟹守螺 0.195、珠带拟蟹守螺 0.181
	潮中带	麦克碟尾虫 0.655	台湾泥蟹 0.699
	潮下带	麦克碟尾虫 0.782	台湾泥蟹 0.425
茅上	潮上带	弧边招潮蟹 0.444	弧边招潮蟹 0.482、屠氏招潮蟹 0.185
	潮中带	台湾泥蟹 0.405	红树蚬 0.949
	潮下带	麦克碟尾虫 0.986	麦克碟尾虫 0.498、截形鸭嘴蛤 0.254
罗豆	潮上带	双齿近相手蟹 0.433、紫游螺 0.300	双齿近相手蟹 0.717
	潮中带	双齿近相手蟹 0.717	麦克碟尾虫 0.567、台湾泥蟹 0.347
	潮下带	麦克碟尾虫 0.345、珠带拟蟹守螺 0.322	珠带拟蟹守螺 0.960
苍头	潮上带	尖刺缨虫 0.200、背蚓虫 0.143	青蛤 0.830
	潮中带	腺带刺沙蚕 0.286、背蚓虫 0.143	太平大眼蟹 0.581、青蛤 0.229

4.2.3　底栖动物生物多样性

如表 4-7 所示，底栖动物物种丰富度（D）为 2.485～4.678，其中，铺前潮中带和苍头潮上带最高，茅上潮下带最低。Shannon-Wiener 指数（H'）为 0.092～2.319，其中，苍头潮上带最大，茅上潮下带最小。均匀度指数（J'）为 0.057～0.976，其中，苍头潮中带最高，茅上潮下带最低。苍头潮下带只采集到一种底栖动物活体,故不做多样性分析。

表4-7　各采样点底栖动物多样性指数

采样点	断面	物种丰富度(D)	Shannon-Wiener 指数(H′)	均匀度指数(J′)
铺前	潮上带	2.791	1.667	0.930
	潮中带	4.678	2.116	0.825
	潮下带	3.641	1.559	0.710
管理站	潮上带	3.909	2.216	0.962
	潮中带	3.641	1.430	0.651
	潮下带	3.366	1.468	0.706
三江	潮上带	3.083	1.689	0.868
	潮中带	3.083	0.514	0.264
	潮下带	3.083	1.130	0.581
沙土	潮上带	3.366	1.850	0.890
	潮中带	3.366	1.010	0.486
	潮下带	3.366	0.928	0.446
茅上	潮上带	3.909	1.889	0.820
	潮中带	4.170	1.852	0.773
	潮下带	2.485	0.092	0.057
罗豆	潮上带	3.083	1.474	0.758
	潮中带	2.791	0.443	0.247
	潮下带	3.366	1.386	0.667
苍头	潮上带	4.678	2.391	0.932
	潮中带	2.791	1.748	0.976

4.3　讨论

4.3.1　底栖动物群落结构特征

底栖动物是红树林生态系统生物群落的重要组成部分，它们通过摄食、掘穴和建管等活动与周围环境相互影响。多数底栖动物是鱼类和鸟类的天然饵料，在红树林生态系统的物质循环和能量流动中起着重要的作用。

近年来，关于东寨港红树林底栖动物群落结构有较多的研究报道。例如，邹发生等（1999）在东寨港共采集到大型底栖动物 69 种，其中软体动物 39 种，甲壳动物 19 种，优势种主要为珠带拟蟹守螺、古氏滩栖螺（*Batillaria cumingii*）、环肋樱蛤（*Cyclotellina remies*）和红肉河蓝蛤（*Potamocorbula rubromuscula*）。生物量夏季平均为 133.0 g/m²，冬季平均为 63.0 g/m²；栖息密度夏季平均为 106.4 个/米²，冬季平均为 103.5 个/米²。大型底栖动物的生物量、栖息密度、物种多样性指数和均匀度大都有季节变化及底质差异，基本趋势是夏季明显高于冬季，沙泥底质的滩涂高于泥底质的滩涂。马坤等（2012）对东寨港大型底栖动物进行过周年调查，共采集到大型底栖动物 63 种，其中双壳类 26 种，腹足类 17 种，甲壳类 11 种，多毛类 3 种，寡毛类 2 种，其他类 4 种。东寨港红树林区大型底栖动物的总平均生物量为 239.24 g/m²，总平均栖息密度为 642.92 个/米²。韩淑梅等（2010）对东寨港北港红树林区与三江红树林区底栖动物生物量与密度进行调查。北港红树林区底栖动物平均生物量与栖息密度分别为 608.69 g/m² 与 683.33 个/米²，三江红树林区底栖动物平均生物量与栖息密度分别为 214.60 g/m² 与 547.00 个/米²。

本次调查共鉴定出 92 种底栖动物，比以往调查到的种类数都多，主要是由于采集到的软体动物（54 种）和甲壳动物（27 种）种类数较以往都多。各断面底栖动物种类数为 5～22 种，苍头潮上带种类数最多，铺前潮上带最少。各断面底栖动物密度为 5.33～2 256.00 个/米²。茅上潮下带底栖生物密度最大，苍头潮下带底栖动物密度最小。各断面底栖动物生物量为 1.87～713.52 g/m²，茅上潮中带底栖动物生物量最高，苍头潮下带的底栖动物生物量最低。

4.3.2　与历史调查相比较

不同类型的底栖动物适应不同的环境，不同环境的优势种组成有别。颗粒比较大、疏松的底质比颗粒比较细小、坚硬的底质能给底栖动物提供更多生存空间，所以前者生物种类、生物密度与生物量往往比后者更多、更大。不同的底栖动物适应不同的底质。例如，砾石能为蟹类提供很好的庇护场所，故砾石底质环境中的蟹类比较多；砂质底质比较疏松，适合双壳类栖息；腐殖质比较丰富的泥底质适合多毛类生长繁殖。因此，不同的红树林区，底栖动物优势种组成不同。例如，在深圳福田红树林区优势种组成中，多毛类主要为腺带刺沙蚕和尖刺樱虫，腹足类主要为米氏耳螺（*Ellobium aurismidae*）、紫游螺、德氏狭口螺（*Stenothyra divalis*）和光滑狭口螺，甲壳类主要为麦克碟尾虫、谭氏泥蟹和相手蟹属的种类（内部监测报告，2018）。在香港东部红树林区，底栖动物优势种主要有沟纹笋光螺、红树拟蟹守螺、粗束拟蟹守螺（*Cerithidea djadjariensis*）、珠带拟蟹守螺和奥莱彩螺（蔡立哲等，1998）。在东寨港红树林区，底栖动物优势种冬季是珠带拟蟹守螺、古氏滩栖螺和环肋樱蛤，夏季是珠带拟蟹守螺、环肋樱蛤和红肉河蓝蛤（邹发生等，1999）。本次调查中，东寨港红树林底栖动物密度优势种主要由多毛类、腹足类和甲壳类组成，底栖动物生物量优势种主要由双壳类、腹足类和甲壳类组成。其中，多毛类主要有腺带刺沙蚕和尖刺缨虫等，腹足类主要为紫游螺、拟蟹守螺属、拟滨螺和石磺等，双壳类主要为截形鸭嘴蛤、美女白樱蛤、红树蚬和青蛤等，甲壳类主要为麦克碟尾虫、招潮蟹属、泥蟹属与相手蟹科。

　　生物量的分布数据是估计水域生产力、预测资源量所必需的基本资料。黄勃等（2002）调查发现，东寨港底栖动物密度平均为 80.53 个/米²，生物量平均为 120.38 g/m²。韩淑梅等（2010）调查发现，北港与三江底栖动物生物量差异较大：北港底栖动物密度平均为 683.33 个/米²，生物量平均为 608.69 g/m²；三江底栖动物密度平均为 547.00 个/米²，生物量平均为 214.60 g/m²。本次调查结果与韩淑梅等的调查结果相差不大，东寨港红树林区底栖动物密度平均为 599.365 个/米²，生物量平均为 124.18 g/m²。其中，密度占优势的为甲壳类，生物量占优势的为软体动物（表 4-8）。

表 4-8　东寨港红树林区底栖动物平均密度、生物量与多样性指数比较

数据来源	平均密度 /（个/米²）	平均生物量 /（g/m²）	Shannon-Wiener 指数（H'）	物种丰富度（D）	均匀度指数（J'）
东寨港（本次调查）	599.365	124.18	1.443	3.432	0.677
东寨港（马坤等，2010）	—	—	1.617	1.331	1.072 5
东寨港（黄勃等，2000）	80.53	120.38	—	—	—
北港（韩淑梅等，2009）	683.33	608.69	1.157	—	—
三江（韩淑梅等，2009）	547.00	214.60	1.037 2	—	—

参考文献

蔡立哲,马丽,高阳,等.2002.海洋底栖动物多样性指数污染程度评价标准的分析[J].厦门大学学报:自然科学版,41(5):641-646.

蔡立哲,谭凤仪,黄玉山.1998.香港东部红树林区大型底栖动物种类组成与数量分布特点[J].厦门大学学报:自然科学版,37(1):115-121.

陈金秋.2007.珠海淇澳岛不同类型湿地底栖多毛类形态学及群落生态研究[D].广州:中山大学.

段学花,王兆印,徐梦珍.2010.底栖动物与河流生态评价[M].北京:清华大学出版社.

范航清,何斌源,韦受庆.2000.海岸红树林地沙丘移动对林内大型底栖动物的影响[J].生态学报,20(5):722-727.

韩淑梅,何平,黄勃,等.2010.东寨港典型红树林区底栖动物多样性特征指数比较研究[J].西北林学院学报,25(1):123-126,161.

何斌源,赖廷和.2013.广西北部湾红树林湿地海洋动物图谱[M].北京:科学出版社.

胡知渊,鲍毅新,程宏毅,等.2009.中国自然湿地底栖动物生态学研究进展[J].生态学杂志,28(5):959-968.

黄勃,张本,陆健健,等.2002.东寨港红树林区大型底栖动物生态与滩涂养殖容量的研究Ⅰ.潮间带表层底栖动物数量的初步研究[J].海洋科学,26(3):65-68.

黄宗国,林茂.2012.中国海洋生物图集:第四册[M].北京:海洋出版社.

马坤,黄勃,刘福欣.2012.东寨港红树林区大型底栖动物多样性研究[J].生态与农村环境学报,28(6):675-680.

杞桑,林美心.1985.用大型底栖动物再次对珠江广州河段污染的评价[J].环境科学学报,5(3):354-359.

杞桑,林美心,黎康汉.1981.应用大型底栖动物试评广州市荔湾区的水体污染情况[J].环境科学,3(3):54-57.

杞桑,林美心,黎康汉.1982.用大型底栖动物对珠江广州河段进行污染评价[J].环境科学学报,2(3):181-189.

杞桑,黄伟建.1993.珠江三角洲底栖动物群落与水质关系[J].环境科学学报,13(1):80-86.

熊金林,梅兴国,胡传林.2003.不同污染程度湖泊底栖动物群落结构及多样性比较[J].湖泊科学,15(2):160-168.

徐凤山,张素萍.2008.中国海产双壳类图志[M].北京:科学出版社.

杨文,蔡英亚,邝雪梅.2013.中国南海经济贝类原色图谱[M].北京:中国农业出版社.

邹发生,宋晓军,陈伟,等.1999.海南东寨港红树林滩涂大型底栖动物多样性的初步研究[J].生物多样性,7(3):175-180.

附录四

海南红树林底栖动物名录

环节动物门 Annelida

 多毛纲 Polychaeta

  缨鳃虫目 Sabellida

   缨鳃虫科 Sabellidae

    刺缨虫属 *Potamilla*

     尖刺缨虫 *Potamilla acuminata*

  叶须虫目 Phyllodocida

   角吻沙蚕科 Goniadidae

    角吻沙蚕属 *Goniada*

     日本角吻沙蚕 *Goniada japonica*

  沙蚕目 Nereidida

   沙蚕科 Nereididae

    鳃沙蚕属 *Dendronereis*

     羽须鳃沙蚕 *Dendronereis pinnaticirris*

    刺沙蚕属 *Neanthes*

     腺带刺沙蚕 *Neanthes glandicincta*

   齿吻沙蚕科 Nephtyidae

    齿吻沙蚕属 *Nephthys*

     寡鳃齿吻沙蚕 *Nephthys oligobranchia*

  矶沙蚕目 Eunicida

   矶沙蚕科 Eunicidae

    岩虫属 *Marphysa*

     岩虫 *Marphysa sanguinea*

  囊吻目 Scolecida

   小头虫科 Capitellidae

    背蚓虫属 *Notomastus*

     背蚓虫 *Notomastus latericeus*

   海蛹科 Opheliidae

角海蛹属 *Ophelia*

角海蛹 *Ophelia acuminata*

不倒翁虫目 Sternaspida

不倒翁虫科 Sternaspidae

不倒翁虫属 *Sternaspis*

不倒翁虫 *Sternaspis scutata*

软体动物门 Mollusca

掘足纲 Scaphopoda

角贝目 Dentaliida

角贝科 Dentaliidae

沟角贝属 *Striodentalium*

中国沟角贝 *Striodentalium chinensis*

缝角贝属 *Fissidentalium*

肋缝角贝 *Fissidentalium yokoyamai*

腹足纲 Gastroroda

原始腹足目 Archaeogastropoda

蜒螺科 Neritidae

游螺属 *Neritina*

紫游螺 *Neritina violacea*

细斑游螺 *Neritina variegata*

石蟧螺属 *Clithon*

奥莱彩螺 *Clithon oualaniensis*

多色彩螺 *Clithon sowerbianum*

中腹足目 Mesogastropoda

麂眼螺科 Rissoidae

光子螺属 *Phosinella*

纺锤光子螺 *Phosinella fusca*

滨螺科 Littorinidae

拟滨螺属 *Littoraria*

波纹拟滨螺 *Littoraria undulata*

粗糙拟滨螺 *Littoraria scabra*

黑口拟滨螺 *Littoraria melanostoma*

锥螺科 Turritellidae

锥螺属 *Turritella*

棒锥螺 *Turritella bacillum*

狭口螺科 Stenothyridae

狭口螺属 *Stenothyra*

光滑狭口螺 *Stenothyra glabra*

黑螺科 Melaniidae

粒粒蜷属 *Tarebia*

斜粒粒蜷 *Tarebia granifera*

齿蜷属 *Sermyla*

斜肋齿蜷 *Sermyla riqueti*

塔蜷属 *Thiara*

塔蜷 *Thiara scabra*

拟黑螺属 *Melanoides*

瘤拟黑螺 *Melanoides tuberculata*

短沟蜷属 *Semisulcospira*

放逸短沟蜷 *Semisulcospira libertina*

滩栖螺科 Batillariidae

滩栖螺属 *Batillaria*

纵带滩栖螺 *Batillaria zonalis*

汇螺科 Potamididae

拟蟹守螺属 *Cerithidea*

红树拟蟹守螺 *Cerithidea rhizophorarum*

珠带拟蟹守螺 *Cerithidea cingulata*

中华拟蟹守螺 *Cerithidea sinensis*

笋光螺属 *Terebralia*

沟纹笋光螺 *Terebralia sulcata*

拟沼螺科 Assimineidae

拟沼螺属 *Assiminea*

短拟沼螺 *Assiminea brevicula*

亲和山椒螺 *Assiminea affinis*

玉螺科 Naticidae

玉螺属 *Natica*

玉螺 *Natica* sp.

新腹足目 Neogastropoda

织纹螺科 Nassariidae

织纹螺属 *Nassarius*

节织纹螺 *Nassarius hepaticus*

头楯目 Cephalaspidea

阿地螺科 Atyidae

泥螺属 *Bullacta*

泥螺 *Bullacta exarata*

囊螺科 Retusidae

囊螺属 *Retusa*

婆罗囊螺 *Retusa borneensis*

柄眼目 Stylommatophora

石磺科 Oncidiidae

石磺属 *Onchidium*

石磺 *Onchidium verruculatum*

双壳纲 Bivalves

蚶目 Arcida

蚶科 Arcidae

泥蚶属 *Tegillarca*

结蚶 *Tegillarca nodifera*

泥蚶 *Tegillarca granosa*

珠蚶属 *Mabellarca*

道氏珠蚶 *Mabellarca dautzenbergi*

贻贝目 Mytilida

贻贝科 Mytilidae

　贻贝属 *Mytilus*

　　紫贻贝 *Mytilus galloprovincialis*

牡蛎目 Ostreida

　牡蛎科 Ostreidae

　　牡蛎属 *Crassostrea*

　　　牡蛎 *Crassostrea* sp.

帘蛤目 Venerida

　满月蛤科 Lucinidea

　　满月蛤属 *Lucina*

　　　疏纹满月蛤 *Lucina scarlatoi*

　樱蛤科 Tellinidae

　　美丽蛤属 *Merisca*

　　　编织美丽蛤 *Merisca perplexa*

　　楔樱蛤属 *Cadella*

　　　圆楔樱蛤 *Cadella narutoensis*

　　明樱蛤属 *Moerella*

　　　红明樱蛤 *Moerella rutila*

　　亮樱蛤属 *Nitidotellina*

　　　虹光亮樱蛤 *Nitidotellina iridella*

　　白樱蛤属 *Macoma*

　　　美女白樱蛤 *Macoma candida*

　棱蛤科 Trapeziidae

　　珊瑚蛤属 *Coralliophaga*

　　　珊瑚蛤 *Coralliophaga coralliophaga*

　蚬科 Corbiculidae

　　蚬属 *Geloina*

　　　红树蚬 *Geloina erosa*

　帘蛤科 Veneridae

　　杓拿蛤属 *Anomalodiscus*

鳞杓拿蛤 *Anomalodiscus squamosus*

加夫蛤属 *Gafrarium*

凸加夫蛤 *Gafrarium tumidum*

卵蛤属 *Pitar*

细纹卵蛤 *Pitar striatus*

亚明卵蛤 *Pitar subpellucidus*

镜蛤属 *Dosinia*

日本镜蛤 *Dosinia japonica*

镜蛤 *Dosinia* sp.

青蛤属 *Cyclina*

青蛤 *Cyclina sinensis*

绿螂科 Glauconomidae

绿螂属 *Glauconome*

中国绿螂 *Glauconome chinensis*

海螂目 Myida

篮蛤科 Corbulidae

异篮蛤属 *Anisocorbula*

灰异篮蛤 *Anisocorbula pallida*

笋螂目 Pholadomyoida

鸭嘴蛤科 Laternulidae

鸭嘴蛤属 *Laternula*

截形鸭嘴蛤 *Laternula truncata*

筒蛎科 Clavagellidea

盘筒蛎属 *Brechites*

环纹盘筒蛎 *Brechites penis*

杓蛤科 Cuspidariidae

杓蛤属 *Cuspidaria*

皱纹杓蛤 *Cuspidaria corrugata*

节肢动物门 Arthropoda

软甲纲 Malacostraca

端足目 Amphipoda

  螺蠃蜚科 Corophiidae

    螺蠃蜚属 *Corophium*

      中华螺蠃蜚 *Corophium sinensis*

  钩虾科 Gammaridae

    钩虾属 *Gammarus*

      钩虾 *Gammarus* sp.

  背尾水虱科 Anthuridae

    杯状水虱属 *Cyathura*

      杯状水虱 *Cyathura politula*

原足目 Tanaidacea

  拟长尾虫科 Parapseudidae

    碟尾虫属 *Discapseudes*

      麦克碟尾虫 *Discapseudes mackiei*

口足目 Stomatopoda

  虾蛄科 Squillidae

    拟绿虾蛄属 *Cloridopsis*

      蝎形拟绿虾蛄 *Cloridopsis scorpio*

十足目 Decapoda

  对虾科 Penaeidae

    对虾属 *Penaeus*

      墨吉对虾 *Penaeus merguiensis*

      对虾（幼体）*Penaeus* sp.（幼体）

    新对虾属 *Metapenaeus*

      中型新对虾 *Metapenaeus intermedius*

      新对虾（幼体）*Metapenaeus* sp.

      近缘新对虾 *Metapenaeus affinis*

  梭子蟹科 Portunidae

    青蟹属 *Scylla*

      拟穴青蟹 *Scylla paramamosain*

沙蟹科 Ocypodidae

　招潮蟹属 *Uca*

　　弧边招潮蟹 *Uca arcuata*

　　屠氏招潮蟹 *Uca dussumieri*

大眼蟹科 Macrophthalmidae

　大眼蟹属 *Macrophthalmus*

　　太平大眼蟹 *Macrophthalmus pacificus*

　　日本大眼蟹 *Macrophthalmus japonicus*

猴面蟹科 Camptandriidae

　拟闭口蟹属 *Cleistostoma*

　　宽身拟闭口蟹 *Cleistostoma dilatatum*

毛带蟹科 Dotillidae

　泥蟹属 *Ilyoplax*

　　台湾泥蟹 *Ilyoplax formosensis*

　　谭氏泥蟹 *Ilyoplax deschampsi*

　　泥蟹 *Ilyoplax* sp.

　股窗蟹属 *Scopimera*

　　颗粒股窗蟹 *Scopimera tuberculata*

方蟹科 Grapsidae

　大额蟹属 *Metopograpsus*

　　四齿大额蟹 *Metopograpsus quadridentatus*

弓蟹科 Varunidae

　长方蟹属 *Metaplax*

　　秀丽长方蟹 *Metaplax elegans*

相手蟹科 Sesarmidae

　拟相手蟹属 *Parasesarma*

　　斑点拟相手蟹 *Parasesarma pictum*

　　褶痕拟相手蟹 *Parasesarma plicatum*

　近相手蟹属 *Perisesarma*

　　双齿近相手蟹 *Perisesarma bidens*

　　　　带纹近相手蟹 *Perisesarma fasciatum*

　　　中相手蟹属 *Sesarmops*

　　　　中华中相手蟹 *Sesarmops sinensis*

脊索动物门 Chordata

　辐鳍鱼纲 Actinopterygii

　鲈形目 Perciformes

　　虾虎鱼科 Gobiidae

　　　弹涂鱼属 *Periophthalmus*

　　　　弹涂鱼 *Periophthalmus modestus*

　　　舌虾虎鱼属 *Glossogobius*

　　　　舌虾虎鱼 *Glossogobius* sp.

第5章　海南红树林昆虫多样性调查

摘要　通过对昆虫的采集鉴定、影像资料调研、历史文献调研等手段,对海南东寨港国家级自然保护区范围内的昆虫多样性进行了初步调查与统计分析,尤其针对红树林害虫进行了监测与统计,并提出可行的管理措施与保护对策。本次调查共发现9目53科111种昆虫,包括报喜斑粉蝶、豹尺蛾等红树林害虫,也记录到被列入《濒危野生动植物种国际贸易公约》(CITES)附录Ⅱ的裳凤蝶。报告附有彩图与统计图表,力求对该地昆虫多样性情况进行说明。

昆虫纲是动物界第一大纲,具有种类多、数量大、分布广泛的特点,与人类生产生活关系密切。一个地区昆虫的多寡,往往能反映该地区生态的健康与否。通过开展昆虫生态监测和多样性评估工作,可以衡量一个地区的生态健康程度。昆虫是红树林生态系统的重要组成,多数红树林昆虫取食红树林幼苗或嫩枝、树叶,又是鸟类、鱼类的主要食物来源之一,在红树林生态系统中起着重要作用。近年来气候环境变化以及人类一些不合理的开发利用,如毁林围海造田或造盐田、毁林围塘养殖等,导致红树林及周边环境遭受破坏,生境质量下降,昆虫种类多样性急剧下降,虫害屡屡暴发,对红树林植物造成严重危害。因此,红树林昆虫学研究是红树林生态系统研究中不可或缺的部分,对昆虫的监测尤为重要。海南东寨港国家级自然保护区拥有大量的红树林资源。以往的有关研究中,张竞可(2017)对东寨港红树林蝴蝶群落多样性做过调查,肖宵(2018)对东寨港红树林湿地蚂蚁多样性、分布格局与生态指示作用做过探讨,但是未有过对昆虫群落的系统调查报告。本研究于2018年3月和10月对海南东寨港红树林国家级自然保护区昆虫群落及其多样性进行了初步调查,现将结果报道如下。

5.1　采样点布设

本次调查共设置 5 个采样区，每个采样区设置两个采集点。通过奥维卫星互动地图对采样点进行标定，在 Google Earth 上进行显示。采样点的位置坐标见表 5-1。

表 5-1　采样点位置坐标

采样区	采样点	经度（E）	纬度（N）
三江	1	110°36′50.37″	19°55′34.16″
	2	110°37′18.92″	19°55′28.80″
演丰	1	110°34′39.67″	19°57′5.57″
	2	110°35′10.17″	19°56′20.20″
北港	1	110°32′44.34″	19°59′55.88″
	2	110°32′38.20″	19°59′43.97″
罗豆	1	110°37′9.86″	19°57′47.95″
	2	110°37′10.25″	19°57′59.13″
铺前	1	110°35′53.20″	20°1′13.66″
	2	110°35′45.89″	20°1′15.43″

5.2　调查与分析方法

5.2.1　调查方法

参照《红树林生态监测技术规程》（HT/T 081—2005），采用样带法与样方法结合，在 2018 年春季（3 月）与秋季（10 月）进行了两次为期共 12 天的考察。通过分析不同区域的独有生境类型与特色，进行有针对性的观察采集。对于草地中的昆虫，采用扫网法进行采集。使用带有 3 m 可伸缩杆与 1 mm 孔径网眼的采集网进行扫网采集与捞网采集；另使用 9 m 杆与纱网对访花昆虫进行采集。对于有假死性的昆虫，采用震落法采集，即在灌木丛下垫白色棉布，对灌木丛进行敲击，有假死性的昆虫会受惊假死，自然落下。由于条件限制，未使用高压汞灯对有趋光性的昆虫进行诱集。采集后，使用乙酸乙酯毒瓶对昆虫进行熏杀，以确保后期整姿顺利。中大型昆虫种类使用 Canon 60D、Canon 5D Mark Ⅳ 与 300 mm F4.0 镜头、100 mm F2.8 镜头进行拍摄，根据照片分析鉴定。对于微小的标本，使用奥林巴斯 4× 与 10× 平场显微镜与 WeMacro 摄影堆叠导轨进行拍摄，使用 Zerene Stacker 软件进行堆叠。

5.2.2　鉴定手段

对于部分可以直接识别的昆虫类群，以生态照片为依据进行对比鉴定。对于采集到的昆虫，通过查阅相关文献进行鉴定。主要参考《昆虫分类》《中国蝴蝶分类与鉴定》等。对无法确定的物种，向相关专家进行咨询。对于部分形态特征难以鉴定的物种，进行解剖鉴定。

5.2.3　数据分析方法

Berger-Parker 优势度指数（I）的计算见公式（2-1）。

优势集中性指数（C）使用 Simpson 公式：

$$C = \sum (N_i/N)^2 \qquad (5\text{-}1)$$

其中，N_i 为第 i 个物种的个体数，N 为总个体数。

另采用 Shannon-Wiener 多样性指数，计算方法见公式（1-4）。

均匀性（E）的测定采用下式：

$$E = H'/\ln S \qquad (5\text{-}2)$$

其中，S 为总物种数。

5.3　调查结果与讨论

5.3.1　昆虫种类组成

如附录五所示，本次调查共记录了 9 目 53 科 111 种。其中，直翅目 3 种（占总种数的 2.7%），蜻蜓目 6 种（5.4%），半翅目 14 种（12.6%），鞘翅目 11 种（9.9%），双翅目 6 种（5.4%），螳螂目 1 种（0.9%），等翅目 1 种（0.9%），鳞翅目 62 种（55.9%），膜翅目 7 种（6.3%）。以鳞翅目的种数最多，占总种数的 1/2 以上。螳螂目与等翅目种数最少，都只记录到 1 种，且只记录于演丰采样区。各昆虫类群种数分布见图 5-1。

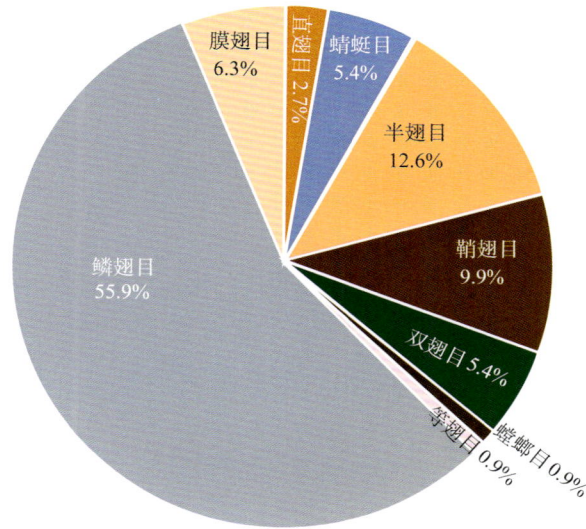

图 5-1　昆虫群落各类群种数示意图

5.3.2　春季各个采样区昆虫种类组成

在春季调查中,共记录到 8 目 44 科 78 种昆虫(表 5-2)。其中,三江采样区记录到 5 目 9 科 13 种,演丰采样区记录到 7 目 29 科 46 种,北港采样区记录到 6 目 8 科 8 种,罗豆采样区记录到 7 目 11 科 15 种,铺前采样区记录到 6 目 10 科 11 种。演丰采样区种数最多,占总种数的 58.97％;北港采样区种数最少,占总种数的 10.26％(图 5-2)。

表 5-2　东寨港红树林春季昆虫种类组成及分布

昆虫	采样区				
	三江	演丰	北港	罗豆	铺前
直翅目			＋＋	＋	
斑翅蝗科			＋		
绿纹蝗			＋		
蚱科			＋		
蟋蟀科				＋	
油葫芦				＋	
蜻蜓目		＋	＋	＋＋	＋＋
蜻科		＋		＋＋	＋
黄蜻		＋		＋＋	
斑丽翅蜻				＋	

昆虫	采样区				
	三江	演丰	北港	罗豆	铺前
高翔溪蟌					+
纹蓝小蜻					+
蟌科			+		+
褐斑异痣蟌			+		+
半翅目	+	+		+	+
大红蝽科		+			
突背斑红蝽		+			
电蝽科		+ +			
海黾		+ +			
土蝽科				+	
龟蝽科		+			
平龟蝽		+			
蝽科		+			
青蝽		+			
珀蝽		+			
缘蝽科		+			
棘缘蝽		+			
盾蝽科		+			
沟盾蝽		+			
飞虱科					+
叶蝉科				+	
可大叶蝉				+	
沫蝉科	+				
鞘翅目	+	+ +	+	+	+
露尾甲科		+			

昆虫	采样区				
	三江	演丰	北港	罗豆	铺前
叶甲科		＋		＋	＋
花金龟科	＋＋	＋＋			
短突花金龟	＋＋	＋＋			
斑青花金龟		＋			
瓢甲科		＋			
六斑月瓢虫		＋			
马铃薯瓢虫		＋			
拟步甲科			＋		
土甲族			＋		
象甲科		＋＋＋			
拟天牛科				＋	
天牛科		＋			
米纹艳虎天牛		＋			
等翅目		＋			
鼻白蚁科		＋			
台湾乳白蚁		＋			
双翅目	＋	＋＋	＋	＋	＋
丽蝇科		＋			
大头金蝇		＋			
寄蝇科	＋				
食蚜蝇科		＋			
斑眼食蚜蝇		＋			
长足虻科		＋		＋	
丽长足虻		＋		＋	
蚊科	＋	＋	＋	＋	＋

昆虫	采样区				
	三江	演丰	北港	罗豆	铺前
鳞翅目	＋＋＋	＋＋＋	＋＋	＋	＋
凤蝶科	＋	＋＋			
巴黎翠凤蝶		＋＋			
美凤蝶		＋			
玉带凤蝶		＋＋			
青凤蝶		＋			
碎斑青凤蝶		＋			
斑凤蝶	＋				
粉蝶科	＋＋	＋＋			
报喜斑粉蝶		＋			
镉黄迁粉蝶		＋			
东方菜粉蝶	＋＋	＋＋			
斑蝶科		＋			＋
幻紫斑蝶		＋			＋
蛱蝶科	＋＋	＋			
斐豹蛱蝶		＋			
尖翅翠蛱蝶		＋			
新月带蛱蝶	＋				
娑环蛱蝶	＋				
幻紫斑蛱蝶		＋			
金蟠蛱蝶	＋				
黄襟蛱蝶		＋			
黑脉蛱蝶		＋			
灰蝶科	＋＋	＋＋	＋	＋＋	＋
亮灰蝶				＋	

昆虫	采样区				
	三江	演丰	北港	罗豆	铺前
曲纹紫灰蝶				+	
酢浆灰蝶			+		
毛眼灰蝶					+
细灰蝶		+			
西冷雅灰蝶				++	
尖翅银灰蝶	++			+	
银线灰蝶	+				
熙灰蝶	+				
彩灰蝶		+			
弄蝶科		+			
玛弄蝶		+			
眼蝶科		+	++		
小眉眼蝶		+			
翠袖锯眼蝶		++			
矍眼蝶			++		
尺蛾科		+			
豹尺蛾		++			
橙带蓝尺蛾		++			
草螟科				+	+
甜菜白带野螟				+	+
毒蛾科		+			
盗毒蛾		+			
斑蛾科		+			
蝶形锦斑蛾		+			
膜翅目	+	++	++	++	+

昆虫	采样区				
	三江	演丰	北港	罗豆	铺前
蜜蜂科		+++			+
中华蜜蜂		+			
木蜂		+++			+
马蜂科		+			
点马蜂		+			
泥蜂科					+
蚁科			++	+++	
双齿多刺蚁			++		
红火蚁				+++	

注:"＋"代表观测到,"＋＋"代表比较多,"＋＋＋"代表很多。

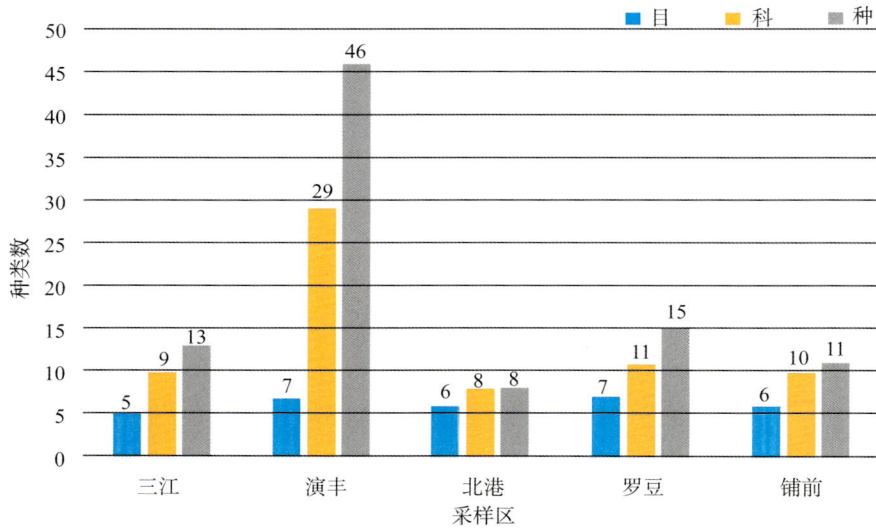

图 5-2　东寨港红树林各采样区春季昆虫种类分布

5.3.3　秋季各个采样区昆虫种类组成

在秋季调查中,共记录到 8 目 27 科 60 种(表 5-3)。其中,三江采样区记录到 4 目 9 科 11 种,演丰采样区记录到 7 目 22 科 49 种,北港采样区记录到 4 目 5 科 5 种,罗豆采样区记录到 4 目 6 科 8 种,铺前采样区记录到 3 目 5 科 5 种。演丰采样区种数最多,占总种数的 83.05%;北港采样区与铺前采样区种数最少,均只占总种数的 8.93%(图 5-3)。

表 5-3　东寨港红树林秋季昆虫种类组成及分布

昆虫	采样区				
	三江	演丰	北港	罗豆	铺前
直翅目			＋＋		
斑翅蝗科			＋＋		
绿纹蝗			＋＋		
蜻蜓目	＋	＋＋	＋	＋	＋
蜻科	＋	＋＋	＋	＋	＋
黄蜻			＋	＋	
斑丽翅蜻	＋＋	＋＋			＋
纹蓝小蜻		＋			
晓褐蜻	＋	＋			
蟌科					＋
褐斑异痣蟌					＋
半翅目		＋＋			
毛蝽科		＋			
暗条泽背毛蝽		＋			
角蝉科		＋			
棘蝉科		＋			
鞘翅目	＋	＋＋			
叶甲科	＋	＋＋			
花金龟科		＋＋			
短突花金龟		＋＋			
犀金龟科		＋			
橡胶木犀金龟		＋			
双翅目	＋	＋	＋	＋	＋
蚊科	＋	＋	＋	＋	＋
大蚊科	＋				

昆虫	采样区				
	三江	演丰	北港	罗豆	铺前
螳螂目		+			
花螳科		+			
姬螳		+			
鳞翅目	+	+ + +	+	+	+
凤蝶科	+	+ +			
巴黎翠凤蝶		+			
玉带凤蝶	+	+ +			
玉斑凤蝶		+			
青凤蝶		+			
统帅青凤蝶		+			
斑凤蝶		+			
裳凤蝶		+			
粉蝶科	+	+	+		
报喜斑粉蝶	+	+			
宽边黄粉蝶		+ +			
东方菜粉蝶			+		
纤粉蝶		+			
青园粉蝶		+			
黑脉园粉蝶		+			
鹤顶粉蝶		+			
斑蝶科		+			+
妒丽紫斑蝶		+			
虎斑蝶					+
蛱蝶科	+	+ +			
罗蛱蝶		+			

昆虫	采样区				
	三江	演丰	北港	罗豆	铺前
相思带蛱蝶		+			
娑环蛱蝶		+			
中环蛱蝶	+				
幻紫斑蛱蝶		+			
黄裳眼蛱蝶		+			
波蛱蝶		+			
灰蝶科	+	+ +	+	+	+
亮灰蝶				+	
酢浆灰蝶		+ +	+		
西冷雅灰蝶	+	+		+	+
尖翅银灰蝶		+			
豆粒银线灰蝶		+			
彩灰蝶		+ +			
咖灰蝶				+	
美姬灰蝶	+	+ +			
长腹灰蝶		+ +			
弄蝶科		+			
黄室弄蝶		+			
眼蝶科	+	+			
小眉眼蝶	+	+			
平顶眉眼蝶		+			
长纹黛眼蝶		+			
翠袖锯眼蝶		+			
尺蛾科		+		+	
豹尺蛾		+		+	

昆虫	采样区				
	三江	演丰	北港	罗豆	铺前
拟灯蛾科		+			
一点拟灯蛾		+			
草螟科				+	
甜菜白带野螟				+	
鹿蛾科		+			
伊贝鹿蛾		+			
虎蛾科		+			
选彩虎蛾		+			
膜翅目		+		+	
蜜蜂科		+			
中华蜜蜂		++			
胡蜂科		+			
黄腰胡蜂		+			
蚁科				++	
红火蚁				+++	

注："＋"代表观测到,"＋＋"代表比较多,"＋＋＋"代表很多。

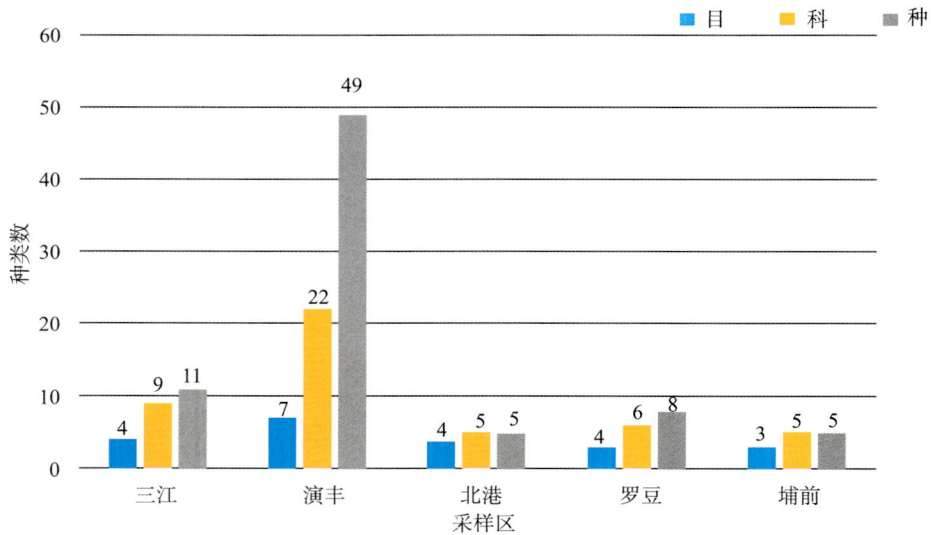

图 5-3　东寨港红树林各采样区秋季昆虫种类分布

由以上图表可以看出,演丰采样区在昆虫的种数上占绝对优势,等翅目与螳螂目两个类群更是仅记录于此采样区。这是由于演丰采样区最接近内陆,调查所花费的时间也最多,并不能得到演丰采样区红树林保护效果最好的结论。

5.3.4　昆虫群落多样性水平分析

三江采样区的主要优势类群:灰蝶科,采集到 67 头;蜻科,采集到 46 头;眼蝶科,采集到31 头。

演丰采样区的主要优势类群:蛱蝶科,采集到 101 头;蜜蜂科,采集到 83 头;灰蝶科,采集到44 头。

北港采样区的主要优势类群:斑翅蝗科,采集到 64 头;粉蝶科,采集到 18 头;灰蝶科,采集到 8 头。

罗豆采样区的主要优势类群:蚁科,采集到 94 头;草螟科,采集到 34 头;蚊科,采集到 9 头。

铺前采样区的主要优势类群:蜜蜂科,采集到 27 头;蜻科,采集到 18 头;灰蝶科,采集到15 头。

以各采样区的主要优势类群为样本,对保护区的昆虫群落多样性进行分析。结果见表5-4。

表 5-4　东寨港红树林昆虫群落多样性水平分析

采样区	生态优势度指数(I)	优势集中性指数(C)	多样性指数(H')	均匀性(E)
三江	0.465 3	0.364 9	1.051 2	0.956 8
演丰	0.443 0	0.366 0	1.046 0	0.952 1
北港	0.711 1	0.553 6	0.779 5	0.709 5
罗豆	0.686 1	0.536 7	0.783 2	0.712 9
铺前	0.450 0	0.355 0	1.067 0	0.971 2

5.3.5　与蝴蝶群落多样性过往记录的比较

蝴蝶被称为"生态的晴雨表",被广泛用在各种生态类型的环境监测中。因为一种蝴蝶往往只取食特定的植物,所以蝴蝶种类的多寡可以直接反映当地植物种类的多寡,而蝴蝶又具有易于观察监测等特点,故成为生态指标物种。监测与统计蝴蝶种类,对于了解环境变化有很强的指示性作用。

张竞可于 2017 年 1—3 月在海南东寨港国家级自然保护区进行了蝴蝶群落多样性调查,共采集到蝴蝶 208 只,隶属于 7 科 30 属 39 种。在该次调查中,灰蝶科的属、种类数最多,有 9 属 9 种,分别占采集到的属、种的 30% 和 23.08%;优势种为妒丽紫斑蝶、宽边黄粉蝶、中环蛱蝶(表5-5)。

表 5-5　东寨港红树林蝴蝶群落多样性过往记录

种类	个体数	相对多度
凤蝶科 Papilioindae		
美凤蝶 Menelaides memnon	1	0.48%
玉带凤蝶 Menelaides polytes	5	2.40%
巴黎翠凤蝶 Princeps paris	3	1.44%
绿凤蝶 Pathysa antiphates	1	0.48%
粉蝶科 Pieridae		
镉黄迁粉蝶 Catopsilia scylla	4	1.92%
宽边黄粉蝶 Eurema hecabe	27	12.98%
报喜斑粉蝶 Delias pasithoe	16	7.69%
利比尖粉蝶 Appias libythea	1	0.48%
菜粉蝶 Artogeia rapae	5	2.40%
东方菜粉蝶 Artogeia canidia	2	0.96%
纤粉蝶 Leptosia nina	12	5.77%
斑蝶科 Danaidae		
虎斑蝶 Danaus genutia	4	1.92%
蓝点紫斑蝶 Euploea midamus	1	0.48%
幻紫斑蝶 Euploea core	11	5.29%
双标紫斑蝶 Euploea sylvester	1	0.48%
妒丽紫斑蝶 Euploea tulliolus	31	14.90%
默紫斑蝶 Euploea klugii	4	1.92%
眼蝶科 Satyridae		
小眉眼蝶 Mycalesis mineus	7	3.37%
矍眼蝶 Ypthima baldus	10	4.81%
蛱蝶科 Nymphalidae		

续表

种类	个体数	相对多度
珐蛱蝶 *Phalanta phalantha*	3	1.44%
中环蛱蝶 *Neptis hylas*	24	11.54%
白环蛱蝶 *Neptis leucoporos*	1	0.48%
柱菲蛱蝶 *Phaedyma columella*	2	0.96%
波蛱蝶 *Ariadne ariadne*	2	0.96%
蠹叶蛱蝶 *Doleschallia bisaltide*	1	0.48%
幻紫斑蛱蝶 *Hypolimnas bolina*	1	0.48%
蛇眼蛱蝶 *Junonia lemonias*	1	0.48%
波纹眼蛱蝶 *Junonia atlites*	1	0.48%
灰蝶科 Lycaenidae		
玛灰蝶 *Mahathala ameria*	1	0.48%
斑灰蝶 *Horaga onyx*	1	0.48%
银线灰蝶 *Spindasis lohita*	2	0.96%
斜斑彩灰蝶 *Heliophorus epicles*	2	0.96%
细灰蝶 *Leptotes plinius*	3	1.44%
净雅灰蝶 *Jamides pura*	9	4.33%
酢浆灰蝶 *Pseudozizeeria maha*	3	1.44%
毛眼灰蝶 *Zizina otis*	2	0.96%
棕灰蝶 *Euchrysops cnejus*	1	0.48%
弄蝶科 Hesperiidae		
角翅弄蝶 *Odontoptilum angulata*	1	0.48%
黑脉长标弄蝶 *Telicota linna*	1	0.48%
总计	208	100%

资料来源:张竞可.东寨港红树林蝴蝶群落多样性[D].海口:海南师范大学,2017.

蝴蝶的发生期比较独特,往往只在一年中特定的时间段发生,而在其他时间难以监测。四季变换,蝶种各不相同。因张竞可的采集工作在 1—3 月进行,故只与本次调查的春季调查结果进行比较。

在本次调查中，春季共记录到蝴蝶 7 科 32 种，其中灰蝶科的种类最多，占总种数的 31.25%（表 5-2）。两次调查共记录到 7 科 54 种。与 2017 年调查相比，在科的数量上没有变化，优势科仍为灰蝶科，表明两次调查的数据基本是客观可信、较为全面的。但在具体种类上，仅 17 种有重复记录，占两次调查总种数的 31.48%，这表明东寨港红树林的蝴蝶种类还有较大发掘空间，仍有大量种类未被统计到。

5.3.6 与其他红树林的昆虫群落多样性比较

李志刚等（2014）在珠江口淇澳岛共记录到昆虫 10 目 68 科，其中，半翅目（14 科）、膜翅目（12 科）、鞘翅目（10 科）是淇澳岛昆虫中科数较多的优势类群。李志刚等（2016）在深圳福田红树林共记录到昆虫 11 目 66 科，其中，双翅目达 15 科，鞘翅目 14 科，半翅目 12 科，是深圳福田红树林昆虫中科数较多的优势类群。蒋国芳等（2000）在英罗港红树林记录到 14 目 94 科，但并未罗列所监测到的具体种类，仅说明黑褐举腹蚁（*Crematogaster rogenhoferi*）、东京弓背蚁（*Camponotus tokioensis*）和三条螟蛾（*Dichocrocris chorophannta*）是该地的主要种类。肖宵（2018）采用样方调查法、陷阱法并辅以诱饵法研究了东寨港红树林湿地蚂蚁的物种空间分布特征。根据其调查结果，东寨港红树林共有蚁科昆虫 5 亚科 17 属 32 种，其中，以道学的物种丰富度最高，塔市次之，河港再次，三江-罗豆最少；在不同的红树林生境中，低干扰红树林内的物种更丰富；对于不同蚂蚁种类，占据生境类型较多、分布较广泛的是东京弓背蚁、异色小家蚁和黑褐举腹蚁。

本次调查共采集到蚁类 2 种，较肖宵的调查结果少。与其他红树林保护区昆虫调查结果相比，东寨港红树林昆虫种类较多，但类群较少。这在一定程度上是历史记录缺乏、调查力度不足导致的。在本次调查中，由于条件限制和雨水状况，对于鳞翅目蛾类、鞘翅目及膜翅目蚁科昆虫的收集有所欠缺。日后需要重点监测上述类群，以补全数据。

2004 年 5 月，广西山口国家级红树林自然保护区发生了史无前例的严重的广州小斑螟虫灾，一周之内 40 hm² 白骨壤迅速变黄、变枯，且虫灾继续扩散。据政府部门统计，广西沿海受灾白骨壤林面积累计达到 700 hm²。2006 年，钦州市沿海一带的红树林，无瓣海桑遭受白囊袋蛾虫害，虫害平均密度超过 100 头/株。2008 年，广州小斑螟虫灾又在广西沿海暴发，严重为害白骨壤。在广西的红树林调查项目研究中，记录到主要害虫 15 种。我国总共记录到严重的红树林害虫 40 种。

在本次调查中，并未发现上述红树林害虫种类，却监测到许多新的害虫种类。如报喜斑粉蝶、豹尺蛾等。另发现飞虱科为害白骨壤的情况，这一情况在其他地区红树林调查中均未提及。将来有虫灾发生的可能，需要特别注意。

5.4　对昆虫资源保护和管理的建议

5.4.1　调查区昆虫资源与保护

本次调查采集到 53 科 111 种昆虫,这一数据仍是较大的,表明该地区作为华南生物多样性热点地区,在生物多样性保护上有独特的意义。采集到的昆虫主要是鳞翅目种类,部分原因是鳞翅目昆虫个体较大,活动能力强,本身种类也较多,更容易被监测到。

保留原有植被是保护昆虫资源的关键。红树林靠陆一侧在自然情况下大多分布有大量半红树和其他类型的滨海植被,但是大面积地挖建虾塘完全破坏了海陆过渡带的自然植被环境,许多昆虫由陆地迁移到红树林,这直接改变了红树林昆虫群落的多样性,特别是使天敌昆虫种类锐减。在我国南方其他红树林虫害调研中也发现类似的现象。广西山口红树林与陆地之间全是鱼塘,几乎没有缓冲植被;广州小斑螟虫灾暴发时,成片的红树林呈火烧状;广西钦州湾红树林保护区三面环山,陆地植被保护较好,在虫害中受损最轻。因此可断定红树林周围的陆地缓冲植被与害虫暴发有直接的关系。本次调查发现,北港等地区田地较多,虫害暴发可能性较大。

红树林虫害的发生有其自身的生物学原因,即红树林的树种少而林相单一,这直接导致红树林昆虫种类的多样性远低于陆岸森林。此外,特定的潮汐将昆虫种类进一步限定为能适应潮涨潮落环境的种类。异常气候也与虫害暴发有密不可分的关系。以 2004 年和 2008 年广西红树林的两次虫害为例,2004 年干旱少雨而 2008 年持续低温,改变了红树林与昆虫原有的生存环境,破坏了生态平衡,导致虫害。此外,人为活动也加大了虫害暴发的可能性,尤其是近年对外来树种的大面积引种,后患无穷。许多地区引种种植无瓣海桑,无瓣海桑作为一种外来的红树植物,具有速生、易成林的特点,但也极易遭受害虫的攻击。

5.4.2　调查区有害昆虫与天敌昆虫

本次调查在海南东寨港国家级自然保护区范围内记录到的比较重要的害虫与天敌昆虫分别见表 5-6 和表 5-7。

表 5-6　东寨港红树林害虫名录

编号	种类
1	报喜斑粉蝶
2	豹尺蛾
3	甜菜白带野螟
4	红火蚁
5	绿纹蝗

表 5-7　东寨港红树林天敌昆虫名录

编号	种类
1	黄腰胡蜂
2	点马蜂
3	双齿多刺蚁
4	黄蜻
5	斑丽翅蜻
6	高翔漭蜻
7	纹蓝小蜻
8	寄蝇科

5.4.3　对调查区昆虫资源管理的建议

首先，严格按照《中华人民共和国自然保护区条例》进行管理，一定要将游客的参观控制在试验区内。其次，对滩涂底层淤泥残留的塑料垃圾进行清理。保护区内应该严格禁止使用化学杀虫剂，并在红树林与农田间植木麻黄等防护林，阻碍农药的渗透。在虾塘与红树林之间，尽量保持缓冲植被的存在。不在红树林附近开垦新的虾塘。不引种外来红树植物。在加强红树林生态恢复的同时，也要重视对红树林周边区域的生境调控。基围鱼塘与周边村落提供相较于红树林更复杂多变的生境类型，以容纳更多的物种，这对于避免虫害的暴发有重要作用。再次，红树林保护区应设立明显区界。保护区内可增加一定的科普教育展栏，如通过设立昆虫介绍展板、观鸟台、科普教育径等方式，增强宣教的力度。

切忌使用化学农药防治红树林害虫。可通过以下几项技术手段防控红树林害虫。①栽培措施：种植抗虫性品种。人工种植红树林应优先选择本地树种，如木榄、秋茄，谨慎选择外来红树植物，如无瓣海桑。根据红树植物抗虫机制分析结果，结合气候和环境条件，选择抗虫性强的树种，如海漆和老鼠簕。对现有虫害严重的红树林进行块状或条状树种更新，通过树种调整改变现有林分结构，变纯林为混交林，提高自然调控能力。②机械方法：徒手抓虫，用筛网、吸虫设备、采虫器等除虫。③物理方法：热、冷、湿、光、声方法，高压海水冲刷叶片。例如，印度尼西亚利用海水冲刷有效控制为害红茄苳的白轮盾介壳虫；多数蛾类有趋光性，可以利用灯光诱杀。④生物方法：包括以虫治虫、以微生物治虫、以鸟治虫等等。保护原有的天敌昆虫，引入本土的其他天敌昆虫，对害虫进行防控。

参考文献

包强,陈晓琴,徐华林,等.2013.深圳福田红树林保护区昆虫资源调查与区系分析[J].环境昆虫学报,35(6):720-727.

蒋国芳,颜增光,岑明.2000.英罗港红树林昆虫群落及其多样性的研究[J].应用生态学报,11(1):95-98.

李志刚,李军,龚鹏博,等.2014.珠江口淇澳岛红树林及毗邻生境昆虫群落多样性[J].环境昆虫学报,36(5):672-678.

李志刚,徐华林,李军,等.2016.深圳福田红树林生态系统昆虫群落多样性调查[J].中国森林病虫,35(6):27-31.

林广旋,卢伟志.2011.湛江高桥红树林及周边地区植物资源调查[J].广东林业科技,27(5):38-43.

饶戈,叶朝霞,胡嘉麟.2014.香港昆虫图典[M].香港:香港昆虫学会.

肖宵.2018.东寨港红树林湿地蚂蚁多样性、分布格局与生态指示作用初探[D].海口:海南师范大学.

张竞可.2017.东寨港红树林蝴蝶群落多样性[D].海口:海南师范大学.

郑乐怡,归鸿.1999.昆虫分类[M].南京:南京师范大学出版社.

周尧.1998.中国蝴蝶分类与鉴定[M].郑州:河南科学技术出版社.

附录五

海南红树林昆虫物种名录

昆虫	采集地点				
	三江	演丰	北港	罗豆	铺前
直翅目 Orthoptera			＊	＊	
斑翅蝗科 Oedipodidae			＊		
绿纹蝗 *Aiolopus* sp.			＊		
蚱科 Tetrigidae			＊		
蟋蟀科 Gryllidae				＊	
油葫芦 *Teleogryllus* sp.				＊	
蜻蜓目 Odonata	＊	＊	＊	＊	＊
蜻科 Libellulidae	＊	＊	＊	＊	＊
黄蜻 *Pantala flavescens*		＊	＊	＊	
斑丽翅蜻 *Rhyothemis variegata*	＊	＊		＊	＊
高翔漭蜻 *Macrodiplax cora*					＊
纹蓝小蜻 *Diplacodes trivialis*		＊			＊
晓褐蜻 *Trithemis aurora*	＊	＊			
螅科 Coenagrionidae			＊		＊
褐斑异痣螅 *Ischnura senegalensis*			＊		＊
半翅目 Hemiptera	＊	＊		＊	＊
大红蝽科 Largidae		＊			
突背斑红蝽 *Physopelta gutta*		＊			
黾蝽科 Gerridae		＊			
海黾 *Halobates* sp.		＊			
暗条泽背黾蝽 *Limnogonus fossarum*		＊			
土蝽科 Cydnidae				＊	
龟蝽科 Plataspidae		＊			

昆虫	采集地点				
	三江	演丰	北港	罗豆	铺前
平龟蝽 *Brachyplatys* sp.		*			
蝽科 Pentatomidae		*			
青蝽 *Glaucias dorsalis*		*			
珀蝽 *Plautia* sp.		*			
缘蝽科 Coreidae		*			
棘缘蝽 *Cletus* sp.		*			
盾蝽科 Scutelleridae		*			
沟盾蝽 *Solenostethium* sp.		*			
飞虱科 Delphacidae					*
叶蝉科 Cicadellidae				*	
可大叶蝉 *Cofana* sp.				*	
沫蝉科 Cercopidae	*				
角蝉科 Membracidae		*			
棘蝉科 Machaerotidae		*			
鞘翅目 Coleoptera	*	*	*	*	*
露尾甲科 Nitidulidae		*			
叶甲科 Chrysomelidae	*	*		*	*
花金龟科 Scarabaeidae	*	*			
短突花金龟 *Glycyphana* sp.	*	*			
斑青花金龟 *Oxycetonia jucunda*		*			
瓢甲科 Coccinellidae		*			
六斑月瓢虫 *Menochilus sexmaculata*		*			
马铃薯瓢虫 *Henosepilachna vigintioctopunctata*		*			
拟步甲科 Tenebrionidae			*		
土甲族 Opatrini 1 种			*		

昆虫	采集地点				
	三江	演丰	北港	罗豆	铺前
象甲科 Curculionidae		*			
拟天牛科 Oedemeridae				*	
天牛科 Cerambycidae		*			
米纹艳虎天牛 *Rhaphuma pieli*		*			
犀金龟科 Dynastidae		*			
橡胶木犀金龟 *Xylotrupes gideon*		*			
等翅目 Isoptera		*			
鼻白蚁科 Rhinotermitidae		*			
台湾乳白蚁 *Coptotermes formosanus*		*			
双翅目 Diptera	*	*	*	*	*
丽蝇科 Calliphoridae		*			
大头金蝇 *Chrysomya megacephala*		*			
寄蝇科 Sarcophagidae	*				
食蚜蝇科 Syrphidae		*			
斑眼食蚜蝇 *Eristalinus arvorum*		*			
长足虻科 Dolichopodidae		*		*	
丽长足虻亚科 Sciapodinae 1 种		*		*	
蚊科 Culicidae	*	*	*	*	*
大蚊科 Tipulidae	*				
螳螂目 Mantodea		*			
花螳科 Mantidae		*			
鳞翅目 Lepidoptera	*	*	*	*	*
凤蝶科 Papilionidae	*	*			
巴黎翠凤蝶 *Papilio paris*		*			
美凤蝶 *Papilio memnon*		*			

昆虫	采集地点				
	三江	演丰	北港	罗豆	铺前
玉带凤蝶 *Papilio polytes*	*	*			
玉斑凤蝶 *Papilio helenus*		*			
碎斑青凤蝶 *Graphium chironides*		*			
统帅青凤蝶 *Graphium agamemnon*		*			
青凤蝶 *Graphium sarpedon*		*			
裳凤蝶 *Troides helena*		*			
斑凤蝶 *Chilasa clytia*	*	*			
粉蝶科 Pieridae	*	*	*		
报喜斑粉蝶 *Delias pasithoe*	*	*			
宽边黄粉蝶 *Eurema hecabe*		*			
镉黄迁粉蝶 *Catopsilia scylla*		*			
东方菜粉蝶 *Pieris canidia*	*	*			
纤粉蝶 *Leptosia nina*		*			
青园粉蝶 *Cepora nadina*		*			
黑脉园粉蝶 *Cepora nerissa*		*			
鹤顶粉蝶 *Hebomoia glaucippe*		*			
斑蝶科 Danaidae		*			*
幻紫斑蝶 *Euploea core*		*			*
妒丽紫斑蝶 *Euploea tulliolus*		*			
虎斑蝶 *Danaus genutia*					*
蛱蝶科 Nymphalidae	*	*			
罗蛱蝶 *Rohana parisatis*		*			
斐豹蛱蝶 *Argynnis hyperbius*		*			
尖翅翠蛱蝶 *Euthalia phemius*		*			
新月带蛱蝶 *Athyma selenophora*	*				

昆虫	采集地点				
	三江	演丰	北港	罗豆	铺前
相思带蛱蝶 *Athyma nefte*		*			
娑环蛱蝶 *Neptis soma*	*	*			
中环蛱蝶 *Neptis hylas*	*				
幻紫斑蛱蝶 *Hypolimnas bolina*		*			
金蟠蛱蝶 *Pantoporia hordonia*	*				
黄襟蛱蝶 *Cupha erymanthis*		*			
黑脉蛱蝶 *Hestina assimilis*		*			
黄裳眼蛱蝶 *Junonia hierta*		*			
波蛱蝶 *Ariadne ariadne*		*			
灰蝶科 Lycaenidae	*	*	*	*	*
亮灰蝶 *Lampides boeticus*				*	
曲纹紫灰蝶 *Chilades pandava*				*	
酢浆灰蝶 *Pseudozizeeria maha*		*	*		
毛眼灰蝶 *Zizina otis*					*
细灰蝶 *Leptotes plinius*		*			
西冷雅灰蝶 *Jamides celeno*	*	*		*	*
尖翅银灰蝶 *Curetis acuta*	*	*		*	
银线灰蝶 *Spindasis lohita*	*				
豆粒银线灰蝶 *Spindasis syama*		*			
熙灰蝶 *Spalgis epius*	*				
彩灰蝶 *Heliophorus* sp.		*			
咖灰蝶 *Catochrysops strabo*				*	
美姬灰蝶 *Megisba malaya*	*	*			
长腹灰蝶 *Zizula hylax*		*			
弄蝶科 Hesperiidae		*			

续表

昆虫	采集地点				
	三江	演丰	北港	罗豆	铺前
玛弄蝶 *Matapa aria*		*			
黄室弄蝶 *Potanthus* sp.		*			
眼蝶科 Satyridae	*	*	*		
小眉眼蝶 *Mycalesis mineus*	*	*			
平顶眉眼蝶 *Mycalesis panthaka*		*			
长纹黛眼蝶 *Lethe europa*		*			
翠袖锯眼蝶 *Elymnias hypermnestra*		*			
矍眼蝶 *Ypthima motscholskyi*			*		
尺蛾科 Geometridae		*		*	
豹尺蛾 *Dysphania militaris*		*		*	
橙带蓝尺蛾 *Milionia basalis*		*			
拟灯蛾科 Hypsidae		*			
一点拟灯蛾 *Asota caricae*		*			
草螟科 Crambidae				*	*
甜菜白带野螟 *Hymenia recurvalis*				*	*
毒蛾科 Lymantriidae		*			
盗毒蛾 *Porthesia similis*		*			
斑蛾科 Zygaenidae		*			
蝶形锦斑蛾 *Cyclosia papilionaris*		*			
鹿蛾科 Ctenuchidae		*			
伊贝鹿蛾 *Ceryx imaon*		*			
虎蛾科 Agaristidae		*			
选彩虎蛾 *Episteme lectrix*		*			
膜翅目 Hymenoptera	*	*	*	*	*
蜜蜂科 Apidae		*			*

昆虫	采集地点				
	三江	演丰	北港	罗豆	铺前
中华蜜蜂 *Apis cerana*		*			
木蜂 *Zonohirsuta* sp.		*			*
马蜂科 Polistidae	*				
点马蜂 *Polistes stigma*	*				
泥蜂科 Sphecidae					*
胡蜂科 Vespidae		*			
黄腰胡蜂 *Vespa affinis*		*			
蚁科 Formicidae			*	*	
双齿多刺蚁 *Polyrhachis dives*			*		
红火蚁 *Solenopsis invicta*				*	

注:"＊"表示被监测到。

第6章　海南红树林游泳动物多样性调查

摘要　本次调查在海南东寨港红树林,共监测到 4 纲 18 目 72 科 131 属 189 种游泳动物,其中鱼类 119 种,头足类 2 种,甲壳类 68 种;共采集到游泳动物标本 8 111 尾,总质量为 65 404.40 g,其中鱼类 4 148 尾、40 909.20 g,头足类 6 尾、80.60 g,虾类 2 939 尾、6 019.13 g,蟹类 795 尾、16 601.60 g,口足类 223 尾、1 793.87 g。鱼类捕获数量与质量占优势,分别占渔获总量的 51% 与 63%。游泳动物优势种有短吻鲾、短棘银鲈、犬牙细棘虾虎鱼、多鳞鱚、棱鲅等鱼类,中型新对虾、墨吉对虾、亨氏仿对虾等虾类,以及远海梭子蟹、少刺短桨蟹和锐齿蟳等蟹类。春季物种丰富度 D 为 4.219~7.245,Shannon-Wiener 多样性指数 H' 为 2.530~2.986,均匀度指数 J' 为 0.772~0.852。秋季物种丰富度 D 为 4.375~8.042,Shannon-Wiener 多样性指数 H' 为 2.170~2.967,均匀度指数 J' 为 0.597~0.784。秋季游泳动物物种丰富度比春季高,Shannon-Wiener 多样性指数 H' 和均匀度指数 J' 比春季低,主要是由于秋季采集到大量的部分种类鱼类及虾类幼体。从鱼类的适温性看,以暖水性和暖温性种类为主,表明该海湾鱼类区系组成具有热带性质,鱼类区系属于印度-西太平洋的中国-日本亚区。从鱼类的水层分布看,中底层鱼类居多,中上层鱼类次之。秋季采集到大量的游泳动物幼体,说明东寨港红树林是多种游泳动物的繁殖与育幼场所。

　　游泳动物是水生生物的一个生态类群,是指能在水层中自由选择其行动途径的水生动物。研究游泳动物发生与发展的一般特性的分支学科为游泳动物学(nektonology)。游泳动物的主要成员是鱼类、海洋哺乳动物、爬行类以及无脊椎动物中的少数头足类、甲壳类,其中最为常见的游泳动物有鱼类中的辐鳍鱼纲、软体动物中的头足纲、甲壳类中的虾蟹类以及鲨类。游泳动物是红树林生态系统的重要组成部分,是红树林生态系统与近海交流最为活跃的群体,也是经济价值较高的主要渔业对象。红树林对游泳动物的作用主要表现在：红树林的高生产率为鱼、虾等提供充足的食物；红树植物形态多样的气生根可阻挡海潮风浪，为鱼类提供良好的避风港；红树林能净化水体，为鱼类提供适宜的生存环境。国内有关东寨港红树林的游泳动物资源有少量报道，如王瑁等（2007）对海南东寨港红树林区的渔具及渔获物做过调查，海南省海洋与渔业科学院 2011 年在东寨港周边的演丰镇塔市村、苍头村、长宁头村和三江镇北截村等站点的近海红树林区滩涂水域开展过渔业资源调查，但都缺少系统的调查研究。本文对海南东寨港红树林游泳动物群落和资源情况进行调查，分析了东寨港红树林海域游泳动物多样性及其渔业资源状况，以期为该保护区的渔业资源管理和环境保护提供基础资料。

6.1 调查区域和方法

6.1.1 调查区域采样点设置和采样时间

在保护区红树林群落主要分布的 5 块区域（三江、演丰、北港、罗豆、铺前）的水域设置监测位点。2018 年 4 月（春季）和 2018 年 10 月（秋季）各采样一次。

6.1.2 调查工具和采样方法

生物学数据的采集和资料的收集按照国家标准《海洋调查规范　第 6 部分：海洋生物调查》（GB/T 12763.6—2007）与《海洋调查规范　第 9 部分：海洋生态调查指南》（GB/T 12763.9—2007）进行，采取自捕、雇请渔民捕捞、与渔民协商约定对其捕获物进行统计、码头和市场渔获物统计、访问渔民等调查方式。

所用网具为当地渔民常用的地笼网与漂流单片刺网。地笼网一个单位由 20 个 35 cm×25 cm的钢筋框组成，框间距 37 cm，网孔大小为 1.5 cm×1.5 cm，每个采样区域放置 100 个单位。定置张网网身大小为 6 m×6 m，用 2 根木棍固定张开，中间凹入，呈漏斗状，锥顶具一小型网袋，网目尺寸 1.5 cm×1.5 cm，每个采样区域放置 2 个单位。笼网布与囊袋网置于预先设定好的站点附近，涨潮前布置网具，退潮后收集渔获物。

渔获物质量在 40 kg 及以下时，全部取样分析；大于 40 kg 时，从中挑取大型的和稀有的标本后，随机抽取 20 kg 左右，然后把余下的渔获物按品种和规格装袋，记录该站点渔获总质量并留样。对采集的游泳动物样品进行现场拍照、分类、记数、形态测量。不易确定的种类用体积分数为 10％的甲醛溶液保存，带回实验室鉴定。鱼类物种鉴定依据《中国鱼类系统检索》《南海鱼类志》等文献，文中目、科、种的排序参照《拉汉世界鱼类系统名典》，采用鱼类最新有效物种名称，详见 FishBase 网站（http://www.fishbase.org）。将所有标本整理编号，保存于中山大学生命科学学院。在渔获量变动分析中,地笼网单位捕捞渔获量(CPUE)包括地笼网每天每网的渔获质量(g),以及地笼网每天每网的渔获数量(尾)。

6.1.3　数据的统计和分析

优势度用相对重要性指数 IRI(Pinkas 等,1971)计算,统计生物量和数量百分比以及出现频率。

$$IRI=(N+W)\times F \tag{6-1}$$

其中,N 为某一种类的尾数占渔获总尾数的百分比,W 为某一种类的质量占渔获总质量的百分比,F 为某一种类出现的站位数占调查总站位数的百分比。

使用 PRIMER v6.0 软件包进行单变量分析,包括物种丰富度指数 D、Shannon-Wiener 多样性指数 H' 和均匀性指数 J',分析方法同 2.1.4.2。

6.2　调查结果与分析

6.2.1　游泳动物种类组成

如表 6-1 和附录六所示,本次调查共监测到 4 纲 18 目 72 科 131 属 189 种游泳动物,其中鱼类 119 种,头足类 2 种,甲壳类 68 种。

春季在东寨港红树林共监测到 4 纲 16 目 59 科 101 属 132 种游泳动物,其中鱼类 81 种,头足类 1 种,甲壳类 50 种。鱼类以鲈形目种类最多,为 23 科 40 属 50 种;鲱形目次之,为 2 科 5 属 5 种;鳗鲡目和鲽形目均为 2 科 3 属 4 种;鲻形目 1 科 3 属 3 种;鲀形目 3 科 3 属 3 种;鲇形目和颌针鱼目都是 2 科 2 属 2 种;鲈形目 1 科 1 属 2 种;鳋形目、仙女鱼目、鮟鱇目、银汉鱼目都是 1 科 1 属 1 种。头足类闭眼目 1 科 1 属 1 种。甲壳类以十足目种类最多,为 15 科 25 属 42 种;口足目 1 科 5 属 7 种。

秋季在东寨港红树林共监测到 4 纲 15 目 54 科 88 属 127 种游泳动物,其中鱼类 82 种,头足类 2 种,甲壳类 43 种。鱼类以鲈形目种类最多,为 22 科 35 属 51 种;鲱形目次之,为 2 科 5 属 8 种;鲀形目和鲽形目均为 3 科 4 属 4 种;鳗鲡目 2 科 3 属 3 种;鲻形目 1 科 2 属 3 种;鲇形目和颌针鱼目都是 2 科 2 属 2 种;鲀形目 1 科 1 属 2 种;鳋形目、银汉鱼目都是 1 科 1 属 1 种。头足类闭眼目和乌贼目都是 1 科 1 属 1 种。甲壳类以十足目种类最多,为 11 科 21 属 39 种;口足目 1 科 3 属 4 种。

表 6-1　春、秋季游泳动物种类组成

游泳动物	春季			秋季		
	科	属	种	科	属	种
软骨鱼纲						
鳐形目	1	1	1	0	0	0
鲼形目	0	0	0	1	1	1
辐鳍鱼纲						
鳗鲡目	2	3	4	2	3	3
鲱形目	2	5	6	2	5	8
仙鱼目	1	1	1	0	0	0
鮟鱇目	1	1	1	0	0	0
鲻形目	1	3	3	1	3	4
鲇形目	2	2	2	2	2	2
银汉鱼目	1	1	1	1	1	1
颌针鱼目	2	2	2	2	2	2
鮋形目	3	4	4	3	4	4
鲈形目	23	40	50	23	38	51
鲽形目	2	4	4	3	4	4
鲀形目	1	1	2	1	1	2
头足纲						
闭眼目	1	1	1	1	1	1
乌贼目	0	0	0	1	1	1
软甲纲						
口足目	1	6	8	1	3	4
十足目	15	25	42	11	21	39
合计	59	101	132	54	88	127

　　如表 6-2、图 6-1 所示,春季各采样点游泳动物种类数为 26～54 种,以铺前采样点的游泳动物种类数最多,三江采样点种类数最少。头足类只在罗豆采样点采集到。秋季各采样点游泳动物种类数为 42～62 种,罗豆采样点的游泳动物种类数最多,三江采样点种类数最少。只在罗豆与北港两个采样点采集到头足类。秋季各类别游泳动物的种类数普遍比春季有所增加,总种类数也有所增加。

表 6-2　春、秋季游泳动物种类数

类别	春季					秋季				
	罗豆	铺前	三江	北港	演丰	罗豆	铺前	三江	北港	演丰
鱼类	27	28	13	25	32	46	33	27	32	39
头足类	1	0	0	0	0	1	0	0	2	0
虾类	5	6	2	4	6	6	12	7	7	6
蟹类	10	16	8	12	7	6	13	6	11	9
口足类	4	4	3	2	2	3	3	2	1	2
合计	47	54	26	43	47	62	61	42	54	56

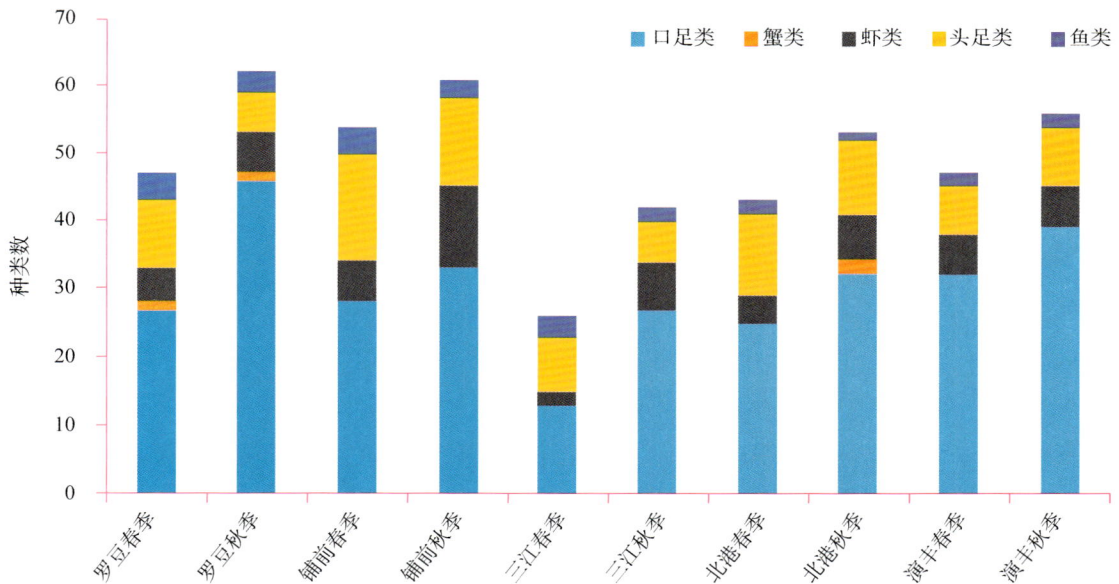

图 6-1　游泳动物种类数量

6.2.2　游泳动物渔获物组成

　　如表 6-3 所示,春季采用地笼网共采集到游泳动物 85 种(1 312 尾,26 262.50 g),CPUE 为 13.12 尾、262.62 g。鱼类在春季渔获物种类、数量和质量方面占优势,蟹类次之。秋季采用地笼网共采集到游泳动物 88 种(2 350 尾,23 271.10 g),CPUE 为 23.49 尾、231.97 g。秋季渔获物种类和质量以鱼类占优势,其次为蟹类;渔获数量以鱼类占优势,虾类次之。春季与秋季地笼网采样均没有采集到头足类,主要与采样工具有关。秋季游泳动物渔获总尾数比春季渔获总尾数多,而渔获总质量则比春季渔获总质量少,主要是由于秋季采集到大量的鱼类与甲壳类幼体。

表 6-3　春、秋季地笼网采样游泳动物渔获量

季节	分类	渔获种类数	种类数占比/%	渔获总尾数	尾数占比/%	CPUE（数量）/尾	渔获总质量/g	质量占比/%	CPUE（质量）/g
春季	鱼类	41	48.23	649	49.47	6.49	13 855.10	52.76	138.55
	头足类	0	0	0	0	0	0	0	0
	虾类	7	8.24	142	10.82	1.42	657.10	2.50	6.57
	蟹类	30	35.29	399	30.41	3.99	10 428.30	39.71	104.28
	口足类	7	8.24	122	9.30	1.22	1 322.00	5.03	13.22
	合计	85	100	1 312	100.00	13.12	26 262.50	100.00	262.62
秋季	鱼类	50	56.82	1 778	75.66	17.77	17 686.10	76.00	176.13
	头足类	0	0	0	0	0	0	0	0
	虾类	12	13.64	290	12.34	2.90	940.40	4.04	9.40
	蟹类	22	25.00	208	8.85	2.08	4 267.40	18.34	42.67
	口足类	4	4.54	74	3.15	0.74	377.20	1.62	3.77
	合计	88	100.00	2 350	100.00	23.49	23 271.10	100.00	231.97

如表 6-4 所示,春季采用定置张网共采集到游泳动物 61 种(441 尾,5 142.10 g),CPUE 为 220.50 尾、2 571.05 g。春季渔获物种类、数量和质量以鱼类占优势,其次为蟹类。秋季采用定置张网共采集到游泳动物 75 种(4 008 尾,10 728.70 g),CPUE 为 2 003.96 尾、5 364.35 g。秋季渔获物种类和质量以鱼类占优势,其次为虾类;渔获数量以虾类占优势,鱼类次之。秋季采用定置张网采集的游泳动物渔获量比春季渔获量大得多,秋季渔获总尾数和渔获总质量分别为春季的 9.09 倍和 2.09 倍,主要原因是秋季采集到大量鱼类和虾类幼体。

表 6-4　春、秋季定置张网采样游泳动物渔获量

季节	分类	渔获 种类数	种类数 占比 /%	渔获总 尾数	尾数 占比/%	CPUE （数量）/尾	渔获总 质量/g	质量占 比/%	CPUE （质量）/g
春季	鱼类	41	67.21	289	65.53	144.50	3 414.50	66.40	1 707.25
	头足类	1	1.64	3	0.68	1.50	8.70	0.17	4.35
	虾类	7	11.48	98	22.22	49.00	395.30	7.69	197.65
	蟹类	7	11.48	45	10.20	22.50	1 240.40	24.12	620.20
	口足类	5	8.20	6	1.36	3.00	83.20	1.62	41.60
	合计	61	100	441	100.00	220.50	5 142.10	100.00	2 571.05
秋季	鱼类	52	69.33	1 432	35.73	716.00	5 953.50	55.49	2 976.75
	头足类	2	2.67	3	0.07	1.50	71.90	0.67	35.95
	虾类	13	17.33	2 409	60.10	1 204.34	4 026.33	37.53	2 013.16
	蟹类	5	6.67	143	3.57	71.50	665.50	6.20	332.75
	口足类	3	4.00	21	0.53	10.62	11.47	0.11	5.74
	合计	75	100.00	4 008	100.00	2 003.96	10 728.70	100.00	5 364.35

6.2.3　游泳动物 IRI 与优势种

根据相关研究结果,设定 IRI＞1 000 的种类为优势种,100＜IRI≤1 000 为重要种,10＜IRI
≤100 为常见种,1＜IRI≤10 为一般种,0＜IRI≤1 为少见种。

如表 6-5 所示,春季地笼网采样 IRI 超过 100 的游泳动物有 21 种,其中优势种有 4 种,IRI
最高的是少刺短浆蟹,其他优势种为锐齿鲟、短吻鲾和犬牙细棘虾虎鱼。秋季地笼网采样 IRI
超过 100 的游泳动物有 23 种,其中优势种有 3 种,IRI 最高的是短棘银鲈,其他优势种为棱鲛和
墨吉对虾。春季与秋季的游泳动物优势种组成差异较大。春季与秋季优势种均不相同,重要种
有 8 种相同。春季 IRI 较高的为蟹类与鱼类,虾类较低;秋季 IRI 较高的为鱼类与虾类,蟹类
IRI 比春季有所降低。

表 6-5　春、秋季地笼网采样游泳动物优势种特征值

游泳动物	IRI	
	春季	秋季
少刺短桨蟹	1 768	917
锐齿蟳	1 510	106
短吻鲾	1 250	516
犬牙细棘虾虎鱼	1 026	669
线纹鳗鲇	992	615
多鳞鱚	844	755
沙栖新对虾	456	
钝齿蟳	326	
勒氏枝鳔石首鱼	257	188
中型新对虾	231	
蝎形拟绿虾蛄	206	
中华海鲇	199	424
眶棘双边鱼	199	128
无刺小口虾蛄	189	
东方若鲹	170	
鲻	165	
聪明关公蟹	162	
远海梭子蟹	157	509
黑斑口虾蛄	123	193
星点东方鲀	122	117
底栖短桨蟹	112	
短棘银鲈		2 144
棱鲮		1 350
墨吉对虾		1 213

游泳动物	IRI	
	春季	秋季
前鳞骨鲻		591
布氏石斑鱼		516
小鳞沟虾虎鱼		483
缪氏哲蟹		196
鲻鱼		174
铅点东方鲀		157
汉氏棱鳀		128
锯塘鳢		114

如表 6-6 所示,春季定置张网采样 IRI 超过 100 的游泳动物有 15 种,其中优势种有 4 种,IRI 最高的是犬牙细棘虾虎鱼,其他优势种为中型新对虾、远海梭子蟹和短吻鲾。秋季定置张网采样 IRI 超过 100 的游泳动物有 19 种,优势种有 5 种,IRI 最高的是亨氏仿对虾,其他优势种为多鳞鱚、墨吉对虾、中华海鲇、青鳞小沙丁鱼。与地笼网采样一样,春季与秋季的游泳动物优势种组成差异较大。春季与秋季优势种均不相同,重要种只有 6 种相同。春季 IRI 较高的为鱼类、虾类和蟹类;秋季 IRI 较高的为鱼类与虾类,蟹类 IRI 比春季有所降低。

表 6-6　春、秋季定置张网采样游泳动物优势种特征值

游泳动物	IRI	
	春季	秋季
犬牙细棘虾虎鱼	2 660	
中型新对虾	1 815	103
远海梭子蟹	1 375	558
短吻鲾	1 294	516
短棘银鲈	649	
中华海鲇	588	1 972
多鳞鱚	578	1 050
眶棘双边鱼	492	217

游泳动物	IRI	
	春季	秋季
双斑舌虾虎鱼	456	
东方若鲽	420	
聪明关公蟹	209	
前鳞骨鲻	188	
褐篮子鱼	185	
沙栖新对虾	152	
三疣梭子蟹	139	
亨氏仿对虾		2 389
墨吉对虾		1 848
青鳞小沙丁鱼		1 023
印度小公鱼		769
矛形拟对虾		735
洁白鲱		615
汉氏棱鳀		473
短沟对虾		304
日本关公蟹		263
刀额新对虾		244
短体小沙丁鱼		150
棱鲮		123
锯塘鳢		108

如表 6-7 所示，东寨港春季地笼网采样游泳动物优势种有少刺短桨蟹等 4 种，重要种有线纹鳗鲇等 17 种，常见种有红鳍赤鲀等 32 种，一般种有黑斑绯鲤等 32 种，没有少见种。秋季游泳动物优势种有短棘银鲈等 3 种，重要种有少刺短桨蟹等 20 种，常见种有日本关公蟹等 25 种，一般种有环纹蟳等 36 种，少见种有凡氏下银汉鱼等 4 种。

表 6-7　春、秋季地笼网采样优势种名录

类别	春季	秋季
优势种 （IRI＞1 000）	少刺短桨蟹、锐齿蟳、短吻鲾、犬牙细棘虾虎鱼 4 种	短棘银鲈、棱鲛、墨吉对虾 3 种
重要种 （100＜IRI≤1 000）	线纹鳗鲇、多鳞鱚、沙栖新对虾等 17 种	少刺短桨蟹、多鳞鱚、犬牙细棘虾虎鱼等 20 种
常见种 （10＜IRI≤100）	红鳍赤鲀、四齿大额蟹、短棘银鲈等 32 种	日本关公蟹、勒氏笛鲷、葛氏平虾蛄等 25 种
一般种 （1＜IRI≤10）	黑斑绯鲤、峧塘鳢、小鳞沟虾虎鱼等 32 种	环纹蟳、眼瓣沟虾虎鱼、锈斑蟳等 36 种
少见种 （0＜IRI≤1）	—	凡氏下银汉鱼、双角互敬蟹、异齿蟳等 4 种

如表 6-8 所示，东寨港春季定置张网采样游泳动物优势种有犬牙细棘虾虎鱼等 4 种，重要种有短棘银鲈等 11 种，常见种有短体小沙丁鱼等 36 种，一般种有葛氏平虾蛄等 10 种，没有少见种。秋季游泳动物优势种有亨氏仿对虾等 5 种，重要种有印度小公鱼等 14 种，常见种有哈氏仿对虾等 20 种，一般种有星点东方鲀等 26 种，少见种有瞻星粗头鲉等 9 种。

表 6-8　春、秋季定置张网采样优势种名录

类别	春季	秋季
优势种 （IRI＞1 000）	犬牙细棘虾虎鱼、中型新对虾、远海梭子蟹等 4 种	亨氏仿对虾、中华海鲇、墨吉对虾等 5 种
重要种 （100＜IRI≤1 000）	短棘银鲈、中华海鲇、多鳞鱚等 11 种	印度小公鱼、矛形拟对虾、洁白鲱等 14 种
常见种 （10＜IRI≤100）	短体小沙丁鱼、日本十棘银鲈、南洋美银汉鱼等 36 种	哈氏仿对虾、刺螯鼓虾、日本海鲦等 20 种
一般种 （1＜IRI≤10）	葛氏平虾蛄、小眼绿虾蛄、珍鲹等 10 种	星点东方鲀、褐篮子鱼、柏氏四盘耳乌贼等 26 种
少见种 （0＜IRI≤1）	—	瞻星粗头鲉、异颌突吻鳗、六丝多指马鲅等 9 种

6.2.4　游泳动物生物多样性

如表 6-9 所示，春季游泳动物物种丰富度（D）为 4.219～7.245，Shannon-Wiener 多样性指数（H'）为 2.530～2.986，均匀度指数（J'）为 0.772～0.852。游泳动物 D 和 H' 最高的均为铺前采样点，J' 最高的为三江采栏点。秋季 D 为 4.375～8.042，H' 为 2.170～2.967，J' 为 0.597～0.784。游泳动物 D、H' 和 J' 最高的均为铺前采样点。秋季游泳动物 D 比春季高，H' 和均匀度 J' 比春季低，主要是由于秋季采集到大量的部分种类鱼类及虾类幼体。

表 6-9　游泳动物生物多样性指数

季节	采样点	物种丰富度（D）	Shannon-Wiener 多样性指数（H'）	均匀度指数（J'）
春季	罗豆	4.219	2.530	0.807
	铺前	7.245	2.986	0.784
	三江	4.510	2.706	0.852
	北港	6.546	2.961	0.814
	演丰	4.908	2.574	0.772
秋季	罗豆	5.319	2.672	0.764
	铺前	8.042	2.967	0.784
	三江	4.375	2.631	0.773
	北港	6.226	2.170	0.597
	演丰	5.325	2.625	0.738

6.3　讨论

6.3.1　游泳动物群落结构特征

近年来，国内学者对我国红树林游泳动物资源及群落结构有较多研究。何斌源（2002）研究了广西英罗港红树林潮沟潮水中游泳动物的季节变化，共发现游泳动物 70 种，包括 5 种软体动物、11 种甲壳动物和 54 种鱼类，脊尾白虾和前鳞骨鲻是红树林潮沟游泳动物群落最重要的优势种群，红树林潮沟游泳动物生物多样性高于林缘。吴映明等（2018）对广东红树林区鱼类物种多样性进行了研究,共发现鱼类 83 种,隶属于 13 目 34 科;在 8 片红树林区渔获的鱼类多为小型鱼类或幼鱼,且优势种存在差异;相关性分析表明,各红树林区渔获的鱼类尾数、捕获量、物种数、Shannon-Wiener 多样性指数和物种丰富度指数均与相应红树林区的面积、林区中乡土红树植物面积和水温呈显著正相关。2011 年,海南省海洋与渔业科学院在东寨港近海红树林区滩涂水域所开展的调查显示,该区域内渔业资源种类有 11 目 34 科 39 属 46 种,其中,鱼类 35 种,虾类 4 种,蟹类 6 种,鲨类 1 种。施富山(2005)对海南东寨港红树林区鱼类多样性等进行了调查研究,共采集到鱼类 115 种,分属于 15 目 51 科,其中鲈形目 25 科 64 种,占总种数的 55.7%,呈绝对优势;鱼类优势种为多鳞鱚、犬牙细棘虾虎鱼、眶棘双边鱼、青斑细棘虾虎鱼、短吻鲾、星点东方鲀、鲻、前鳞骨鲻、棱鲹和日本银鲈等。

本次调查中,共监测到 4 纲 18 目 72 科 131 属 189 种游泳动物,数量多于以往的调查结果,主要是由于调查到的鱼类(119 种)和甲壳类(68 种)的种类数增多。与施富山的调查结果相似,短吻鲾、犬牙细棘虾虎鱼、多鳞鱚和棱鲹是东寨港红树林优势种。另外,短棘银鲈和一些甲壳类如中型新对虾、墨吉对虾、亨氏仿对虾、远海梭子蟹、少刺短桨蟹、锐齿蟳等也是优势种。

6.3.2　游泳动物群落季节动态变化特征

游泳动物游泳能力较强,季节间温度等条件变化较明显,且游泳动物具有洄游等生理习性,使得游泳动物群落结构存在明显的季节变化。例如,在广西英罗港红树林,游泳动物夏、春季种数较多,秋、冬季较少;多数游泳动物季节性出现在红树林,第一优势种存在季节更替现象,在春季为斑鰶,夏季为褐篮子鱼,秋季为眶棘双边鱼,冬季为脊尾白虾(何斌源,2002)。一般来讲,春、夏季是海洋动物繁殖盛季,红树林海域是许多游泳动物适宜的产卵地和幼年生活区,较高的水温使游泳动物摄食旺盛、活动增强,不同食性的游泳动物均可以捕食到充足的饵料;而在冬季,游泳动物一般停止繁殖,饵料相对缺乏,游泳动物多栖息于较深水域。

本次调查发现,东寨港红树林游泳动物季节间不仅表现为种类数的变化,而且优势种也出现更替,但与上述结果稍有不同是,游泳动物总种类数、总渔获数量和总渔获质量均表现为秋季＞春季。春季 CPUE(233.62 尾,2 833.68 g)均小于秋季 CPUE(2 027.46 尾,5 596.33 g),鱼类、蟹类、虾类和口足类的 CPUE(数量)均为秋季＞春季。鱼类、头足类和虾类的 CPUE(质量)同样为秋季＞春季,而蟹类和口足类的 CPUE(质量)则为春季＞秋季。主要是因为秋季采集到较多的蟹类与口足类幼体,特别是采集到大量的子虾蛄。本次调查中,秋季游泳动物 D 比春季高,H' 和 J' 比春季低,主要是由于秋季采集到大量的部分种类鱼类及虾类幼体。本次调查时,秋季水温仍然比较高,很多物种的幼体仍然出现在红树林,是秋季调查所得的游泳动物的种类数、渔获量较春季高,而群落多样性指数较春季低的主要原因。

6.3.3　不同调查工具的渔获资源结果比较

红树林生态系统已经引起了社会各界的关注,它在渔业方面的作用和价值也越来越受到重视。根据有关文献记录,我国与红树林有关的鱼类超过 240 种。东寨港红树林区内共有鱼类 115 种左右,主要由幼鱼和小型鱼类组成(吴瑞等,2013)。长期以来,红树林区一直都是沿海捕捞的重要场所。

红树林区的捕捞效率高、捕捞便利、幼鱼味道鲜美,因而捕捞活动越来越多。在东寨港红树林区可以看到各种不同的渔具,大体可分为拖网、围网、刺网、地拉网、张网、敷网、抄网、掩罩、陷阱、耙刺、笼壶、钓具等 12 类,共 500 多种。不同的渔具渔法有其各自的优缺点,其捕捞对象各不相同。比如,拖网的捕获量在捕捞总量中的比例最大,同时它对渔业资源和海底生境的破坏也最大;刺网的选择性较好,破坏性也很小,但产量较低。红树林区渔具的选择对渔业资源的保护具有重要作用。

近年关于红树林渔具与渔获物的调查有少量报道。王瑁等(2007)对东寨港红树林区的渔具及渔获物进行了调查研究,发现东寨港渔民所用网具主要有笼壶类定置网、撒网类、刺网类、囊袋网类、陷阱类插笼网和拖网类等 6 类,与雷州半岛红树林区所使用的渔具相似;在东寨港红树林区,网具的网目普遍偏小,渔获物以幼鱼、小鱼为主,不利于渔业资源的保护和渔业的可持续发展。该研究通过比较各种渔具的优缺点和捕获的主要鱼类、数量及代表种,认为刺网具有较好的选择性,渔获物主要是体形较宽的种类、鱼鳍和棘较长的种类及锯缘青蟹和梭子蟹等,捕获物种类较少,但是经济价值较高,当地较常用;地笼网(蜈蚣网)主要捕获底栖鱼类,但是在东寨港,地笼网能捕获本区出现的几乎所有种类,对鱼类没有选择性,捕获的中上层和底层鱼类的数量相当。本次调查根据东寨港红树林的特点,主要使用的采样工具为地笼网和定置张网,得到的结果与王瑁等(2007)的调查结果相似,地笼网主要采集到中下层及底层游泳动物如犬牙细棘虾虎鱼、多鳞鱚、短棘银鲈、线纹鳗鲇、星点东方鲀、勒氏枝鳔石首鱼等鱼类,少刺短桨蟹、锐齿蟳、远海梭子蟹等蟹类,以及墨吉对虾、沙栖新对虾、中型新对虾、黑斑口虾蛄等虾、虾蛄类,同时也采集到较多的中上层鱼类如短吻鲾、眶棘双边鱼、汉氏棱鳀等。定置张网与地笼网相似,主要捕捞对象为中下层及底层游泳动物,如犬牙细棘虾虎鱼、多鳞鱚、中华海鲇、短棘银鲈、东方若鲹等鱼类,亨氏仿对虾、墨吉对虾、中型新对虾和远海梭子蟹等甲壳类,同时也采集到中上层游泳动物如短吻鲾、青鳞小沙丁鱼、印度小公鱼、洁白鲱、汉氏棱鳀和眶棘双边鱼等。定置张网采集到的上层游泳动物种类数比地笼网多。地笼网采集到的游泳动物种类数比定置张网多,主要是由于地笼网采集的蟹类种类数约为定置张网的 4 倍。两种网采集到的其他类群的种类数相差不大。地笼网没有采集到头足类,定置张网则采集到少量头足类。

6.3.4　渔业资源保护和可持续利用

东寨港红树林内有机质丰富,吸引了众多动物来觅食栖息。涨潮时沟壑纵横,退潮后滩涂保持湿润,红树根系发达,气生根凸起,形成相对隔离的空间,使不同生活习性的生物栖息不同的空间,缓解不同物种在空间与食物等方面的竞争。红树林起到防风、抗潮、保水、保湿的作用,成为各种生物索饵、生长、繁殖、育幼的重要场所,具有重要的经济价值与生态价值,因此应科学地保护与合理地开发利用东寨港红树林渔业资源。

根据王瑁等(2007)的报道,海南东寨港红树林保护区共发现鱼类 115 种,其中大多具有较高经济价值,如石斑鱼、鲻鱼、鲷鱼、乌塘鳢、弹涂鱼等;幼鱼和小型鱼类是整个鱼类区系的主要组成部分,且大多在 2 龄以内。本次调查发现,东寨港游泳动物体形偏小,大部分种类平均体重小于 200 g,平均体重主要集中在 50 g 以下。除了有毒的鲀类和鲉类等,其余游泳动物均可食用,其中数量较多且食用价值较高的种类主要有圆吻海鰶、斑鰶、棱鲅、多鳞鱚、黄棘颈斑鲾、褐色篮子鱼、线纹鳗鲇、黄鳍棘鲷、鳗鲷、曼氏无针乌贼、中型新对虾、远海梭子蟹、锐齿鳕、双额短桨蟹和底栖短桨蟹等。此外,也有部分种类经济价值比较高,但渔获量较少或个体较小,如点带石斑鱼、卵形鲳鲹、星斑篮子鱼、斑节对虾、短沟对虾、近缘新对虾、三疣梭子蟹和锈斑鳕等。本次采集到的已成为人工养殖对象的游泳动物主要有褐篮子鱼、卵形鲳鲹、斑节对虾、中型新对虾等。

从调查结果看,东寨港保护区游泳动物受到的主要威胁如下:①养殖活动的威胁。保护区及周边地区的居民有 3 万多人,生产活动密集,养殖污水与生活污水对东寨港水质影响较大。②渔业发展的压力。随着渔业资源的衰退,小网目以及破坏性较大的网具使用量不断增加。这些渔具渔获物以幼鱼、小鱼为主,不利于渔业资源的保护和渔业的可持续发展。本次调查发现,网目相差不大的地笼网与定置张网对游泳动物幼体的选择性有所不同。由于定置张网的张开面积相对较大,退潮时能拦截更多的游泳动物幼体,对渔业资源破坏更大。

针对以上的威胁,提出建议如下:①改变对红树林环境破坏比较大的养殖模式,发展环境友好型养殖模式。②适当增大渔具网目,减少使用破坏性较大的渔具,提倡使用网目大的渔具以及破坏性较小的渔具。③适当延长伏季休渔期,为游泳动物提供足够的生长时间。

参考文献

陈积明,朱海,刘维.2013.东寨港红树林区水生动物资源调查[R].海口:海南省水产研究所.

成庆泰,郑葆珊.1987.中国鱼类系统检索[M].北京:科学出版社.

冯玉爱,张珍兰.1995.广东湛江沿海口足类的初步报告[J].湛江水产学院学报,(1):21-32.

何斌源.2002.红树林潮沟游泳动物的季节动态研究[J].海洋通报,21(6):16-24.

何秀玲,叶宁,宣立强.2003.雷州半岛红树林海区的鱼类种类调查[J].湛江海洋大学学报,23(3):3-10.

黄梓荣,范江涛,黄洪辉.2015.广西钦州茅尾海游泳动物种群结构调查与分析[J].南方水产科学,11(4):20-26.

金鑫波.2006.中国动物志　硬骨鱼纲　鮋形目[M].北京:科学出版社.

李思忠,王惠民.1995.中国动物志　硬骨鱼纲　鲽形目[M].北京:科学出版社.

李显森,梁志辉,蒋明星.1987.北部湾北部我国沿岸海区鱼类区系的初步调查[J].广西科学院学报,(2):95-116.

沈春燕,叶宁,申玉春,等.2016.广东流沙湾游泳动物种群结构和生物多样性[J].海洋与湖沼,47(01):227-233.

沈世杰.1993.台湾鱼类志[M].台北:台湾大学动物学系.

施富山.2005.海南东寨港国家级红树林保护区鱼类生态学研究[D].厦门:厦门大学.

孙典荣,陈铮.2013.南海鱼类检索[M].北京:海洋出版社.

王瑁,张尽函,施富山.2007.海南东寨港红树林区的渔具及渔获物调查[J].水产科技情报,34(1):6-9.

王学锋,吕少梁,黄一平,等.2017.基于流刺网调查的雷州湾游泳生物群落结构分析[J].南方水产科学,13(3):1-8.

吴瑞,王道儒.2013.东寨港国家级自然保护区现状与管理对策研究[J].海洋开发与管理,30(8):73-76.

伍汉霖,钟俊生,等.2008.中国动物志　鲈形目（五）　虾虎鱼亚目[M].北京:科学出版社.

伍汉霖,邵广昭,赖春福,等.2012.拉汉世界鱼类系统名典[M].台湾:水产出版社.

吴映明,郑培珊,刘妮,等.2018.广东红树林区鱼类物种多样性[J].中山大学学报,57(5):104-114.

叶宁,吴晓东,张苇.2007.湛江高桥红树林区鱼类调查[J].广东海洋大学学报,27(6):55-61.

张世义.2001.中国动物志　硬骨鱼纲　鲟形目海鲢目鲱形目鼠鱚目[M].北京:科学出版社.

中国科学院动物研究所,中国科学院海洋研究所,上海水产学院.1962.南海鱼类志[M].北京:科学出版社.

朱元鼎,张春霖.成庆泰.1963.东海鱼类志[M].北京:科学出版社.

附录六

海南红树林游泳动物名录

游泳动物	春季					秋季				
	罗豆	铺前	三江	北港	演丰	市场调查	罗豆	铺前	三江	北港	演丰	市场调查

脊索动物门 Chordata

　软骨鱼纲 Chondrichthyes

　　鳐形目 Rajiformes

　　　团扇鳐科 Platyrhinidae

　　　　团扇鳐属 *Platyrhina*

　　　　　中国团扇鳐 *Platyrhina sinensis* 　　春季：北港 *　演丰 *

　　鲼形目 Myliobatiformes

　　　魟科 Dasyatidae

　　　　魟属 *Dasyatis*

　　　　　赤魟 *Dasyatis akajei* 　　秋季：北港 *　演丰 *

　辐鳍鱼纲 Actinopterygii

　　鳗鲡目 Anguilliformes

　　　康吉鳗科 Congridae

　　　　颌吻鳗属 *Gnathophis*

　　　　　尖尾颌吻鳗 *Gnathophis xenica* 　　秋季：北港 *　演丰 *

　　　海鳗科 Muraenesocidae

　　　　海鳗属 *Muraenesox*

　　　　　海鳗 *Muraenesox cinereus* 　　春季：演丰 *

　　　蛇鳗科 Ophichthidae

　　　　豆齿鳗属 *Pisodonophis*

续表

游泳动物	春季						秋季					
	罗豆	铺前	三江	北港	演丰	市场调查	罗豆	铺前	三江	北港	演丰	市场调查
食蟹豆齿鳗 *Pisodonophis cancrivorus*	*				*	*	*		*			*
杂食豆齿鳗 *Pisodonophis boro*	*	*			*							
褐蛇鳗属 *Bascanichthys*												
克氏褐蛇鳗 *Bascanichthys kirkii*										*		*
虫鳗属 *Muraenichthys*												
大鳍虫鳗 *Muraenichthys macropterus*	*				*							
鲱形目 Clupeiformes												
鲱科 Clupeidae												
洁白鲱属 *Escualosa*												
洁白鲱 *Escualosa thoracata*	*			*	*	*				*	*	*
小沙丁鱼属 *Sardinella*												
青鳞小沙丁鱼 *Sardinella zunasi*						*	*	*		*		*
短体小沙丁鱼 *Sardinella brachysoma*	*			*	*	*	*				*	*
斑鰶属 *Konosirus*												
斑鰶 *Konosirus punctatus*		*				*						
海鰶属 *Nematalosa*												
圆吻海鰶 *Nematalosa nasus*				*	*					*		*
日本海鰶 *Nematalosa japonica*		*			*	*	*			*		*
鳀科 Engraulidae												
侧带小公鱼属 *Stolephorus*												
印度侧带小公鱼 *Stolephorus indicus*		*			*	*	*	*		*		*
棱鳀属 *Thryssa*												

续表

游泳动物	春季					秋季				
	罗豆	铺前	三江	北港	演丰	市场调查	罗豆	铺前	三江	北港	演丰	市场调查
汉氏棱鳀 *Thryssa hamiltonii*							*	*	*	*	*	*
赤鼻棱鳀 *Thryssa kammalensis*							*	*				*
仙鱼目 Aulopiformes												
狗母鱼科 Synodontidae												
蛇鲻属 *Saurida*												
长蛇鲻 *Saurida elongata*		*		*								
鮟鱇目 Lophiiformes												
躄鱼科 Antennariidae												
躄鱼属 *Antennarius*												
毛躄鱼 *Antennarius hispidus*	*			*								
鲻形目 Mugiliformes												
鲻科 Mugilidae												
鲻属 *Mugil*												
鲻 *Mugil cephalus*		*	*	*	*	*	*	*	*
骨鲻属 *Osteomugil*												
前鳞骨鲻 *Osteomugil ophuyseni*	*	*	*	*		*	*	*	*
鲛属 *Liza*												
棱鲛 *Liza carinata*	*		*	*	*	*	*	*
粗鳞鲛 *Liza dussumieri*							*			*
凡鲻属 *Valamugil*												
长鳍凡鲻 *Valamugil cunnesius*		*										
鲇形目 Siluriformes												

游泳动物	春季					秋季				
	罗豆	铺前	三江	北港	演丰	场市调查	罗豆	铺前	三江	北港	演丰	场市调查

游泳动物	罗豆	铺前	三江	北港	演丰	场市调查	罗豆	铺前	三江	北港	演丰	场市调查
海鲇科 Ariidae												
海鲇属 *Arius*												
中华海鲇 *Arius sinensis*	*	*		*	*	*	*		*	*	*
鳗鲇科 Plotosidae												
鳗鲇属 *Plotosus*												
线纹鳗鲇 *Plotosus lineatus*		*		*	*	*	*		*		*
银汉鱼目 Atheriniformes												
银汉鱼科 Atherinidae												
南洋美银汉鱼属 *Atherinomorus*												
南洋美银汉鱼 *Atherinomorus lacunosus*	*	*	*		*	*					
下银汉鱼属 *Hypoatherina*												
凡氏下银汉鱼 *Hypoatherina valenciennei*							*	*	*		*
颌针鱼目 Beloniformes												
颌针鱼科 Belonidae												
柱颌针鱼属 *Strongylura*												
斑尾柱颌针鱼 *Strongylura strongylura*	*				*	*					*
鱵科 Hemiramphidae												
下鱵属 *Hyporhamphus*												
瓜氏下鱵鱼 *Hyporhamphus quoyi*						*					*
鲉形目 Scorpaeniformes												
鲉科 Scorpaenidae												
蓑鲉属 *Pterois*												

续表

游泳动物	春季						秋季					
	罗豆	铺前	三江	北港	演丰	市场调查	罗豆	铺前	三江	北港	演丰	市场调查
环纹蓑鲉 *Pterois lunulata*											*	*
赤鲉属 *Hypodytes*												
红鳍赤鲉 *Hypodytes rubripinnis*			*	*	*		*		*			*
毒鲉科 Synanceiidae												
粗头鲉属 *Trachicephalus*												
瞻星粗头鲉 *Trachicephalus uranoscopus*	*				*		*					*
鲬科 Platycephalidae												
鲬属 *Platycephalus*												
鲬 *Platycephalus indicus*	*	*	*	*					*			*
棘线鲬属 *Grammoplites*												
棘线鲬 *Grammoplites scaber*				*	*							
鲈形目 Perciformes												
魣科 Sphyraenidae												
魣属 *Sphyraena*												
倒牙魣 *Sphyraena putnamae*											*	*
斑条魣 *Sphyraena jello*										*		*
马鲅鱼科 Polynemidae												
多指马鲅属 *Polydactylus*												
六丝多指马鲅 *Polydactylus sexfilis*					*		*					*
双边鱼科 Ambassidae												
双边鱼属 *Ambassis*												
眶棘双边鱼 *Ambassis gymnocephalus*	*	*	*	*	*		*	*	*		*	*

续表

游泳动物	春季						秋季					
	罗豆	铺前	三江	北港	演丰	市场调查	罗豆	铺前	三江	北港	演丰	市场调查
鮨科 Serranidae												
石斑鱼属 Epinephelus												
布氏石斑鱼 Epinephelus bleekeri	＊	＊	＊	＊	＊	＊			＊	＊	＊	＊
天竺鲷科 Apogonidae												
天竺鲷属 Apogon												
中线天竺鲷 Apogon kiensis			＊			＊						
鱚科 Sillaginidae												
鱚属 Sillago												
多鳞鱚 Sillago sihama	＊	＊	＊	＊	＊	＊			＊	＊	＊	＊
鲹科 Carangidae												
叶鲹属 Atule												
丽叶鲹 Atule kalla						＊						
圆鲹属 Decapterus												
蓝圆鲹 Decapterus maruadsi						＊						
鲹属 Caranx												
珍鲹 Caranx ignobilis			＊			＊						
石首鱼科 Sciaenidae												
叫姑鱼属 Johnius												
皮氏叫姑鱼 Johnius belangerii								＊				＊
银姑鱼属 Pennahia												
大头银姑鱼 Pennahia macrocephalus								＊				＊
截尾银姑鱼 Pennahia anea	＊		＊	＊			＊				＊	

续表

游泳动物	春季					秋季				
	罗豆	铺前	三江	北港	演丰	市场调查	罗豆	铺前	三江	北港	演丰	市场调查
枝鳔石首鱼属 *Dendrophysa*										
勒氏枝鳔石首鱼 *Dendrophysa russelii*		＊		＊		＊	＊		＊	＊	＊
鲾科 Leiognathidae										
鲾属 *Leiognathus*										
颈斑鲾 *Leiognathus nuchalis*						＊				＊
短棘鲾 *Leiognathus equulus*										＊
短吻鲾 *Leiognathus brevirostris*	＊	＊	＊		＊	＊	＊	＊	＊	＊
细纹鲾 *Leiognathus berbis*			＊	＊		＊				＊
仰口鲾属 *Secutor*										
鹿斑仰口鲾 *Secutor ruconius*									＊	＊
银鲈科 Gerreidae										
银鲈属 *Gerres*										
长棘银鲈 *Gerres filamentosus*		＊			＊	＊				＊
日本十棘银鲈 *Gerres japonicus*	＊	＊		＊	＊	＊		＊	＊	＊
短棘银鲈 *Gerres lucidus*	＊	＊		＊	＊	＊	＊	＊	＊	＊
笛鲷科 Lutjanidae										
笛鲷属 *Lutjanus*										
金焰笛鲷 *Lutjanus fulviflamma*						＊				＊
勒氏笛鲷 *Lutjanus russellii*					＊	＊		＊	＊	＊
裸颊鲷科 Lethrinidae										
裸颊鲷属 *Lethrinus*										
红鳍裸颊鲷 *Lethrinus haematopterus*		＊			＊					

游泳动物	春季						秋季					
	罗豆	铺前	三江	北港	演丰	市场调查	罗豆	铺前	三江	北港	演丰	市场调查
鲷科 Sparidae												
棘鲷属 Acanthopagrus												
灰鳍棘鲷 Acanthopagrus berda					*							
黄鳍棘鲷 Acanthopagrus latus								*				*
真鲷属 Pagrus												
真鲷 Pagrus major												*
平鲷属 Rhabdosargus												
平鲷 Rhabdosargus sarba			*		*	*						
松鲷科 Lobotidae												
松鲷属 Lobotes												
松鲷 Lobotes surinamensis												*
仿石鲈科 Haemulidae												
石鲈属 Pomadasys												
大斑石鲈 Pomadasys maculatus										*		*
鯻科 Terapontidae												
牙鯻属 Pelates												
列牙鯻 Pelates quadrilineatus							*	*				*
鯻属 Terapon												
细鳞鯻 Terapon jarbua					*							
突吻鯻属 Rhynchopelates												
突吻鯻 Rhynchopelates oxyrhynchus	*		*	*	*							
鮠科 Kyphosidae												

续表

游泳动物	春季					秋季				
	罗豆	铺前	三江	北港	演丰	市场调查	罗豆	铺前	三江	北港	演丰	市场调查
鲻属 *Kyphosus*											
短鳍鲻 *Kyphosus lembus*				*	*						
羊鱼科 Mullidae											
副绯鲤属 *Parupeneus*											
圆口副绯鲤 *Parupeneus cyclostomus*						*					
绯鲤属 *Upeneus*											
黑斑绯鲤 *Upeneus tragula*		*			*	*					*
丽鱼科 Cichlidae											
罗非鱼属 *Tilapia*											
齐氏罗非鱼 *Tilapia zillii*							*				*
金钱鱼科 Scatophagidae											
金钱鱼属 *Scatophagus*											
金钱鱼 *Scatophagus argus*	*			*	*				*	*	
隆头鱼科 Labridae											
海猪鱼属 *Halichoeres*											
黄斑海猪鱼 *Halichoeres melanurus*								*		*	
鳗鳚科 Congrogadidae											
鳗鳚属 *Congrogadus*											
鳗鲷 *Congrogadus subducens*						*					
鳄齿鱼科 Champsodontidae											
鳄齿鱼属 *Champsodon*											
短鳄齿鱼 *Champsodon snyderi*										*	*

续表

游泳动物	春季						秋季					
	罗豆	铺前	三江	北港	演丰	市场调查	罗豆	铺前	三江	北港	演丰	市场调查
鳚科 Blenniidae												
肩鳃鳚属 *Omobranchus*												
斑头肩鳃鳚 *Omobranchus fasciolatoceps*					*							
鮨科 Callionymidae												
鮨属 *Callionymus*												
弯棘鮨 *Callionymus curvicornis*								*			*	*
日本鮨 *Callionymus japonicus*				*	*							
美尾鮨属 *Calliurichthys*												
丝背美尾鮨 *Calliurichthys variegates*				*	*							
斜棘鮨属 *Repomucenus*												
李氏鮨 *Repomucenus richardsonii*	*	*			*							
篮子鱼科 Siganidae												
篮子鱼属 *Siganus*												
褐篮子鱼 *Siganus fuscescens*	*			*	*	*	*			*		*
星篮子鱼 *Siganus guttatus*				*	*							
带鱼科 Trichiuridae												
沙带鱼属 *Lepturacanthus*												
沙带鱼 *Lepturacanthus savala*								*			*	*
长鲳科 Centrolophidae												
刺鲳属 *Psenopsis*												
刺鲳 *Psenopsis anomala*		*			*	*						
塘鳢科 Eleotridae												

续表

游泳动物	春季						秋季					
	罗豆	铺前	三江	北港	演丰	市场调查	罗豆	铺前	三江	北港	演丰	市场调查
乌塘鳢属 *Bostrychus*												
中华乌塘鳢 *Bostrychus sinensis*						*						
嵴塘鳢属 *Butis*												
锯塘鳢 *Butis koilomatodon*	*	*	*		*	*	*	*	*	*		*
嵴塘鳢 *Butis butis*		*	*			*						
虾虎鱼科 Gobiidae												
缟虾虎鱼属 *Tridentiger*												
髭缟虾虎鱼 *Tridentiger barbatus*						*		*				*
纹缟虾虎鱼 *Tridentiger trigonocephalus*						*				*		*
舌虾虎属 *Glossogobius*												
双斑舌虾虎鱼 *Glossogobius biocellatus*	*	*		*	*	*	*					*
舌虾虎鱼 *Glossogobius giuris*						*						*
斑纹舌虾虎鱼 *Glossogobius olivaceus*						*	*			*		*
丝虾虎鱼属 *Cryptocentrus*												
长丝犁突虾虎鱼 *Cryptocentrus filifer*						*	*				*	*
沟虾虎鱼属 *Oxyurichthys*												
眼瓣沟虾虎鱼 *Oxyurichthys ophthalmonema*					*		*			*	*	*
小鳞沟虾虎鱼 *Oxyurichthys microlepis*			*				*			*	*	*
狭虾虎鱼属 *Stenogobius*												
眼带狭虾虎鱼 *Stenogobius ophthalmoporus*						*						
细棘虾虎鱼属 *Acentrogobius*												
犬牙细棘虾虎鱼 *Acentrogobius caninus*	*	*	*	*	*	*	*	*	*	*	*	*

游泳动物	春季						秋季					
	罗豆	铺前	三江	北港	演丰	市场调查	罗豆	铺前	三江	北港	演丰	市场调查
青斑细棘虾虎鱼 Acentrogobius ciridipunctatus					*	*					*	*
缢虾虎鱼属 Amoya												
绿斑缢虾虎鱼 Amoya chlorostigmatoides								*	*		*	*
衔虾虎鱼属 Istigobius												
凯氏衔虾虎鱼 Istigobius campbelli						*						*
拟矛尾虾虎鱼属 Parachaeturichthys												
多须拟矛尾虾虎鱼 Parachaeturichthys polynema					*	*						*
叉牙虾虎鱼属 Apocryptodon												
少齿叉牙虾虎鱼 Apocryptodon glyphisodon							*			*		*
孔虾虎鱼属 Trypauchen												
孔虾虎鱼 Trypauchen vagina							*					*
栉孔虾虎鱼属 Ctenotrypauchen												
中华栉孔虾虎鱼 Ctenotrypauchen chinensis	*				*							
小头栉孔虾虎鱼 Ctenotrypauchen mictocephalus	*				*							
大弹涂鱼属 Boleophthalmus												
大弹涂鱼 Boleophthalmus pectinirostris					*							
细斑大弹涂鱼 Boleophthalmus maculatus					*							
吻虾虎鱼属 Rhinogobius												
溪吻虾虎鱼 Rhinogobius duospilus							*				*	*
鳗虾虎鱼属 Taenioides												
须鳗虾虎鱼 Taenioides cirratus											*	*

鲽形目 Pleuronectiformes

续表

游泳动物	春季						秋季					
	罗豆	铺前	三江	北港	演丰	市场调查	罗豆	铺前	三江	北港	演丰	市场调查
牙鲆科 Paralichthyidae												
斑鲆属 *Pseudorhombus*												
大牙斑鲆 *Pseudorhombus arsius*			＊	＊	＊				＊	＊		＊
鳎科 Soleidae												
鳎属 *Solea*												
卵鳎 *Solea ovata*		＊		＊		＊				＊	＊	＊
若鳎属 *Brachirus*												
东方若鳎 *Brachirus orientalis*	＊	＊	＊	＊	＊						＊	＊
舌鳎科 Cynoglossidae												
舌鳎属 *Cynoglossus*												
斑头舌鳎 *Cynoglossus puncticeps*							＊			＊	＊	＊
大鳞舌鳎 *Cynoglossus macrolepidotus*	＊				＊							
鲀形目 Tetraodontiformes												
鲀科 Tetraodontidae												
东方鲀属 *Takifugu*												
铅点东方鲀 *Takifugu alboplumbeus*			＊		＊		＊	＊		＊		＊
星点东方鲀 *Takifugu niphobles*	＊		＊	＊	＊			＊	＊			＊

软体动物门 Mollusca

头足纲 Cephalopoda

闭眼目 Myopsida

枪乌贼科 Loliginidae

枪乌贼属 *Loligo*

续表

游泳动物	春季						秋季					
	罗豆	铺前	三江	北港	演丰	市场调查	罗豆	铺前	三江	北港	演丰	市场调查
杜氏枪乌贼 *Loligo duvaucelii*	*					*				*		*
乌贼目 Sepiida												
耳乌贼科 Sepiolidae												
四盘耳乌贼属 *Euprymna*												
柏氏四盘耳乌贼 *Euprymna berryi*								*		*		*
节肢动物门 Arthropoda												
软甲纲 Malacostraca												
口足目 Stomatopoda												
虾蛄科 Squillidae												
绿虾蛄属 *Clorida*												
小眼绿虾蛄 *Clorida microphthalma*	*					*						
拟绿虾蛄属 *Cloridopsis*												
蝎形拟绿虾蛄 *Cloridopsis scorpio*	*		*		*							
平虾蛄属 *Erugosquilla*												
葛氏平虾蛄 *Erugosquilla grahami*					*		*	*		*		*
三宅虾蛄属 *Miyakea*												
长叉三宅虾蛄 *Miyakea nepa*		*				*						
口虾蛄属 *Oratosquilla*												
黑斑口虾蛄 *Oratosquilla kempi*	*	*	*			*	*			*		*
口虾蛄 *Oratosquilla oratoria*	*			*		*	*					*
小口虾蛄属 *Oratosquillina*												
无刺小口虾蛄 *Oratosquillina inornata*		*		*		*						

游泳动物	春季					秋季				
	罗豆	铺前	三江	北港	演丰	市场调查	罗豆	铺前	三江	北港	演丰	市场调查
断脊小口虾蛄 *Oratosquillina interrupta*	*			*	*	*				*		*
十足目 Decapoda											
对虾科 Penaeidae											
明对虾属 *Fenneropenaeus*											
墨吉对虾 *Fenneropenaeus merguiensis*		*				*	*	*	*	*	*
中国明对虾 *Fenneropenaeus chinensis*							*				*
对虾属 *Penaeus*											
斑节对虾 *Penaeus monodon*	*	*		*	*	*		*			*
短沟对虾 *Penaeus semisulcatus*							*	*	*	*	*	*
囊对虾属 *Marsupenaeus*											
日本囊对虾 *Marsupenaeus japonicus*					*		*		*		*
新对虾属 *Metapenaeus*											
近缘新对虾 *Metapenaeus affinis*							*	*			*
刀额新对虾 *Metapenaeus ensis*							*	*	*	*	*
中型新对虾 *Metapenaeus intermedius*	*	*		*	*	*		*		*		*
周氏新对虾 *Metapenaeus joyneri*						*					
沙栖新对虾 *Metapenaeus moyebi*	*	*	*		*	*					*
仿对虾属 *Parapenaeopsis*											
角突仿对虾 *Parapenaeopsis cornuta*		*		*		*				*		*
哈氏仿对虾 *Parapenaeopsis hardwickii*								*	*		*
亨氏仿对虾 *Parapenaeopsis hungerfordi*							*	*	*	*	*
拟对虾属 *Parapenaeus*											

续表

游泳动物	春季						秋季					
	罗豆	铺前	三江	北港	演丰	市场调查	罗豆	铺前	三江	北港	演丰	市场调查
矛形拟对虾 *Parapenaeus lanceolatus*						*				*		*
鹰爪虾属 *Trachysalambria*												
鹰爪虾 *Trachysalambria curvirostris*								*				*
鼓虾科 Alpheidae												
鼓虾属 *Alpheus*												
短脊鼓虾 *Alpheus brevicristatus*	*		*	*		*	*			*		*
鲜明鼓虾 *Alpheus distinguendus*		*	*			*				*		*
刺螯鼓虾 *Alpheus hoplocheles*						*				*		*
无刺鼓虾 *Alpheus stanleyi*				*	*							
瓷蟹科 Porcellanidae												
瓷蟹属 *Porcellana*												
瓷蟹 *Porcellana* sp.	*			*	*							
黎明蟹科 Matutidae												
黎明蟹属 *Matuta*												
颗粒黎明蟹 *Matuta granulosa*			*		*					*		*
顽强黎明蟹 *Matuta vitor*											*	*
关公蟹科 Dorippidae												
关公蟹属 *Dorippe*												
聪明关公蟹 *Dorippe astuta*	*	*	*	*	*	*	*	*	*			*
伪装关公蟹 *Dorippe facchino*		*			*							
疣面关公蟹 *Dorippe frascone*		*			*							
日本关公蟹 *Dorippe japonica*							*	*	*	*		*

续表

游泳动物	春季						秋季					
	罗豆	铺前	三江	北港	演丰	市场调查	罗豆	铺前	三江	北港	演丰	市场调查
哲扇蟹科 Menippidae												
哲扇蟹属 *Menippe*												
缪氏哲扇蟹 *Menippe rumphii*	*		*	*	*		*		*			*
宽甲蟹科 Chasmocarcinidae												
宽甲蟹属 *Chasmocarcinops*												
拟光宽甲蟹 *Chasmocarcinops gelasimoides*	*				*							
宽背蟹科 *Euryplacidae*												
强蟹属 *Eucrate*												
太阳强蟹 *Eucrate solaris*				*	*							
卧蜘蛛蟹科 Epialtidae												
绒球蟹属 *Doclea*												
细肢绒球蟹 *Doclea gracilipes*	*	*			*							
羊毛绒球蟹 *Doclea ovis*	*				*							
互敬蟹属 *Hyastenus*												
双角互敬蟹 *Hyastenus diacanthus*										*		*
菱蟹科 Parthenopidae												
菱蟹属 *Parthenope*												
疣背菱蟹 *Parthenope tuberculosus*	*				*							
静蟹科 Galenidae												
静蟹属 *Galene*												
双刺静蟹 *Galene bispinosa*	*		*		*							
精武蟹属 *Patapanope*												

续表

游泳动物	春季						秋季					
	罗豆	铺前	三江	北港	演丰	市场调查	罗豆	铺前	三江	北港	演丰	市场调查
贪精武蟹 *Patapanope euagora*										*		*
毛刺蟹科 Pilumnidae												
毛粒蟹属 *Pilumnopeus*												
真壮毛粒蟹 *Pilumnopeus eucratoides*							*				*	*
佘氏蟹属 *Ser*												
福建佘氏蟹 *Ser fukiensis*	*		*		*							
梭子蟹科 Portunidae												
长眼蟹属 *Podophthalmus*												
看守长眼蟹 *Podophthalmus vigil*		*			*			*			*	
青蟹属 *Scylla*												
拟穴青蟹 *Scylla paramamosain*				*	*					*		*
梭子蟹属 *Portunus*												
矛形梭子蟹 *Portunus hastatoides*			*		*							
远海梭子蟹 *Portunus pelagicus*		*	*	*	*	*	*	*	*	*	*	*
红星梭子蟹 *Portunus sanguinolentus*		*		*	*						*	*
三疣梭子蟹 *Portunus trituberculatus*	*				*							
蟳属 *Charybdis*												
锐齿蟳 *Charybdis acuta*	*	*	*	*	*		*	*			*	*
异齿蟳 *Charybdis anisodon*		*			*		*					*
环纹蟳 *Charybdis annulata*							*				*	
锈斑蟳 *Charybdis feriata*		*			*					*		*
钝齿蟳 *Charybdis hellerii*		*	*		*							

续表

游泳动物	春季						秋季					
	罗豆	铺前	三江	北港	演丰	市场调查	罗豆	铺前	三江	北港	演丰	市场调查
日本蟳 *Charybdis japonica*							*				*	*
晶莹蟳 *Charybdis lucifera*								*				*
光掌蟳 *Charybdis riversandersoni*								*	*	*		*
东方蟳 *Charybdis orientalis*	*				*							
短桨蟹属 *Thalamita*												
少刺短桨蟹 *Thalamita danae*	*	*	*	*	*		*	*	*	*	*	
底栖短桨蟹 *Thalamita prymna*	*				*							
双额短桨蟹 *Thalamita sima*	*			*								
扇蟹科 Xanthidae												
绿蟹属 *Chlorodiella*												
绿蟹 *Chlorodiella* sp.			*		*							
近扇蟹属 *Xanthias*												
近扇蟹 *Xanthias* sp.	*				*							
方蟹科 Goneplacidae												
大额蟹属 *Metopograpsus*												
四齿大额蟹 *Metopograpsus quadridentatus*	*		*	*	*							
大眼蟹科 Macrophthalmidae												
大眼蟹属 *Macrophthalmus*												
日本大眼蟹 *Macrophthalmus japonicus*											*	*
蛛形蟹科 Latreilliidae												
蛛形蟹属 *Latreillia*												
蜘蛛蟹 *Latreilla* sp.										*		*

注:"＊"表示被监测到。

第7章 海南红树林鸟类多样性调查

摘要 海南东寨港国家级自然保护区由于地处东亚-澳大利亚候鸟迁徙路线,每年都有大量的候鸟飞经此地。2018 年春季和秋季,我们应用样线调查法对海南东寨港国家级自然保护区鸟类的种类及数量进行了初步调查,共记录到 1 纲 13 目 30 科 52 属 72 种鸟类,包括留鸟 38 种,冬候鸟 30 种,旅鸟 3 种,夏候鸟 1 种。其中,春季记录到 47 种,秋季记录到 56 种。属于国家二级重点保护野生动物的有松雀鹰、鹗、黑翅鸢、白腹鹞、领角鸮、褐翅鸦鹃、大盘尾 7 种。白鹭、大白鹭、池鹭、八哥、白头鹎、青脚鹬、中杓鹬、红颈滨鹬、蒙古沙鸻是该地优势鸟种。东寨港国家级自然保护区湿地鸟类以水鸟为主,种类和数量具有明显的季节变化,反映了该区域是东亚-澳大利亚候鸟迁徙路线上的重要节点之一。

鸟类是自然生态系统的重要组成部分,作为自然生态系统中的消费者,在维持生态系统平衡中的作用是不可忽视的。鸟类群落结构在一定程度上是鸟类与环境及鸟类种间相互关系的综合反映。鸟类对环境变化具有高度敏感性,能反映或预示环境的变化趋势,常常被用于监测环境变化,在生态环境保护方面发挥一定的作用,是当今人们进行环境监测和评估环境质量优劣的重要指示动物。

7.1 调查时间、地点和方法

7.1.1 调查时间和方法

分别在 2018 年春季(3 月)和秋季(10 月)进行调查,每天行进中对不同样带进行实地观察和记录。采用样带法,在红树林中按固定的线路和长度以 2 km/h 速度行进,通过 8 倍双筒望远镜、60 倍单筒望远镜实地观察,相机拍摄和鸟鸣声识别等手段观察和记录,统计线路两侧各 100 m 宽范围内的鸟类。记录下观察到的鸟类所在位置、时间、种类和数量等。鸟类识别参照《中国鸟类野外手册》,鸟类分布系统及类型依据《中国鸟类分类与分布名录》。根据优势种的确定方法,将种群数量超过总数 5% 的种群定为优势种。

7.1.2　调查地点

东寨港红树林湿地鸟类调查依照鸟类生境的不同,分别在滩涂(退潮后露出的泥、沙滩)、虾塘、红树林海岸线 50 m 以外的陆地进行统计。保护区内的北港地区靠近东寨港海水入口处,盐度较高;三江地区地处港湾内,淡水河流流经该区域,农田小溪数量较多,盐度较北港地区低,因此在东寨港形成典型的鸟类分布区。调查地段包括保护区铺前镇片区、塔市片区、沙土片区、三江片区、罗豆片区和东寨港管理局片区内的滩涂、天然林、人工林以及水域(鱼虾塘、芦苇丛)等 4 种不同的生境类型,可以很好地调查红树林鸟类生物多样性。

7.2　鸟类多样性

7.2.1　种类组成

本次调查在东寨港红树林共记录到鸟类 72 种,占东寨港红树林保护区鸟类总种数 194 种的 37.11%,隶属于 13 目 30 科(表 7-1)。其中,春季记录到 47 种,秋季记录到 56 种(附录七)。鹛鹬目、鸡形目、雨燕目、鸮形目、犀鸟目各 1 科 1 种,鸽形目 1 科 2 种,鹈形目 1 科 8 种,鹰形目 2 科 4 种,鸻形目 3 科 20 种,鹃形目、鹤形目 1 科 3 种,佛法僧目 1 科 4 种,雀形目 15 科 23 种。可见雀形目和鸻形目的种类较多,分别占 31.94% 和 27.78%。

表 7-1　本次调查记录到的东寨港红树林鸟类

鸟类	鸟频指数	居留型	区系	国家保护等级	IUCN 红色名录濒危等级
鸡形目					
雉科					
中华鹧鸪	+	R	O	三有	LC
鹛鹬目					
鹛鹬科					

鸟类	鸟频指数	居留型	区系	国家保护等级	《IUCN红色名录》濒危等级
小鹀鹀	+	R	B	三有	LC
鸽形目					
鸠鸽科					
火斑鸠	+	R	B	三有	LC
珠颈斑鸠	+ +	R	B	三有	LC
雨燕目					
雨燕科					
小白腰雨燕	+	R	O	三有	LC
鹃形目					
杜鹃科					
褐翅鸦鹃	+ +	R	B	Ⅱ	LC
红翅凤头鹃	+	S	B	三有	LC
噪鹃	+	R	B	三有	LC
鹤形目					
秧鸡科					
灰胸秧鸡	+	R	B	三有	LC
白胸苦恶鸟	+ +	R	B	三有	LC
黑水鸡	+	R	B	三有	LC
鸻形目					
鸻科					
金鸻	+	W	P	三有	LC
灰鸻	+	W	P	三有	LC
金眶鸻	+	W	P	三有	LC
环颈鸻	+ +	W	P	三有	LC

鸟类	鸟频指数	居留型	区系	国家保护等级	《IUCN红色名录》濒危等级
蒙古沙鸻	+++	W	P	三有	LC
铁嘴沙鸻	+	W	P	三有	LC
鹬科					
扇尾沙锥	+	W	P	三有	LC
黑尾塍鹬	+	W	P	三有	NT
斑尾塍鹬	+	W	P	三有	NT
中杓鹬	+++	P	P	三有	LC
红脚鹬	++	W	P	三有	LC
泽鹬	++	W	P	三有	LC
青脚鹬	+++	W	P	三有	LC
林鹬	+	W	P	三有	LC
矶鹬	++	W	P	三有	LC
红颈滨鹬	+++	W	P	三有	NT
青脚滨鹬	+	W	P	三有	LC
黑腹滨鹬	+	W	P	三有	LC
红颈瓣蹼鹬	++	W	P	三有	LC
鸥科					
须浮鸥	++	W	B	三有	LC
鹈形目					
鹭科					
黄斑苇鳽	+	R	B	三有	LC
栗苇鳽	+	R	B	三有	LC
池鹭	+++	R	O	三有	LC
牛背鹭	++	R	O	三有	LC

鸟类	鸟频指数	居留型	区系	国家保护等级	《IUCN红色名录》濒危等级
苍鹭	＋＋	W	O	三有	LC
大白鹭	＋＋＋	W	O	三有	LC
中白鹭	＋＋	W	O	三有	LC
白鹭	＋＋＋	R	O	三有	LC
鹰形目					
鹗科					
鹗	＋	W	B	Ⅱ	LC
鹰科					
黑翅鸢	＋	R	P	Ⅱ	LC
松雀鹰	＋	R	O	Ⅱ	LC
白腹鹞	＋	P	P	Ⅱ	LC
鸮形目					
鸱鸮科					
领角鸮	＋	R	O	Ⅱ	LC
犀鸟目					
戴胜科					
戴胜	＋	R	B	三有	LC
佛法僧目					
翠鸟科					
白胸翡翠	＋＋	R	O	三有	LC
蓝翡翠	＋	R	O	三有	LC
普通翠鸟	＋	R	B	三有	LC
斑鱼狗	－＋	R	B	三有	LC
雀形目					

续表

鸟类	鸟频指数	居留型	区系	国家保护等级	《IUCN红色名录》濒危等级
黄鹂科					
黑枕黄鹂	+	P	O	三有	LC
卷尾科					
黑卷尾	++	R	O	三有	LC
大盘尾	+	R	O	Ⅱ	LC
伯劳科					
棕背伯劳	++	R	O	三有	LC
山雀科					
大山雀		R	P	三有	LC
扇尾莺科					
黄腹山鹪莺	+	R	O	三有	LC
燕科					
家燕	++	R	P	三有	LC
鹎科					
白头鹎	+++	R	B	三有	LC
白喉红臀鹎	+	R	O	三有	LC
柳莺科					
褐柳莺	+	W	P	三有	LC
黄眉柳莺	+	W	P	三有	LC
绣眼鸟科					
暗绿绣眼鸟	++	R	O	三有	LC
椋鸟科					
八哥	+++	R	O	三有	LC
黑领椋鸟	+	R	O	三有	LC

鸟类	鸟频指数	居留型	区系	国家保护等级	《IUCN红色名录》濒危等级
灰背椋鸟	++	W	P	三有	LC
鸦科					
乌鸫	+	W	O	三有	LC
鹎科					
鹊鸲	++	R	O	三有	LC
花蜜鸟科					
黄腹花蜜鸟	+	R	O	三有	LC
梅花雀科					
斑文鸟	++	R	O	三有	LC
鹡鸰科					
黄鹡鸰	+	W	P	三有	LC
灰鹡鸰	+	W	P	三有	LC
白鹡鸰	++	R	P	三有	LC
理氏鹨	+	W	P	三有	LC

注：

(1)R：留鸟；W：冬候鸟；S：夏候鸟；P：旅鸟；O：东洋种；P：古北种；B：广布种。

(2)Ⅱ：被列为国家二级重点保护野生动物；三有：被列入《国家保护的有益的或者有重要经济、科学研究价值的陆生野生动物名录》。

(3)《IUCN红色名录》濒危等级：LC,低危；NT,近危。

(4)鸟频指数：全部调查点鸟种的平均值。"+++"表示优势种(种群数量超过总数的5%,≥98只)，"++"表示常见种(10～97只)，"+"表示稀有种(<10只)。

从鸟类的居留型看，记录到留鸟38种(占52.78%)，冬候鸟30种(占41.67%,)，旅鸟3种(占4.17%)，夏候鸟1种(占1.39%)(图7-1)。

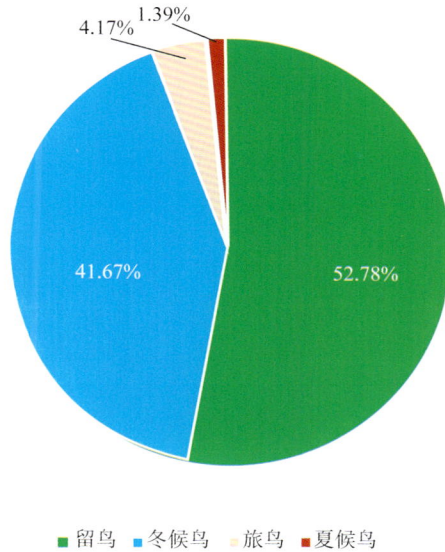

图 7-1 东寨港红树林鸟类的居留型

从鸟类的生态类型看,记录到的鸟类包括 6 个生态类群:猛禽(如鹗、黑翅鸢)、游禽(如小䴙䴘)、涉禽(如白鹭)、攀禽(如红翅凤头鹃、斑鱼狗)、陆禽(如珠颈斑鸠)、鸣禽(如白头鹎)。

就整个东寨港而言,鸟类优势种为白鹭、大白鹭、池鹭、八哥、白头鹎、青脚鹬、中杓鹬、红颈滨鹬、蒙古沙鸻。

从鸟类的栖息类型来看,水鸟有 40 种,占总数的 55.56%;陆生鸟类有 32 种,占总数的 44.44%。

7.2.2　受保护鸟类和濒危鸟类

此次调查监测到属于国家二级重点保护野生动物的鸟类有松雀鹰、黑翅鸢、鹗、白腹鹞、领角鸮、褐翅鸦鹃、大盘尾 7 种,占总种类数的 9.72%。

本次调查监测到被《IUCN 红色名录》列为近危物种的鸟类有红颈滨鹬、黑尾塍鹬、斑尾塍鹬 3 种,占总种类数的 4.17%。

7.2.3　生态分布

为了解鸟类的分布规律,进而了解本地区鸟类的分布与环境之间的关系,我们统计了各采样点的鸟类种类组成(图 7-2)。塔市和三江是东寨港红树林连片面积最大的地区,红树林生境完整,保护工作也做得很好,所以这 2 个采样点的鸟类种类数较多。

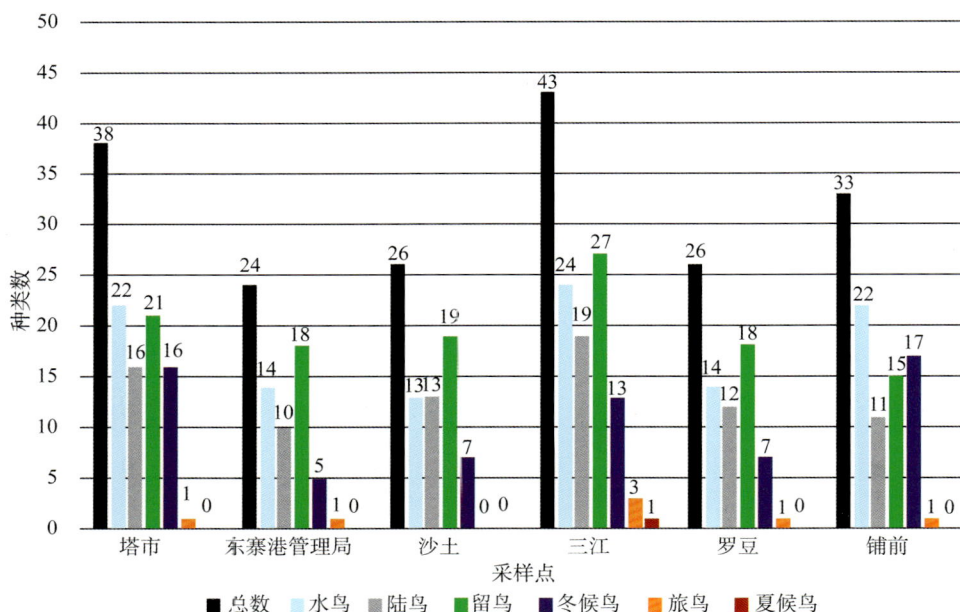

图 7-2　各采样点鸟类种类组成

本研究根据 Howes 等（1989）的观点，把鹭鹳科、鹭科、鸭科、秧鸡科、彩鹬科、鸻科、鹬科、燕鸻科、鸥科、翠鸟科和鹡鸰科等 11 个科的鸟类归为水鸟。

根据自然地理环境和植被类型，东寨港红树林可划分为红树林植被、潮间带滩涂、虾塘等生境。各种生境在不同季节的鸟类物种数和多样性也不同，具体情况如下。

——塔市片区有茅上村和苍头村 2 个调查点，春秋两季共记录到 38 种鸟。茅上村春季记录到 18 种，秋季记录到 20 种；苍头村春季记录到 33 种，秋季记录到 17 种。该片区红树林面积较大，生境包括红树林植被、潮间带滩涂、虾塘等。鸟种的种类和数量是在全部采样点中较多。

——东寨港管理局片区共记录到 24 种鸟类。春季记录到 13 种，秋季记录到 21 种。有 5 个生态类群：陆禽有中华鹧鸪、珠颈斑鸠，涉禽有白鹭、红脚鹬，攀禽有白胸翡翠、斑鱼狗，猛禽有黑翅鸢，鸣禽有棕背伯劳、白头鹎、八哥和鹊鸲。优势种是白鹭和白头鹎。听到中华鹧鸪的叫声。

——沙土片区共记录到 26 种鸟类。春季记录到 19 种，秋季记录到 19 种。有 4 个生态类群：陆禽有珠颈斑鸠，涉禽有白鹭、青脚鹬，攀禽有白胸翡翠、斑鱼狗，鸣禽有棕背伯劳、白头鹎、八哥和鹊鸲。

——三江片区共记录到 43 种鸟类。春季记录到 32 种，秋季记录到 25 种。该片区红树林面积较大，拥有大片的红树林植被和潮间带滩涂等多样化生境。鸟类物种多样性较高，包括 6 个生态类群：游禽有小鹏鹏，涉禽有大白鹭、红脚鹬、林鹬等，猛禽有鹗、黑翅鸢、松雀鹰，陆禽有珠颈斑鸠、火斑鸠，攀禽有噪鹃、白胸翡翠、斑鱼狗等，鸣禽有棕背伯劳、白头鹎、八哥、鹊鸲等。

——罗豆片区共记录到 26 种鸟类。春季记录到 11 种，秋季记录到 20 种。该片区红树林面积较小，生境有红树林植被、潮间带滩涂、虾塘、荒地、灌丛等。鸟类包括 5 个生态类群：涉禽有池鹭、白鹭、泽鹬、青脚鹬、矶鹬等，猛禽有黑翅鸢，陆禽有火斑鸠、珠颈斑鸠，攀禽有小白腰雨燕、斑鱼狗、普通翠鸟，鸣禽有棕背伯劳、灰背椋鸟、黑卷尾、鹊鸲等。记录到较特别的黄腹花蜜鸟。

——铺前片区共记录到 33 种鸟类。春季记录到 18 种，秋季记录到 25 种。有 5 个生态类群：涉禽有鹭鸟、泽鹬、青脚鹬、矶鹬等，猛禽有黑翅鸢，陆禽有珠颈斑鸠，攀禽有普通翠鸟，鸣禽有棕背伯劳、灰背椋鸟、黑卷尾、鹊鸲等。值得一提的是，春季在虾塘发现一群红颈瓣蹼鹬，滩涂有零星的青脚鹬、泽鹬；秋季发现大量的鸻鹬类，蒙古沙鸻、红颈滨鹬是优势种。

低潮位时，东寨港红树林露出大面积的潮间带滩涂，这对湿地鸟类来说是很重要的觅食和栖息场所。优势种主要有鸻鹬科和鹭科鸟类。高潮位时，水鸟飞到岸上的鱼塘、虾塘栖息和觅食。优势种主要有泽鹬、蒙古沙鸻、红颈滨鹬等鸻鹬科鸟类。

红树林天然林如三江片区的鸟类群落组成比较复杂，除了有鹭科和鸻鹬科以外，还有秧鸡科、杜鹃科、翠鸟科、雀形目鸟类以及鹰科猛禽。到了退潮的时候，许多陆岸活动的鸟类也喜欢回到红树林天然林中，如灰胸秧鸡、白胸苦恶鸟等。

人工林也是东寨港红树林湿地鸟类的重要栖息场所。人工种植的无瓣海桑＋海桑林给鸟类提供了很好的栖息和繁殖场所。常见的除了鹭科鸟类外，还有珠颈斑鸠、褐翅鸦鹃、黑卷尾、八哥、鹊鸲等。

对物种多样性和相关环境关系的分析表明，东寨港红树林湿地不同季节、不同生境所栖息的鸟类物种数有明显的差异，全年东寨港红树林湿地鸟类有明显的季节变化。东寨港红树林湿地不同生境的鸟类在不同时期种类不同，因此保护生境多样性对保护东寨港红树林湿地鸟类有重要的意义。

7.3　讨论

7.3.1　与以往调查研究结果的比较

与较早的研究相比，近些年来东寨港红树林湿地鸟类出现了一些变化：①水鸟的种类发生变化。鸻科由 3 种增加到 5 种（冯尔辉等，2012），本次调查发现 6 种；秧鸡科由 2 种增加到 3 种；鹬鸻科由 2 种增加到 3 种。也有部分水鸟种类数下降，如鸥科由 3 种下降到 1 种。之前的调查发现了鸭科及反嘴鹬科鸟类，而本次调查没有记录到这些鸟类，这可能与调查的频度有关系。②各种鸟类的数量发生变化。邹发生等（2001）在文中提到的数十只至数百只环颈鸻、红颈滨鹬结成 1～4 个鸟群的现象，在他们的调查中已不再见到。本次调查在绝大部分调查点也只是零星见到几只鸻鹬类，但在塔市有数十只成群的中杓鹬和上百只大白鹭、白鹭。铺前镇红树林岸边鱼塘可见数百只鸻鹬类混群，蒙古沙鸻、红颈滨鹬和环颈鸻均超过 50 只。③优势种发生变化。白鹭、大白鹭、八哥、白头鹎、青脚鹬、中杓鹬、红颈滨鹬、蒙古沙鸻等成了优势种。邹发生等（2001）记录的优势种是苍鹭、大白鹭、环颈鸻、青脚鹬、红脚鹬等，而冯尔辉等（2012）记录的优势种是大白鹭、白眉鸭、绿翅鸭、池鹭、灰背椋鸟、丝光椋鸟等，本次调查未发现之前成大群的优势种绿翅鸭和白眉鸭。④濒危物种黑脸琵鹭自1991年首次在东寨港出现以来，近几年在东寨港连续出现，不过数量有逐渐减少的态势（高育仁等，1994）。冯尔辉等（2012）在2009—2011年也未记录到黑脸琵鹭等。

东寨港红树林湿地鸟类出现变化的原因是多方面的，可能与东寨港红树林湿地自然环境改变有关。同时，个别鸟类物种的数量下降，可能是由人们在海滩挖取贝类等人为干扰活动所致。

与我们在湛江红树林的调查结果相比，东寨港红树林鸟类生物多样性的特点表现在以下几个方面。

第一，鸟类组成。2018年春、秋两季在东寨港的调查共记录到72种鸟类，隶属于13目30科。从鸟类的居留型看，有留鸟38种（占52.78%），冬候鸟30种（占41.67%，），旅鸟3种（占4.17%），夏候鸟1种（占1.39%）。从鸟类的栖息类型来看，水鸟有40种，占总数的55.56%；陆生鸟类32种，占总数的44.44%。优势种为白鹭、大白鹭、八哥、白头鹎、青脚鹬、中杓鹬、红颈滨鹬和蒙古沙鸻等。

2017年春、秋两季在湛江红树林共记录到鸟类99种，隶属于13目34科。从鸟类的居留型看，有留鸟34种（占34.34%），冬候鸟53种（占53.53%，），夏候鸟7种（占7.07%），旅鸟5种（占5.05%）。从鸟类的栖息类型来看，有水鸟57种（占57.58%），陆鸟42种（占42.42%）（图7-3）。就整个雷州半岛而言，优势种为家燕和白鹭。

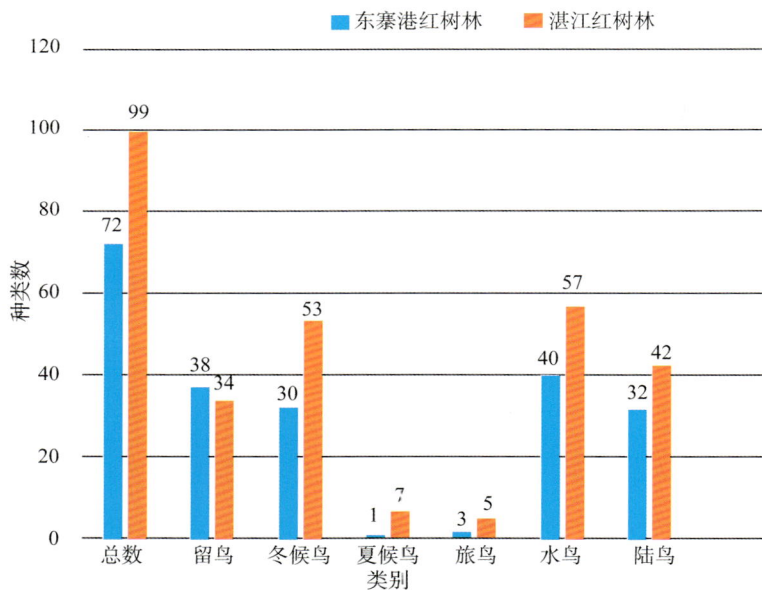

图7-3　东寨港红树林与湛江红树林鸟类组成比较

第二,鸟类的种类和数量。东寨港红树林和湛江红树林相比,鸟类种类和数量更少。就水鸟的种类和数量而言,东寨港红树林有鹬科 13 种,而湛江红树林有 18 种。鸥科鸟类在东寨港红树林仅记录到 1 种,在湛江红树林记录到 6 种。本次调查在东寨港红树林没有发现鸭科种类,在湛江红树林发现 3 种。在东寨港红树林发现秧鸡科 3 种,在湛江红树林发现 2 种。反嘴鹬科、燕鸻科和鸭科在湛江红树林有记录,而在东寨港红树林没有发现(图 7-4)。

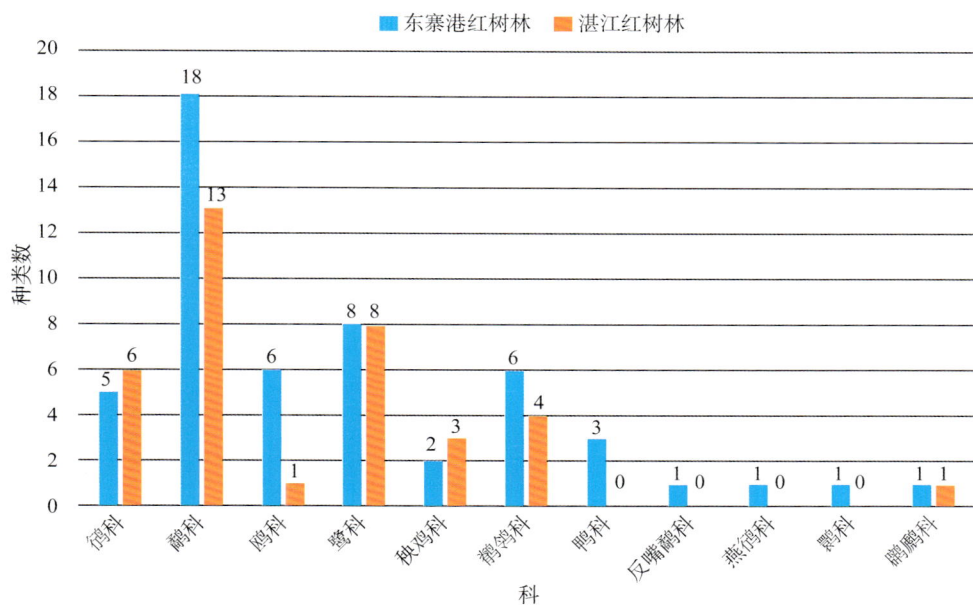

图 7-4　东寨港红树林和湛江红树林水鸟组成比较

第三,《IUCN 红色名录》收录物种。在湛江红树林记录到的被《IUCN 红色名录》评估为近危及以上等级的鸟类较多,包括极危物种勺嘴鹬(*Calidris pygmaea*)和黄胸鹀(*Emberiza aureola*),濒危物种黑脸琵鹭和大滨鹬(*Calidris tenuirostris*),易危物种黑嘴鸥(*Chroicocephalus saundersi*)、白颈鸦(*Corvus torquatus*)和白肩雕(*Aquila heliaca*),近危物种黑尾塍鹬、斑尾塍鹬、白腰杓鹬(*Numenius arquata*)、红腹滨鹬(*Calidris canutus*)、红颈滨鹬、弯嘴滨鹬(*Calidris ferruginea*)。而在东寨港红树林没有记录到易危及以上级别的水鸟,只记录到 3 种近危水鸟,即黑尾塍鹬、斑尾塍鹬和红颈滨鹬。

第四,湛江红树林有大片的红树林及滩涂,岸边有大片的鱼塘。另外,东海岸有南渡河入海口,为咸淡水交汇之处,生物多样性较为丰富,吸引了很多鸟类在此停留觅食或越冬,包括各种濒危受保护鸟类。相比之下,东寨港红树林可见的滩涂面积不大,因此水鸟种类没有湛江红树林的多。

7.3.2　鸟类多样性特征

从鸟类的栖息环境来看,监测到的 72 种鸟中,有水鸟 40 种,占总种数的 55.56%;陆生鸟类 32 种,占总种数的 44.44%。其中,春季记录到 47 种,秋季记录到 56 种。可见红树林湿地的鸟类以水鸟为主,因此记录到的候鸟种类和数量均较高,说明东寨港红树林为候鸟提供了理想的栖息环境,也反映了该区域是东亚候鸟迁徙路线上的重要节点之一。

从鸟类的分布密度来看,塔市片区和三江片区的鸟类无论种类还是数量都是最多的,塔市片区记录到 38 种,三江片区记录到 43 种,这与生境密切相关。塔市和三江的红树林面积较大,有红树林植被、潮间带滩涂、虾塘及荒地,生境多样化,为各种候鸟提供了栖息和觅食的场所,因此鸟的种类和数量较多。生境因子影响红树林湿地鸟类的多样性,红树林面积是影响红树林鸟类多样性的重要因素之一。大量研究结果表明,红树林湿地鸟类多样性和红树林湿地面积呈正相关(Craig 等,1992;罗子君等,2012;曲利明,2013)。本研究结果显示,东寨港红树林鸟类的种类数、多样性与各采样点红树林面积呈显著正相关,大面积红树林和多样化生境中的鸟类数量及种类数更多。

从鸟类的遇见率来看,各采样点记录到数量为 1 的鸟种有罗豆片区的黄腹花蜜鸟、小白腰雨燕、扇尾沙锥、白喉红臀鹎,三江片区的鹗、松雀鹰、白腹鹞、红翅凤头鹃、噪鹃、黑尾塍鹬、斑尾塍鹬、小鹀鹀、黄斑苇鳽、栗苇鳽、黄腹山鹪莺,塔市片区的金斑鸻、金眶鸻、黄眉柳莺、黄鹡鸰,铺前片区的蒙古沙鸻、铁嘴沙鸻、灰斑鸻、红颈滨鹬、黑腹滨鹬、青脚滨鹬、理氏鹨,东寨港管理局片区的黑枕黄鹂、领角鸮、大山雀、乌鸫、中华鹧鸪。沙土片区记录到罕见的大盘尾。

从鸟类的受保护程度来看,在三江片区观测到的被列入国家二级重点保护野生动物的鸟类种类最多,有 5 种,分别是鹗、黑翅鸢、松雀鹰、白腹鹞、褐翅鸦鹃;罗豆片区 1 种,为黑翅鸢;东寨港管理局片区有 3 种,为褐翅鸦鹃、黑翅鸢、领角鸮;铺前片区有 2 种,为褐翅鸦鹃、黑翅鸢;塔市片区、沙土片区均有 1 种,即褐翅鸦鹃。三江片区有 2 种鸟类被列为近危物种,分别是黑尾塍鹬、斑尾塍鹬;铺前片区有 1 种近危物种,即红颈滨鹬。

东寨港红树林鸟类种类数存在季节变化。滩涂上鸟类无论是总的种类数还是水鸟种类数,均秋季多于春季。岸上鸟类总的种类数是秋季多于春季,水鸟的种类数也是秋季多于春季。可见滩涂及岸上水鸟的种类数变化趋势基本相同,而两种栖息地的鸟类总种类数变化略有不同。王勇军等(1998)和周放等(1999)报道的深圳福田和广西北部湾两地的鸟类季节变化情况则是深圳福田 3~4 月鸟类种类最多,6~8 月鸟类种类最少;北部湾在候鸟迁徙季节鸟类种类和数量最多,夏季鸟类种类和数量最少。可见东寨港红树林鸟类种类年变化规律与深圳福田和广西北部湾鸟类的季节变化规律类似,都与鸟类的迁徙密切相关。

7.4 鸟类面临的威胁和保护对策

常弘等(1999)、邹发生等(2001)和冯尔辉等(2012)对东寨港红树林湿地鸟类的监测数据显示鸟类的数量及种类均呈减少趋势,这反映出一些问题不容忽视,主要有以下两个方面。

第一,栖息地不断减少。据资料记载,2001 年东寨港湿地面积为 5 400 hm²,其中红树林面积为 2 065 hm²,滩涂和浅水水域面积为 3 335 hm²(邹发生等,2001)。可是从 2012 年至今的文献却显示东寨港现有保护区总面积 3 337.6 hm²,较 2001 年减少了 2 062.4 hm²;红树林面积 1 578.2 hm²,较 2001 年减少了 23.57%;滩涂面积 1 759.4 hm²,较 2001 年减少了 47.24%(冯尔辉等,2012)。大力发展沿海养殖业是促进当地经济发展、提高群众收入的重要途径之一。不合理的滩涂开发是红树林面积不断减少的主要原因,这直接导致了鸟类栖息地日益减少,也是东寨港湿地鸟类面临的最大威胁。

第二,人类活动影响。在红树林沿海滩涂中采集可以食用的贝类等海产品(当地人俗称"采海")进行贩卖是当地群众主要经济来源之一,很多当地妇女会利用退潮时间在滩涂"采海"。滩涂是鸟类觅食的地方,滩涂上频繁的人类活动必然会在一定程度上影响鸟类的正常觅食。另外,在一些地方仍有群众偷偷张网捕鸟的行为。

7.5　保护鸟类的对策

7.5.1　保护鸟类生境

保护红树林及沿海滩涂对于鸟类保护工作来说至关重要。沿海滩涂未经科学规划的开发利用、红树林的被毁及频繁的人为干扰都对鸟类有直接影响。红树林保护区应与有关部门加强合作,对沿海养殖业、滩涂的开发进行科学合理的规划,尽量避免不合理开发利用对沿海生态系统造成的影响。也可以根据鸟类资源的分布情况在保护区内再划定鸟类保护小区,限制人员进出,进行科学管理,为鸟类营造一个良好的自然环境。

7.5.2　加强宣传,扩大对外合作

仍有很多沿海居民对红树林湿地、鸟类的认识不足,应积极开展教育活动,宣传野生动物保护知识,让公众了解东寨港鸟类资源及保护现状。东寨港保护区已经建立了自然博物馆,建议加强与学校合作宣传。另外,国内外很多保护区鸟类保护工作已经取得进展,对于如何进行科学管理、保护鸟类都摸索出了自己的宝贵经验。应扩大与其他保护区的交流,将他们的经验引进来,结合自身实际情况,发展出一套适合自己的管理方法,努力保护东寨港红树林这一候鸟迁徙途中的重要"加油站"。

参考文献

常弘,毕肖峰,陈桂珠,等.1999.海南岛东寨港国家级自然保护区鸟类组成和区系的研究[J].生态科学,18(2):3-5.

冯尔辉,陈伟,廖宝文,等.2012.海南东寨港红树林湿地鸟类监测与研究[J].热带生物学报,3(1):73-77.

高育仁,黄仲琪.1994.海南岛黑脸琵鹭的重新发现[M]//中国鸟类学会水鸟组.中国水鸟研究.上海:华东师范大学出版社.

罗子君,周立志,顾长明.2012.阜阳市重要湿地夏季鸟类多样性研究[J].生态科学,31(5):530-537.

马嘉慧,刘阳,雷进宇.2006.鸟类调查方法实用手册[M].香港:香港观鸟会有限公司.

曲利明.2013.中国鸟类图鉴[M].福州:海峡出版发行集团海峡书局.

王勇军,陈桂珠.1998.深圳福田红树林湿地鸟类研究[A]//郎惠卿,林鹏,陆健健.中国湿地研究和保护.上海:华东师范大学出版社.

郑光美.2017.中国鸟类分类与分布名录[M].3版.北京:科学出版社.

周放,房慧伶,张红星.1999.北部湾北部沿海红树林的鸟类[A]//中国动物学会.中国动物科学研究.北京:中国林业出版社.

邹发生,宋晓军,陈康,等.2001.海南东寨港红树林湿地鸟类多样性研究[J].生态学杂志,20(3):21-23.

Craig R J,Beal K G. 1992. The influence of habitat variables on marsh bird communities of the Connecticut River estuary[J]. Wilson Bulletin,104:295-311.

MacKinnon J, Phillipps K,何芬奇.2000.中国鸟类野外手册[M].长沙:湖南教育出版社.

附录七

海南红树林鸟类名录

鸟类	春季	秋季
脊索动物门 Chordata		
鸟纲 Aves		
鸡形目 Galliformes		
雉科 Phasianidae		
鹧鸪属 *Francolinus*		
中华鹧鸪 *Francolinus pintadeanus*	+	
䴙䴘目 Podicipediformes		
䴙䴘科 Podicipedidae		
小䴙䴘属 *Tachybaptus*		
小䴙䴘 *Tachybaptus ruficollis*	+	
鸽形目 Columbiformes		
鸠鸽科 Columbidae		
斑鸠属 *Streptopelia*		
火斑鸠 *Streptopelia tranquebarica*	+	
珠颈斑鸠属 *Spilopelia*		
珠颈斑鸠 *Spilopelia chinensis*	＋＋	＋＋
雨燕目 Apodiformes		
雨燕科 Apodidae		
雨燕属 *Apus*		
小白腰雨燕 *Apus nipalensis*		+
鹃形目 Cuculiformes		
杜鹃科 Cuculidae		
鸦鹃属 *Centropus*		
褐翅鸦鹃 *Centropus sinensis*	+	＋＋

续表

鸟类	春季	秋季
凤头鹃属 *Clamator*		
红翅凤头鹃 *Clamator coromandus*		+
噪鹃属 *Eudynamys*		
噪鹃 *Eudynamys scolopaceus*	+	
鹤形目 Gruiformes		
秧鸡科 Rallidae		
纹秧鸡属 *Lewinia*		
灰胸秧鸡 *Lewinia striata*	+	
苦恶鸟属 *Amaurornis*		
白胸苦恶鸟 *Amaurornis phoenicurus*	+	+
水鸡属 *Gallinula*		
黑水鸡 *Gallinula chloropus*	+	
鸻形目 Charadriiformes		
鸻科 Charadriidae		
斑鸻属 *Pluvialis*		
金鸻 *Pluvialis fulva*	+	
灰鸻 *Pluvialis squatarola*		+
鸻属 *Charadrius*		
金眶鸻 *Charadrius dubius*	+	+
环颈鸻 *Charadrius alexandrinus*	+	+ +
蒙古沙鸻 *Charadrius mongolus*		+ + +
铁嘴沙鸻 *Charadrius leschenaultii*		+
鹬科 Scolopacidae		
沙锥属 *Gallinago*		
扇尾沙锥 *Gallinago gallinago*		+

续表

鸟类	春季	秋季
塍鹬属 *Limosa*		
黑尾塍鹬 *Limosa limosa*		＋
斑尾塍鹬 *Limosa lapponica*		＋
杓鹬属 *Numenius*		
中杓鹬 *Numenius phaeopus*	＋＋	＋＋＋
鹬属 *Tringa*		
红脚鹬 *Tringa totanus*	＋＋	＋
泽鹬 *Tringa stagnatilis*	＋＋	＋＋
青脚鹬 *Tringa nebularia*	＋＋＋	＋＋＋
林鹬 *Tringa glareola*	＋	
矶鹬属 *Actitis*		
矶鹬 *Actitis hypoleucos*	＋＋	＋
滨鹬属 *Calidris*		
红颈滨鹬 *Calidris ruficollis*		＋＋＋
青脚滨鹬 *Calidris temminckii*		＋
黑腹滨鹬 *Calidris alpina*		＋
瓣蹼鹬属 *Phalaropus*		
红颈瓣蹼鹬 *Phalaropus lobatus*	＋＋	＋
鸥科 Laridae		
浮鸥属 *Chlidonias*		
须浮鸥 *Chlidonias hybrida*		＋＋
鹈形目 Pelecaniformes		
鹭科 Ardeidae		
苇鳽属 *Ixobrychus*		
黄斑苇鳽 *Ixobrychus sinensis*	＋	＋

鸟类	春季	秋季
栗苇鳽 *Ixobrychus cinnamomeus*	+	
池鹭属 *Ardeola*		
池鹭 *Ardeola bacchus*	+++	+++
牛背鹭属 *Bubulcus*		
牛背鹭 *Bubulcus coromandus*		+
鹭属 *Ardea*		
苍鹭 *Ardea cinerea*		+++
大白鹭 *Ardea atba*	+++	+++
中白鹭 *Ardea intermedia*		++
白鹭属 *Egretta*		
白鹭 *Egretta garzetta*	+++	+++
鹰形目 Accipitriformes		
鹗科 Pandionidae		
鹗属 *Pandion*		
鹗 *Pandion haliaetus*	+	
鹰科 Accipitridae		
黑翅鸢属 *Elanus*		
黑翅鸢 *Elanus caeruleus*	+	+
鹰属 *Accipiter*		
松雀鹰 *Accipiter virgatus*	+	
鹞属 *Circus*		
白腹鹞 *Circus spitonotus*		+
鸮形目 Strigiformes		
鸱鸮科 Strigidae		
角鸮属 *Otus*		

续表

鸟类	春季	秋季
领角鸮 *Otus lettia*		+
犀鸟目 Bucerotiformes		
戴胜科 Upupidae		
戴胜属 *Upupa*		
戴胜 *Upupa epops*	+	+
佛法僧目 Coraciiformes		
翠鸟科 Alcedinidae		
翡翠属 *Halcyon*		
白胸翡翠 *Halcyon smyrnensis*	+	+ +
蓝翡翠 *Halcyon pileata*		+
翠鸟属 *Alcedo*		
普通翠鸟 *Alcedo atthis*	+	+
鱼狗属 *Ceryle*		
斑鱼狗 *Ceryle rudis*	+	+
雀形目 Passeriformes		
黄鹂科 Oriolidae		
黄鹂属 *Oriolus*		
黑枕黄鹂 *Oriolus chinensis*		+
卷尾科 Dicruridae		
卷尾属 *Dicrurus*		
黑卷尾 *Dicrurus macrocercus*	+	+ +
大盘尾 *Dicrurus paradiseus*		+
伯劳科 Laniidae		
伯劳属 *Lanius*		
棕背伯劳 *Lanius schach*	+	+ +

续表

鸟类	春季	秋季
山雀科 Paridae		
山雀属 *Parus*		
大山雀 *Parus major*		＋
扇尾莺科 Cisticolidae		
山鷦莺属 *Prinia*		
黄腹山鷦莺 *Prinia flaviventris*	＋	
燕科 Hirundinidae		
燕属 *Hirundo*		
家燕 *Hirundo rustica*	＋＋	＋
鹎科 Pycnonotidae		
鹎属 *Pycnonotus*		
白头鹎 *Pycnonotus sinensis*	＋＋＋	＋＋＋
白喉红臀鹎 *Pycnonotus aurigaster*		＋
柳莺科 Phylloscopidae		
柳莺属 *Phylloscopus*		
褐柳莺 *Phylloscopus fuscatus*	＋	＋
黄眉柳莺 *Phylloscopus inornatus*	＋	
绣眼鸟科 Zosteropidae		
绣眼鸟属 *Zosterops*		
暗绿绣眼鸟 *Zosterops simplex*	＋	＋＋
椋鸟科 Sturnidae		
八哥属 *Acridotheres*		
八哥 *Acridotheres cristatellus*	＋＋＋	＋＋＋
斑椋鸟属 *Gracupica*		
黑领椋鸟 *Gracupica nigricollis*		＋

鸟类	春季	秋季
椋鸟属 *Sturnia*		
灰背椋鸟 *Sturnia sinensis*	＋＋	＋＋
鸫科 Turdidae		
鸫属 *Turdus*		
乌鸫 *Turdus mandarinus*		＋
鹟科 Muscicapidae		
鹊鸲属 *Copsychus*		
鹊鸲 *Copsychus saularis*	＋＋	＋＋
花蜜鸟科 Nectariniidae		
双领花蜜鸟属 *Cinnyris*		
黄腹花蜜鸟 *Cinnyris jugularis*	＋	
梅花雀科 Estrildidae		
文鸟属 *Lonchura*		
斑文鸟 *Lonchura punctulata*	＋	＋
鹡鸰科 Motacillidae		
鹡鸰属 *Motacilla*		
黄鹡鸰 *Motacilla tschutschensis*	＋	
灰鹡鸰 *Motacilla cinerea*		＋
白鹡鸰 *Motacilla alba*	＋	＋
鹨属 *Anthus*		
理氏鹨 *Anthus richardi*	＋	

注："＋"表示稀有种（＜10 只），"＋＋"表示常见种（10～97 只），"＋＋＋"表示优势种（≥98 只）。

海南红树林生境及鸟类实物图

红树林生境

红树林生境

小䴙䴘

珠颈斑鸠

火斑鸠

小白腰雨燕

红翅凤头鹃

灰胸秧鸡

白胸苦恶鸟

灰鸻

金眶鸻

环颈鸻

蒙古沙鸻

黑尾塍鹬

斑尾塍鹬

中杓鹬

红脚鹬

泽鹬

矶鹬

黑腹滨鹬

红颈瓣蹼鹬

红颈滨鹬

须浮鸥

池鹭

大白鹭

中白鹭

白鹭

鹗

黑翅鸢

领角鸮

戴胜

白胸翡翠

普通翠鸟

黑卷尾

棕背伯劳

大山雀

白头鹎

八哥

八哥

灰背椋鸟

黑领椋鸟

鹊鸲

白鹡鸰

第8章 海南红树林两栖类、爬行类、哺乳类多样性调查

摘要 2018年3月至9月,利用夹日法、样线法和访问记名法对海南东寨港红树林区进行了2次野外调查。调查期间共安置鼠夹885夹日,走样线41条次,确认该红树林区现有两栖类1目7科12种,爬行类1目6科9种,哺乳类2目3科7种。区内绝大多数物种为东洋界物种,在动物地理区划上隶属于东洋界华南区。针对东寨港红树林区较为丰富的陆生脊椎动物资源,提出了相应的保护和管理对策。

海南东寨港国家级自然保护区是多种贝、虾、蟹等无脊椎动物,以及两栖类、爬行类、哺乳类和鸟类等脊椎动物赖以生存的栖息场所。长期以来,学者们对保护区内鸟类多样性有相对持续的监测和研究(常弘等,1999;邹发生等,2001;冯尔辉等,2012),但关于保护区内两栖类、爬行类和哺乳类的多样性尚未有记录,亟须了解保护区内所有动物类群的种类及数量。根据《中国两栖动物及其分布彩色图鉴》,在东寨港及周边区域有分布的两栖动物有黑眶蟾蜍、华南雨蛙、长趾纤蛙(*Hylarana macrodactyla*)、沼蛙、细刺水蛙(*Sylvirana spinulosa*)、泽陆蛙、海陆蛙、虎纹蛙(*Hoplobatrachus chinensis*)、尖舌浮蛙(*Occidozyga lima*)、圆蟾舌蛙、背条跳树蛙(*Chirixalus doriae*)、斑腿泛树蛙、饰纹姬蛙、花姬蛙、花狭口蛙。根据《海南两栖爬行动物志》,在海口市或文昌市有分布的爬行动物有截趾虎(*Gehyra mutilata*)、中国壁虎(*Gekko chinensis*)、原尾蜥虎、疣尾蜥虎、变色树蜥、南草蜥(*Takydromus sexlineatus*)、光蜥(*Ateuchosaurus chinensis*)、中国石龙子(*Eumeces chinensis*)、长尾南蜥(*Mabuya longicaudata*)、多线南蜥(*Mabuya multifasciata*)、白唇竹叶青(*Cryptelytrops albolabris*)、草腹链蛇(*Amphiesma stolatum*)、铅色水蛇

（*Enhydris plumbea*）、台湾小头蛇、灰鼠蛇（*Ptyas korros*）、滑鼠蛇（*Ptyas mucosa*）、黄斑渔游蛇、金环蛇、银环蛇（*Bungarus multicinctus*）、舟山眼镜蛇（*Naja atra*）、眼镜王蛇（*Ophiophagus hannah*）等。根据晏学飞等（2009）及卢学理等（2015），我们推测东寨港国家级自然保护区内的哺乳类以啮齿目小型动物为主。本次调查拟以上述种类为重点对象，对东寨港红树林区内的两栖类、爬行类和哺乳类的生物多样性进行全面调查。

8.1 调查区域与方法

8.1.1 调查区域

调查区域涵盖海南东寨港国家级自然保护区的实验区、缓冲区及保护区外围的不同生境类型，包括滩涂、红树林、农田、村庄和鱼塘等。

8.1.2 调查样线设置

本次调查在海南东寨港国家级自然保护区内设置了 6 个样区，每个样区设 3～4 条样线，共计 22 条样线。根据实际地形及可操作性，样线长度为 200～1 000 m 不等，样线宽度为 2～6 m。

8.1.3 调查方法、时间与频次

两栖类和爬行类的调查采用样线法，19：00 点左右（日落后）开始调查。每条样线的调查由 3～4 人同时完成，2～3 人观测、报告种类和数量，1 人记录。对于树栖蛙类，观测并记录栖息高度不高于 2 m 的个体。观测时行进速度约 2 km/h。对于小型哺乳类，采用夹日法进行调查，调查样方设置在两栖类、爬行类样线附近，便于与样线调查结合进行。样方尽量覆盖所选地段内所有小生境，每次安放 60～80 个鼠夹，以新鲜花生为诱饵。次日清晨检查捕获情况并记录物种信息，每样地均置夹 1 个工作日。

2018 年 3 月和 9 月，在调查区域开展了 2 次野外调查。不同类群动物的活动规律不同，昼夜活动节律不完全一样。例如，大部分两栖类和部分爬行类在夜晚活动，但有相当一部分爬行类在白天活动。因此，我们对每条样线采取白天调查 1 次、晚上调查 1 次的方法，力争覆盖所有类群的活动时间。总的来说，我们对每条样线或每个样区开展 2 轮×2 次，共 4 次重复调查。

2018 年 3 月在调查区域共走样线 22 条次，安置鼠夹 445 夹日；9 月共走样线 19 条次，安置鼠夹 440 夹日。

8.2　调查结果与分析

8.2.1　物种组成及区系特征

通过实地标本采集、样线调查和文献资料查阅,确认海南东寨港红树林区现有两栖类 1 目 7 科 12 种(表 8-1),爬行类 1 目 6 科 9 种(表 8-2),哺乳类 2 目 3 科 7 种(表 8-3)。

表 8-1　海南东寨港红树林两栖类名录

两栖类	区系
无尾目 Anura	
蟾蜍科 Bufonidae	
黑眶蟾蜍 *Duttaphrynus melanostictus*	东洋
雨蛙科 Hylidae	
华南雨蛙 *Hyla simplex*	东洋
蛙科 Ranidae	
沼蛙 *Boulengerana guentheri*	东洋
叉舌蛙科 Dicroglossidae	
泽陆蛙 *Fejervarya multistriata*	东洋
海陆蛙 *Fejervarya cancrivora*	东洋
浮蛙科 Occidozygidae	
圆蟾舌蛙 *Phrynoglossus martensii*	东洋
树蛙科 Rhacophoridae	
斑腿泛树蛙 *Polypedates megacephalus*	东洋
姬蛙科 Microhylidae	
粗皮姬蛙 *Microhyla butleri*	东洋
饰纹姬蛙 *Microhyla ornata*	东洋
小弧斑姬蛙 *Microhyla heymonsi*	东洋
花姬蛙 *Microhyla pulchra*	东洋
花狭口蛙 *Kaloula pulchra*	东洋

表 8-2　海南东寨港红树林爬行类名录

爬行类	区系
有鳞目 Squamata	
壁虎科 Gekkonidae	
原尾蜥虎 *Hemidactylus bowringii*	东洋
疣尾蜥虎 *Hemidactylus frenatus*	东洋
石龙子科 Scincidae	
铜蜓蜥 *Sphenomorphus indicus*	东洋
鬣蜥科 Agamidae	
变色树蜥 *Calotes versicolor*	东洋
游蛇科 Colubridae	
台湾小头蛇 *Oligodon formosanus*	东洋
黄斑渔游蛇 *Xenochrophis flavipunctata*	东洋
繁花林蛇 *Boiga multomaculata*	东洋
钝头蛇科 Pareidae	
横纹钝头蛇 *Pareas margaritophorus*	东洋
眼镜蛇科 Elapidae	
金环蛇 *Bungarus fasciatus*	东洋

表 8-3　海南东寨港红树林哺乳类名录

哺乳类	区系
鼩形目 Soricomorpha	
鼩鼱科 Soricidae	
臭鼩 *Suncus murinus*	东洋
啮齿目 Rodentia	
松鼠科 Sciuridae	
倭松鼠 *Tamiops maritimus*	东洋

哺乳类	区系
鼠科 Muridae	
黑缘齿鼠 *Rattus andamanensis*	古北、东洋
褐家鼠 *Rattus norvegicus*	古北、东洋
黄胸鼠 *Rattus tanezumi*	东洋
黄毛鼠 *Rattus losea*	东洋
针毛鼠 *Niviventer fulvescens*	东洋

调查区域在中国动物地理区划上属于东洋界华南区,因此,尽管不同陆生脊椎动物类群的分布特点存在差异,但其区系从属在我国动物地理区划中以东洋界为主。两栖动物全部为东洋界物种。其中,西南区、华中区与华南区的共有物种有 7 个,即黑眶蟾蜍、沼蛙、泽陆蛙、斑腿泛树蛙、小弧斑姬蛙、粗皮姬蛙和饰纹姬蛙,占调查区域内东洋界两栖类物种数的 58.3%;华中区和华南区的共有物种有 2 种,分别为华南雨蛙和花姬蛙,占 16.7%;华南区独有的物种有 3 种,分别为海陆蛙、圆蟾舌蛙和花狭口蛙,占 25%。

调查区域内目前确认的 9 种爬行动物亦全部为东洋界物种。西南区、华中区和华南区的共有物种仅黄斑渔游蛇,占总数的 11.1%;华中区和华南区的共有物种有 4 种,分别为铜蜓蜥、台湾小头蛇、繁花林蛇和横纹钝头蛇,占 44.4%;华南区独有的物种有原尾蜥虎、疣尾蜥虎、变色树蜥和金环蛇,占 44.4%。

调查区域内的 7 种哺乳动物中有 2 种古北界与东洋界共有物种,即黑缘齿鼠和褐家鼠,占保护区兽类物种数的 28.6%。其余 5 种为东洋界物种,且为西南区、华中区和华南区共有物种,占 71.4%。

8.2.2　与湛江红树林的物种组成比较

广东湛江红树林国家级自然保护区位于雷州半岛沿海滩涂,与海南东寨港国家级自然保护区隔海相望,总面积 20 278.8 hm²,大约是后者总面积的 6 倍。2017 年对湛江红树林国家级自然保护区的两栖类、爬行类和哺乳类进行了 2 次调查,监测到的两栖类有 1 目 7 科 14 种,爬行类 1 目 6 科 12 种,地栖性哺乳类 2 目 2 科 8 种。在物种数量上,湛江红树林保护区略高于东寨港。在物种组成上,两地有不少共有物种,包括两栖类 11 种、爬行类 5 种、地栖哺乳类 6 种,共计 22 种(表 8-4)。

表 8-4 湛江红树林和东寨港红树林两栖类、爬行类、哺乳类物种组成比较

物种	湛江红树林	东寨港红树林	物种	湛江红树林	东寨港红树林
黑眶蟾蜍	√	√	变色树蜥	√	√
华西雨蛙	√	√	三索锦蛇	√	
台北纤蛙	√		铅色水蛇	√	
沼蛙	√	√	台湾小头蛇		√
泽陆蛙	√	√	黄斑渔游蛇	√	√
海陆蛙	√	√	繁花林蛇		√
虎纹蛙	√		横纹钝头蛇		√
圆蟾舌蛙	√	√	银环蛇	√	
背条跳树蛙	√		金环蛇		√
斑腿泛树蛙	√	√	舟山眼镜蛇	√	
粗皮姬蛙	√	√	白唇竹叶青	√	
小弧斑姬蛙		√	臭鼩	√	√
饰纹姬蛙	√	√	倭松鼠		√
花姬蛙	√	√	板齿鼠	√	
花狭口蛙		√	黑缘齿鼠	√	
原尾蜥虎	√	√	褐家鼠	√	
疣尾蜥虎	√	√	黄胸鼠	√	
中国壁虎	√		黄毛鼠	√	√
中国石龙子	√		针毛鼠	√	
铜蜓蜥	√	√	卡氏小鼠	√	

注："√"表示被监测到。

有些物种仅发现于湛江红树林，但根据文献材料所记载的分布区，以及两个保护区生境的高度相似性，我们推测它们在东寨港红树林也有分布。这些物种的野外种群数量极低，分布较为分散，活动区域较为隐蔽，因此不易在调查过程中被发现。比如，由于栖息地的环境质量下降和过度捕捉，虎纹蛙的野外种群数量骤减，已被列为国家二级重点保护野生动物。又如，湛江红树林有银环蛇和舟山眼镜蛇分布，东寨港红树林有金环蛇分布，文献记载这3种蛇广泛分布于我国南部，白天隐匿于水域附近或多灌丛、杂草的荒野，夜间外出到水边、农田捕食鱼、蛙等动

物。这些动物的野外种群数量和分布情况仍需要进一步调查确认。

8.2.3　群落结构特征

东寨港红树林两栖类、爬行类和哺乳类在各样区的分布情况见图 8-1。从图中可以看出,某些物种在 6 个样区中均有发现,为保护区内的常见种。其中,两栖类有海陆蛙、沼蛙、斑腿泛树蛙和饰纹姬蛙,爬行类有疣尾蜥虎,哺乳类有褐家鼠。

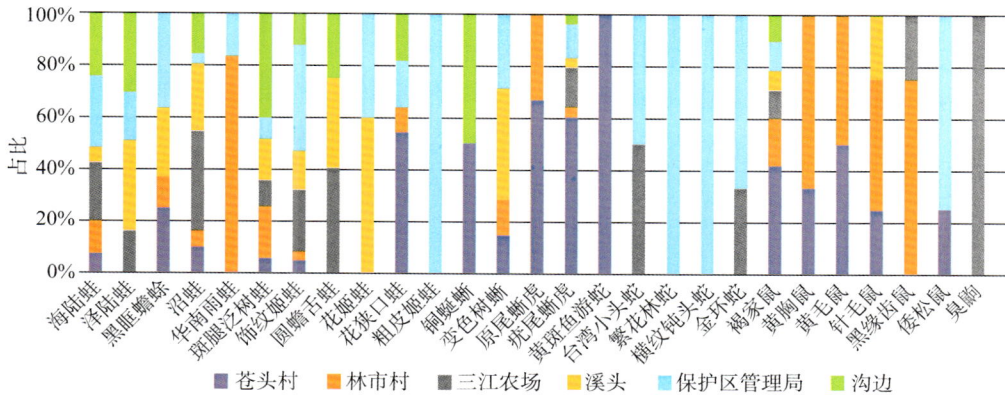

图 8-1　东寨港红树林两栖类、爬行类及哺乳类分布情况

在 6 个样区中,保护区管理局样区现已确认的物种数量最多,为 18 种,饰纹姬蛙、海陆蛙和黑眶蟾蜍为优势种。尽管该样区物种多样性指数(3.015)较高,但各物种的数量差异较大,因此其均匀度(0.723)最低(表 8-5)。苍头村样区的物种数为 16 种,多样性指数和均匀度分别为 3.144 和 0.786,优势种为黑眶蟾蜍、疣尾蜥虎和褐家鼠。林市村样区的物种数为 15 种,由于各类群所发现的物种在数量上差异较小,故而其多样性指数和均匀度最高,分别为 3.265 和 0.835。该样区较高的物种多样性和均匀度可能与其多样化的生境类型有关,生境包括灌丛、鱼塘、村庄、港口和红树林滩涂。三江农场样区和溪头样区的物种数均为 12 种,前者的多样性指数和均匀度分别为 2.722 和 0.759,后者的分别为 2.981 和 0.831。这两个样区都包含农田生境类型,沼蛙、饰纹姬蛙和圆蟾舌蛙大量聚集在农田附近。沟边样区有 10 个物种,其中 7 种为两栖动物。除了花狭口蛙外,其他两栖动物的数量相差较小(图 8-2)。因此,尽管沟边样区的多样性指数只有 2.803,但其均匀度为 0.843。

表 8-5　东寨港红树林各样区物种多样性指数和均匀度

样区	苍头村	林市村	三江农场	溪头	保护区管理局	沟边
物种数	16	15	12	12	18	10
Shannon-Wiener 多样性指数(H')	3.144	3.265	2.722	2.981	3.015	2.803
均匀度指数(J')	0.786	0.835	0.759	0.831	0.723	0.843

8.2.4　珍稀濒危物种及其生物学特征

根据《中国脊椎动物红色名录》（蒋志刚等，2016），两栖动物中的海陆蛙被评估为濒危种，圆蟾舌蛙被评估为近危种；爬行动物中，被评估为濒危种的有金环蛇，台湾小头蛇和横纹钝头蛇被评估为近危种。

海陆蛙隶属于叉舌蛙科，生活于海边的咸水或半咸水地区，成蛙常栖息于海潮所及的海岸区，以红树林区较为常见。白天多隐蔽在红树林的植物根部或洞穴内，傍晚外出到海滩上觅食，主要活动时间为夜间 8～11 点。海陆蛙可能采用改变鸣声类型和调频的策略增加鸣声的复杂性，提高信息传递效率。该物种的鸣叫行为具有一定的日节律性，属于整晚鸣叫型。环境温度在调节海陆蛙鸣叫行为开始和结束的过程中具有一定的影响，而鸣叫率可能主要受性选择的调节。海陆蛙主要以蟹、螺、鱼、虾及昆虫等为食，食物中甲壳亚门十足目的沙蟹科和方蟹科为优势科，蟹在食物组成中所占百分比为 26.8％。海陆蛙在海南分布于海口、文昌、澄迈、儋州，在我国还见于广东、广西、澳门和台湾。该蛙是两栖动物中极少数的能够栖息在半咸水环境中的物种，常被作为滨海滩涂生境质量的指示物种。

圆蟾舌蛙隶属于浮蛙科，栖息于海拔 10～1 000 m 长满杂草的稻田、路边、山间洼地等处的小水塘、临时水坑或其附近。成蛙常隐蔽在茂密的草丛中，白天叫声较少，黄昏时鸣声四起，声小而尖，如"唧、唧、唧"，常静止不动栖息于泥窝中。雌蛙可产卵 215～288 粒，蝌蚪底栖于长满杂草的浅水洼地内或稻田内，所见数量甚少。该蛙在海南分布于海口、三亚、吊罗山、霸王岭、黎母山、五指山、鹦哥岭、佳西等地，但由于生境破坏和环境污染，圆蟾舌蛙的野外种群数量明显减少。该蛙在我国还分布于广西和云南。

金环蛇隶属于眼镜蛇科，广泛栖息于山地、丘陵和平原耕作区，藏匿于稻田、水域附近多灌木、杂草的洞穴或石缝中。晚上外出到村舍附近水边活动，行动较为迟缓，以蛇类、蛇卵、蜥蜴、鼠类、蛙类和鱼类等为食。在腐叶下或洞穴中产卵，最多产 16 枚卵，卵相互粘成一团。海南标本采于村舍附近的农田边，垂直分布范围为海拔 140～500 m。该蛇在海南分布于海口琼山等地，在我国尚分布于澳门、福建、广东、广西、江西、香港、云南。

台湾小头蛇隶属于游蛇科，栖息于平原、丘陵和山区，常在林区的草丛或灌丛中活动，垂直分布范围从沿海低地到海拔 520 m，喜夜间出没，卵生。刚孵出的仔蛇全长 13 cm。该蛇喜食爬行动物的卵，也捕食蛙类。该蛇在海南分布于海口、定安、儋州、三亚、吊罗山、尖峰岭、黎母山、五指山、鹦哥岭、佳西等地，在我国还分布于澳门、福建、广东、广西、贵州、湖南、江苏、江西、台湾、香港、云南、浙江。

横纹钝头蛇隶属于游蛇科，生活在低海拔的山区、郊野、平原村落附近的园地、耕作区等，能适应多种环境。常藏匿于覆盖物下，性情温顺，捕捉时一般不会咬人，捕食蜗牛和蛞蝓等软体动物。喜夜间活动、卵生。刚孵出的仔蛇全长 7～10 cm。垂直分布范围为从沿海低地到海拔

800 m 左右。该蛇在海南分布于白沙、陵水、乐东、琼中、三亚等地，在我国还分布于广东、广西、贵州、香港、云南。

8.2.5　生物多样性受威胁因素评估

东寨港红树林周边居民世代以捕鱼、捡贝为生，集中生活在保护区周边资源相对丰富的区域，对保护区内资源依赖程度较高。当地居民在保护区内捕鱼、捡贝、养殖，破坏了自然生态系统正常物质、能量循环，从长远角度出发，不利于整个生态系统的持续发展。同时，频繁过往的船只极易带走红树林赖以生存的淤泥底质，从而对红树林的自然生长产生直接的影响。

随着城市的发展，各种社会经济活动所产生的污染物迅速增加，但环境保护制度和污染处理能力却相对滞后，给红树林的生长繁育带来了巨大的不良影响。这些污染物主要来自生活污水、生活垃圾、水产养殖及船舶污染。调查中发现，水产养殖产生的垃圾未经处理，直接堆积在红树林边缘、滩涂上。此外，水产养殖、咸水鸭养殖过程中产生了大量的养殖排泄物及残饵等（吴瑞等，2013），这些污染物的过量排放极易造成水体富营养化。伴随着生态旅游的兴起，生活垃圾随河水或潮水进入红树林湿地的现象日益频繁。这些生活垃圾不仅可能影响或抑制红树林的生长和存活，而且可能对区域内动物群落结构产生更为直接的负面影响。

8.2.6　区域生物多样性保护现状评估

海南东寨港国家级自然保护区是以保护沿海红树林生态系统和濒危珍稀鸟类及其栖息地为主的自然保护区，因此，对该保护区两栖类、爬行类和哺乳类资源的调查在历史上开展得较少。本研究对东寨港红树林区的两栖类、爬行类和哺乳类进行了较为系统的考察。从目前的调查结果来看，东寨港红树林两栖类物种相对丰富，但总的来说，对该区域陆生脊椎动物资源的调查尚不够深入，物种名录仍有待进一步完善。在《海南两栖爬行动物志》《中国两栖动物及其分布彩色图鉴》等专著中，有一些两栖、爬行类被记录为在海南省全省分布或在海口市、文昌市分布，但在本次调查中未有发现，如长趾纤蛙、细刺水蛙、虎纹蛙、尖舌浮蛙、中国壁虎、南草蜥、中国石龙子、长尾南蜥、多线南蜥、草腹链蛇、铅色水蛇等。为了明确这些物种是否栖息于东寨港红树林，仍需要加大调查力度，以确认保护区的物种资源。当然，在海口、文昌被记录到的两栖、爬行类未在本次调查中被发现，更有可能的原因是某些物种并不适合栖息在红树林这种特殊生境。

8.3 结论与建议

8.3.1 调查评估结论

针对海南东寨港国家级自然保护区的鸟类资源已有较为深入和详细的调查，而缺乏对该保护区两栖类、爬行类及哺乳类资源的系统调查。2018年，我们对东寨港红树林的陆生脊椎动物进行了2次较为系统的考察，在一定程度上丰富了该保护区物种及其分布信息。从目前的调查结果来看，本次东寨港红树林的生物多样性较高。尽管如此，结合调查结果和文献资料来看，对东寨港红树林陆生脊椎动物资源的调查尚不够深入，物种名录及其分布信息仍有待进一步完善和确认。虾塘、鱼塘的建造及旅游业的发展对红树林生境内陆生脊椎动物的生存造成持续威胁。应当加大红树林保护力度，采取具体的奖惩措施，这样才有可能从根本上保护好红树林的生物多样性。

8.3.2 保护现状及建议

海南东寨港自然保护区自1986年被国务院审定为国家级自然保护区后，先后开展了三期建设。一期以基础建设为主，在保护区形成了管理处、管理站和巡护路网一体化的管护系统，配备了巡护摩托、巡护艇等管护工具，初步建成了宣教体系。二期主要在加强资源管理、完善科研体系和建设高水平的宣教体系方面进行重点建设。三期制定了系统的保护和恢复方案，使得保护区的保护管理水平得到进一步提升。

在环境治理方面，海口市政府于2012—2015年摸清了保护区及其周边的畜禽养殖、水产养殖、餐饮店等各类污染源，编写了《海南东寨港国家级自然保护区周边污染源调查报告》，并对保护区内2 812处污染源清册建档。市政府投入1.5亿元关停了造成保护区水质污染的罗牛山等6家养猪场，并对另外3家养猪场进行异地搬迁、技术改革。保护区管理局从保护区迁出咸水鸭养殖场58家，收缴52户渔民的非法捕鱼工具，配合相关部门拆除了周边8家餐饮店，取缔并清理整顿了20家非法采石场；拆除违章建筑22栋；建设演丰镇污水处理厂及管网配套等设施，消除片区生活污水的污染。经过整治，保护区及周边环境面貌焕然一新，保护区水质从原来劣V类提升至现在的Ⅲ类，符合功能区水质要求，生态系统开始步入良性循环。2015年8月以来，按照海口市"双创"指挥部的工作部署，保护区大力开展环境综合治理，全力开展创建全国文明城市和国家卫生城市活动。

本次调查发现，管理局不仅在保护区周边的主要路口设置了界碑或界桩，还在保护区边界固定围网（高约1.5米，见附录八）。通过将界碑和围网相结合，清理了保护区域内的养殖场，很大程度上减少了人类活动对红树林生境的干扰和破坏。然而，由于基围鱼塘、虾塘及咸水鸭养殖在当地普遍存在,养殖产生的垃圾和生活垃圾是威胁红树林生境及生物多样性的重要因素。为了更好地保护保护区的生态环境和陆生脊椎动物资源,应当采取更加积极有效的措施。

第一,加强宣传,提高民众对红树林的保护意识。保护区周边地区居民对经济的关注程度明显高于对社会文化和环境的关注,这可能是由居民收入水平较低导致(常晓芳等,2017)。因此,需加强对保护区周边社区的基础宣传教育,同时加大资源保护力度。可利用宣传画和新媒体等多种途径对红树林湿地的功能和作用进行宣传,让广大群众充分认识到保护红树林湿地的重要性。另外,在条件成熟的地区通过围网、提高巡护频率等措施,减少人为扰动,提高资源监管效率。

第二,加强滩涂和水污染治理。围网的建设确保了完全封闭管理,很大程度上减少了人类活动干扰。然而,仍需要彻底清理滩涂上现存的生活垃圾及渔网等渔业垃圾,尤其是严格控制周边咸水鸭、鱼、虾养殖等企业的污水排放。妥善处理旅游产生的垃圾,严格控制陆源污染物的排放量,提高排放标准。

第三,加强生态旅游经营和管理。保护区的旅游活动还处于发展的初级阶段,因此出现了服务品质差、旅游基础设施不完善、环境保护监管不足等一系列问题。基于此,建议加强对保护区内员工的管理,对其进行有关知识培训;完善基础设施;规范保护区的各类活动,加强保护区内环境监管,确保保护区各类旅游项目健康有序地开展。

第四,带动周边经济发展。鼓励保护区周边生态文明村居民的经营活动,尤其是鼓励、引导本地居民从事旅游经营活动。当地政府部门应加强对保护区周边农家乐等旅游服务业的宣传及管理,带动周边经济的发展,提高保护区周边居民的收入水平。

参考文献

蔡波,王跃招,陈跃英,等.2015.中国爬行纲动物分类厘定[J].生物多样性,23(3):365-382.

常弘,毕肖峰,陈桂珠,等.1999.海南岛东寨港国家级自然保护区鸟类组成和区系的研究[J].生态科学,18(2):3-5.

常晓芳,游盛.2017.海南东寨港红树林自然保护区及周边生态文明村发展建设对策的研究——基于海南东寨港红树林自然保护区调查走访的基础[J].时代农机,44(2):157-158.

费梁,胡淑琴,叶昌媛,等.2009.中国动物志　两栖纲(下卷)　无尾目　蛙科[M].北京:科学出版社.

费梁,叶昌媛,江建平.2012.中国两栖动物及其分布彩色图鉴[M].成都:四川科学技术出版社.

冯尔辉,陈伟,廖宝文,等.2012.海南东寨港红树林湿地鸟类监测与研究[J].热带生物学报3(1):73-77.

黄初龙,郑伟民.2004.我国红树林湿地研究进展[J].湿地科学,(4):303-308.

蒋志刚,江建平,王跃招,等.2016.中国脊椎动物红色名录[J].生物多样性,24(5):500-551.

卢学理,王新财,黄志荣,等.2015.广东福田红树林自然保护区的哺乳动物多样性[J].广东林业科技,31(4):10-16.

全峰,朱麟.2013.海南东寨港红树林区底栖节肢动物多样性研究[J].海洋科学,(11):35-40.

史海涛,赵尔宓,王力军,等.2011.海南两栖爬行动物志[J].北京:科学出版社.

吴瑞,王道儒.2013.东寨港国家级自然保护区现状与管理对策研究[J].海洋开发与管理,(8):73-76.

晏学飞,李玉春.2009.海南岛兽类名录整理[J].海南师范大学学报(自然科学版),22(2):191-195,213.

张荣祖.2011.中国动物地理[M].北京:科学出版社.

邹发生,宋晓军,陈伟,等.1999.海南东寨港红树林滩涂大型底栖动物多样性的初步研究[J].生物多样性,7(3):16-21.

邹发生,宋晓军,陈康,等.2001.海南东寨港红树林湿地鸟类多样性研究[J].生态学杂志,20(3):21-23.

附录八

海南红树林两栖类、爬地类、哺乳类调查现场图

海南红树林两栖类、爬行类、哺乳类生境图

海南红树林两栖类、爬行类、哺乳类实物图

黑眶蟾蜍

华南雨蛙

花狭口蛙

花姬蛙

斑腿泛树蛙

沼蛙

海陆蛙

泽陆蛙

变色树蜥

疣尾蜥虎

繁花林蛇

金环蛇

横纹钝头蛇

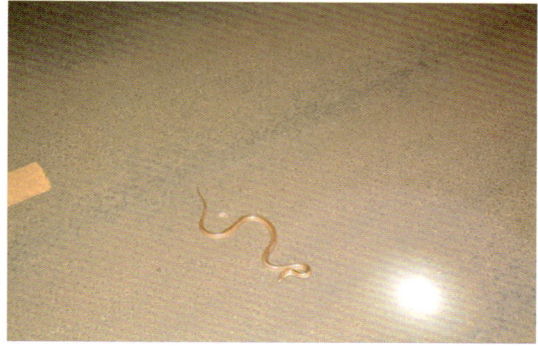

台湾小头蛇

臭鼩

黑缘齿鼠

褐家鼠和黄毛鼠

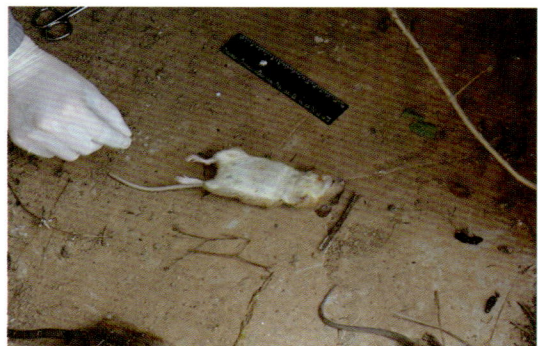

针毛鼠

海南红树林生物物种名录

序号	门	纲	目	科	属	种
1	蓝藻门 Cyanophyta	蓝藻纲 Cyanophyceae	色球藻目 Chroococcales	色球藻科 Chroococcaceae	平裂藻属 Merismopedia	平裂藻 Merismopedia sp.
2	蓝藻门 Cyanophyta	蓝藻纲 Cyanophyceae	色球藻目 Chroococcales	色球藻科 Chroococcaceae	隐球藻属 Aphanocapsa	隐球藻 Aphanocapsa sp.
3	蓝藻门 Cyanophyta	蓝藻纲 Cyanophyceae	色球藻目 Chroococcales	色球藻科 Chroococcaceae	隐杆藻属 Aphanothece	隐杆藻 Aphanothece sp.
4	蓝藻门 Cyanophyta	蓝藻纲 Cyanophyceae	色球藻目 Chroococcales	色球藻科 Chroococcaceae	腔球藻属 Coelosphaerium	腔球藻 Coelosphaerium sp.
5	蓝藻门 Cyanophyta	蓝藻纲 Cyanophyceae	色球藻目 Chroococcales	色球藻科 Chroococcaceae	棒条藻属 Rhabdoderma	棒条藻 Rhabdoderma sp.
6	蓝藻门 Cyanophyta	蓝藻纲 Cyanophyceae	念珠藻目 Nostocales	颤藻科 Oscillatoriaceae	颤藻属 Oscillatoria	颤藻 Oscillatoria sp.
7	蓝藻门 Cyanophyta	蓝藻纲 Cyanophyceae	念珠藻目 Nostocales	假鱼腥藻科 Pseudanabaenaceae	假鱼腥藻属 Pseudanabaena	假鱼腥藻 Pseudanabaena sp.
8	蓝藻门 Cyanophyta	蓝藻纲 Cyanophyceae	念珠藻目 Nostocales	念球藻科 Nostocaceae	束丝藻属 Aphanizomenon	束丝藻 Aphanizomenon sp.
9	蓝藻门 Cyanophyta	蓝藻纲 Cyanophyceae	念珠藻目 Nostocales	念球藻科 Nostocaceae	鱼腥藻属 Anabeana	鱼腥藻 Anabeana sp.
10	硅藻门 Bacillariophyta	中心纲 Centricae	圆筛藻目 Coscinodiscales	直链藻科 Melosiraceae	明盘藻属 Hyalodiscus	明盘藻 Hyalodiscus sp.
11	硅藻门 Bacillariophyta	中心纲 Centricae	圆筛藻目 Coscinodiscales	圆筛藻科 Coscinodiscaceae	圆筛藻属 Coscinodiscus	圆筛藻 Coscinodiscus sp.
12	硅藻门 Bacillariophyta	中心纲 Centricae	圆筛藻目 Coscinodiscales	圆筛藻科 Coscinodiscaceae	小环藻属 Cyclotella	梅尼小环藻 Cyclotella meneghiniana
13	硅藻门 Bacillariophyta	中心纲 Centricae	圆筛藻目 Coscinodiscales	圆筛藻科 Coscinodiscaceae	小环藻属 Cyclotella	小环藻 Cyclotella sp.

续表

序号	门	纲	目	科	属	种
14	硅藻门 Bacillariophyta	中心纲 Centricae	圆筛藻目 Coscinodiscales	海链藻科 Thalassiosiraceae	海链藻属 Thalassiosira	太平洋海链藻 Thalassiosira pacirica
15	硅藻门 Bacillariophyta	中心纲 Centricae	圆筛藻目 Coscinodiscales	骨条藻科 Skeletonemaceae	骨条藻属 Skeletonema	热带骨条藻 Skeletonema tropicum
16	硅藻门 Bacillariophyta	中心纲 Centricae	盒形硅藻目 Biddulphiales	盒形藻科 Biddulphiaceae	半管藻属 Hemiaulus	印度半管藻 Hemiaulus indicus
17	硅藻门 Bacillariophyta	中心纲 Centricae	盒形硅藻目 Biddulphiales	盒形藻科 Biddulphiaceae	半管藻属 Hemiaulus	半管藻 Hemiaulus sp.
18	硅藻门 Bacillariophyta	中心纲 Centricae	盒形硅藻目 Biddulphiales	盒形藻科 Biddulphiaceae	双尾藻属 Ditylum	太阳双尾藻 Ditylum sol
19	硅藻门 Bacillariophyta	羽纹纲 Pennatae	等片藻目 Diatomales	等片藻科 Diatomaceae	星杆藻属 Asterionella	日本星杆藻 Asterionella japonica
20	硅藻门 Bacillariophyta	羽纹纲 Pennatae	等片藻目 Diatomales	等片藻科 Diatomaceae	拟星杆藻属 Asterionellopsis	冰河拟星杆藻 Asterionellopsis glacialis
21	硅藻门 Bacillariophyta	羽纹纲 Pennatae	等片藻目 Diatomales	等片藻科 Diatomaceae	脆杆藻属 Fragilaria	脆杆藻 Fragilaria sp.
22	硅藻门 Bacillariophyta	羽纹纲 Pennatae	等片藻目 Diatomales	等片藻科 Diatomaceae	针杆藻属 Synedra	针杆藻 Synedra sp.
23	硅藻门 Bacillariophyta	羽纹纲 Pennatae	等片藻目 Diatomales	等片藻科 Diatomaceae	海线藻属 Thalassiothrix	菱形海线藻 Thalassionema nitzschioides
24	硅藻门 Bacillariophyta	羽纹纲 Pennatae	曲壳藻目 Achnanthales	卵形藻科 Cocconeidaceae	卵形藻属 Cocconeis	卵形藻 Cocconeis sp.
25	硅藻门 Bacillariophyta	羽纹纲 Pennatae	曲壳藻目 Achnanthales	曲壳藻科 Achnanthaceae	曲壳藻属 Achnanthes	短小曲壳藻 Achnanthes exigua
26	硅藻门 Bacillariophyta	羽纹纲 Pennatae	短缝藻目 Eunotiales	短缝藻科 Eunotiaceae	短缝藻属 Eunotia	短缝藻 Eunotia sp.
27	硅藻门 Bacillariophyta	羽纹纲 Pennatae	舟形藻目 Naviculales	舟形藻科 Naviculaceae	双壁藻属 Diploneis	双壁藻 Diploneis sp.

续表

序号	门	纲	目	科	属	种
28	硅藻门 Bacillariophyta	羽纹纲 Pennatae	舟形藻目 Naviculales	舟形藻科 Naviculaceae	双壁藻属 Diploneis	蜂腰双壁藻 Diploneis bombus
29	硅藻门 Bacillariophyta	羽纹纲 Pennatae	舟形藻目 Naviculales	舟形藻科 Naviculaceae	双壁藻属 Diploneis	卵圆双壁藻 Diploneis ovalis
30	硅藻门 Bacillariophyta	羽纹纲 Pennatae	舟形藻目 Naviculales	舟形藻科 Naviculaceae	肋缝藻属 Frustulia	菱形肋缝藻 Frustulia rhomboids
31	硅藻门 Bacillariophyta	羽纹纲 Pennatae	舟形藻目 Naviculales	舟形藻科 Naviculaceae	布纹藻属 Gyrosigma	尖布纹藻 Gyrosigma acuminatum
32	硅藻门 Bacillariophyta	羽纹纲 Pennatae	舟形藻目 Naviculales	舟形藻科 Naviculaceae	布纹藻属 Gyrosigma	布纹藻 Gyrosigma sp.
33	硅藻门 Bacillariophyta	羽纹纲 Pennatae	舟形藻目 Naviculales	舟形藻科 Naviculaceae	羽纹藻属 Pinnularia	羽纹藻 Pinnularia sp.
34	硅藻门 Bacillariophyta	羽纹纲 Pennatae	舟形藻目 Naviculales	舟形藻科 Naviculaceae	双眉藻属 Amphora	双眉藻 Amphora sp.
35	硅藻门 Bacillariophyta	羽纹纲 Pennatae	舟形藻目 Naviculales	舟形藻科 Naviculaceae	桥弯藻属 Cymbella	新月形桥弯藻 Cymbella parua
36	硅藻门 Bacillariophyta	羽纹纲 Pennatae	舟形藻目 Naviculales	舟形藻科 Naviculaceae	桥弯藻属 Cymbella	细小桥弯藻 Cymbella pusilla
37	硅藻门 Bacillariophyta	羽纹纲 Pennatae	舟形藻目 Naviculales	舟形藻科 Naviculaceae	桥弯藻属 Cymbella	膨胀桥弯藻 Cymbella tumida
38	硅藻门 Bacillariophyta	羽纹纲 Pennatae	舟形藻目 Naviculales	舟形藻科 Naviculaceae	桥弯藻属 Cymbella	桥弯藻 Cymbella sp.
39	硅藻门 Bacillariophyta	羽纹纲 Pennatae	舟形藻目 Naviculales	舟形藻科 Naviculaceae	曲舟藻属 Pleurosigma	海洋曲舟藻 Pleurosigma pelagicum
40	硅藻门 Bacillariophyta	羽纹纲 Pennatae	舟形藻目 Naviculales	舟形藻科 Naviculaceae	曲舟藻属 Pleurosigma	曲舟藻 Pleurosigma sp.
41	硅藻门 Bacillariophyta	羽纹纲 Pennatae	舟形藻目 Naviculales	异极藻科 Gomphonemaceae	异极藻属 Gomphonema	异极藻 Gomphonema sp.

续表

序号	门	纲	目	科	属	种
42	硅藻门 Bacillariophyta	羽纹纲 Pennatae	舟形藻目 Naviculales	异极藻科 Gomphonemaceae	舟形藻属 Navicula	隐头舟形藻 Navicula cryptocephala
43	硅藻门 Bacillariophyta	羽纹纲 Pennatae	舟形藻目 Naviculales	异极藻科 Gomphonemaceae	舟形藻属 Navicula	舟形藻 Navicula sp.
44	硅藻门 Bacillariophyta	羽纹纲 Pennatae	双菱藻目 Surirellales	菱形藻科 Nitzschiaceae	菱形藻属 Nitzschia	谷皮菱形藻 Nitzschia palea
45	硅藻门 Bacillariophyta	羽纹纲 Pennatae	双菱藻目 Surirellales	菱形藻科 Nitzschiaceae	菱形藻属 Nitzschia	新月菱形藻 Nitzschia closterium
46	硅藻门 Bacillariophyta	羽纹纲 Pennatae	双菱藻目 Surirellales	菱形藻科 Nitzschiaceae	菱形藻属 Nitzschia	长菱形藻 Nitzschia longissima
47	硅藻门 Bacillariophyta	羽纹纲 Pennatae	双菱藻目 Surirellales	菱形藻科 Nitzschiaceae	菱形藻属 Nitzschia	琴氏菱形藻 Nitzschia panduriformis
48	硅藻门 Bacillariophyta	羽纹纲 Pennatae	双菱藻目 Surirellales	菱形藻科 Nitzschiaceae	菱形藻属 Nitzschia	菱形藻 Nitzschia sp.
49	硅藻门 Bacillariophyta	羽纹纲 Pennatae	双菱藻目 Surirellales	菱形藻科 Nitzschiaceae	拟菱形藻属 Pseudonitzschia	尖刺拟菱形藻 Pseudonitzschia pungens
50	硅藻门 Bacillariophyta	羽纹纲 Pennatae	双菱藻目 Surirellales	双菱藻科 Suriellaceae	双菱藻属 Surirella	双菱藻 Surirella sp.
51	金藻门 Chrysophyta	金藻纲 Chrysophyceae	金藻目 Chrysomonadales	棕鞭藻科 Ochromonadaceae	锥囊藻属 Dinobryon	锥囊藻 Dinobryon sp.
52	隐藻门 Cryptophyta	隐藻纲 Cryptophyta	隐鞭藻目 Cryptomonadales	隐鞭藻科 Cryptomonadaceae	蓝隐藻属 Chroomonas	尖尾蓝隐藻 Chroomonas acuta
53	隐藻门 Cryptophyta	隐藻纲 Cryptophyta	隐鞭藻目 Cryptomonadales	隐鞭藻科 Cryptomonadaceae	隐藻属 Cryptomonas	啮蚀隐藻 Cryptomonas erosa
54	隐藻门 Cryptophyta	隐藻纲 Cryptophyta	隐鞭藻目 Cryptomonadales	隐鞭藻科 Cryptomonadaceae	隐藻属 Cryptomonas	吻状隐藻 Cryptomonas rostrata
55	隐藻门 Cryptophyta	隐藻纲 Cryptophyta	隐鞭藻目 Cryptomonadales	隐鞭藻科 Cryptomonadaceae	隐藻属 Cryptomonas	隐藻 Cryptomonas sp.

续表

序号	门	纲	目	科	属	种
56	黄藻门 Xanthophyta	黄藻纲 Xanthophyceae	无隔藻目 Vaucheriales	气球藻科 Botrydiaceae	气球藻属 Botrydiopsis	拟气球藻 Botrydiopsis arhiza
57	甲藻门 Dinophyta	甲藻纲 Dinophyceae	多甲藻目 Peridiniales	裸甲藻科 Gymnodiniaceae	裸甲藻属 Gymnodinium	裸甲藻 Gymnodinium aerucyinosum
58	甲藻门 Dinophyta	甲藻纲 Dinophyceae	多甲藻目 Peridiniales	多甲藻科 Peridiniaceae	拟多甲藻属 Peridiniopsis	拟多甲藻 Peridiniopsis sp.
59	甲藻门 Dinophyta	甲藻纲 Dinophyceae	多甲藻目 Peridiniales	多甲藻科 Peridiniaceae	多甲藻属 Peridinium	多甲藻 Peridinium perardiforme
60	甲藻门 Dinophyta	甲藻纲 Dinophyceae	多甲藻目 Peridiniales	多甲藻科 Peridiniaceae	多甲藻属 Peridinium	埃尔多甲藻 Peridinium elpatiewskyi
61	甲藻门 Dinophyta	甲藻纲 Dinophyceae	多甲藻目 Peridiniales	角甲藻科 Ceratiaceae	角甲藻属 Ceratium	角甲藻 Ceratium sp.
62	裸藻门 Euglenophyta	裸藻纲 Euglenophyceae	裸藻目 Euglenales	裸藻科 Euglenaceae	裸藻属 Euglena	裸藻 Euglena sp.
63	裸藻门 Euglenophyta	裸藻纲 Euglenophyceae	裸藻目 Euglenales	裸藻科 Euglenaceae	裸藻属 Euglena	梭形裸藻 Euglena acus
64	裸藻门 Euglenophyta	裸藻纲 Euglenophyceae	裸藻目 Euglenales	裸藻科 Euglenaceae	裸藻属 Euglena	带形裸藻 Euglena ehrenbergii
65	裸藻门 Euglenophyta	裸藻纲 Euglenophyceae	裸藻目 Euglenales	裸藻科 Euglenaceae	裸藻属 Euglena	鱼形裸藻 Euglena pisciformis
66	裸藻门 Euglenophyta	裸藻纲 Euglenophyceae	裸藻目 Euglenales	裸藻科 Euglenaceae	裸藻属 Euglena	血红裸藻 Euglena sanguinea
67	裸藻门 Euglenophyta	裸藻纲 Euglenophyceae	裸藻目 Euglenales	裸藻科 Euglenaceae	裸藻属 Euglena	绿色裸藻 Euglena viridis
68	裸藻门 Euglenophyta	裸藻纲 Euglenophyceae	裸藻目 Euglenales	裸藻科 Euglenaceae	囊裸藻属 Trachelomonas	湖生囊裸藻 Trachelomonas lacustris
69	裸藻门 Euglenophyta	裸藻纲 Euglenophyceae	裸藻目 Euglenales	裸藻科 Euglenaceae	囊裸藻属 Trachelomonas	囊裸藻 Trachelomonas sp.

续表

序号	门	纲	目	科	属	种
70	裸藻门 Euglenophyta	裸藻纲 Euglenophyceae	裸藻目 Euglenales	裸藻科 Euglenaceae	陀螺藻属 Strombomonas	剑尾陀螺藻 Strombomonas ensifera
71	裸藻门 Euglenophyta	裸藻纲 Euglenophyceae	裸藻目 Euglenales	裸藻科 Euglenaceae	陀螺藻属 Strombomonas	陀螺藻 Strombomonas sp.
72	裸藻门 Euglenophyta	裸藻纲 Euglenophyceae	裸藻目 Euglenales	裸藻科 Euglenaceae	扁裸藻属 Phacus	钩状扁裸藻 Phacus hamatus
73	裸藻门 Euglenophyta	裸藻纲 Euglenophyceae	裸藻目 Euglenales	裸藻科 Euglenaceae	扁裸藻属 Phacus	长尾扁裸藻 Phacus longicauda
74	裸藻门 Euglenophyta	裸藻纲 Euglenophyceae	裸藻目 Euglenales	裸藻科 Euglenaceae	扁裸藻属 Phacus	扁裸藻 Phacus sp.
75	裸藻门 Euglenophyta	裸藻纲 Euglenophyceae	裸藻目 Euglenales	裸藻科 Euglenaceae	鳞孔藻属 Lepocinclis	纺锤鳞孔藻 Lepocinclis fusiformis
76	绿藻门 Chlorophyta	绿藻纲 Chlorophyceae	团藻目 Volvocales	衣藻科 Chlamydomonadaceae	四鞭藻属 Carteria	多线四鞭藻 Carteria multifilis
77	绿藻门 Chlorophyta	绿藻纲 Chlorophyceae	团藻目 Volvocales	衣藻科 Chlamydomonadaceae	衣藻属 Chlamydomonas	球衣藻 Chlamydomonas globosa
78	绿藻门 Chlorophyta	绿藻纲 Chlorophyceae	团藻目 Volvocales	衣藻科 Chlamydomonadaceae	衣藻属 Chlamydomonas	简单衣藻 Chlamydomonas simplex
79	绿藻门 Chlorophyta	绿藻纲 Chlorophyceae	团藻目 Volvocales	衣藻科 Chlamydomonadaceae	衣藻属 Chlamydomonas	衣藻 Chlamydomonas sp.
80	绿藻门 Chlorophyta	绿藻纲 Chlorophyceae	团藻目 Volvocales	衣藻科 Chlamydomonadaceae	绿梭藻属 Chlorogonium	华美绿梭藻 Chlorogonium elegans
81	绿藻门 Chlorophyta	绿藻纲 Chlorophyceae	团藻目 Volvocales	衣藻科 Chlamydomonadaceae	绿梭藻属 Chlorogonium	长绿梭藻 Chlorogonium elongatum
82	绿藻门 Chlorophyta	绿藻纲 Chlorophyceae	团藻目 Volvocales	壳衣藻科 Phacotaceae	异形藻属 Dysmorphococcus	异形藻 Dysmorphococcus variabilis
83	绿藻门 Chlorophyta	绿藻纲 Chlorophyceae	团藻目 Volvocales	团藻科 Volvocaceae	空球藻属 Eudorina	空球藻 Eudorina elegans

续表

序号	门	纲	目	科	属	种
84	绿藻门 Chlorophyta	绿藻纲 Chlorophyceae	团藻目 Volvocales	团藻科 Volvocaceae	实球藻属 Pandorina	实球藻 Pandorina morum
85	绿藻门 Chlorophyta	绿藻纲 Chlorophyceae	团藻目 Volvocales	团藻科 Volvocaceae	团藻属 Volvox	团藻 Volvox sp.
86	绿藻门 Chlorophyta	绿藻纲 Chlorophyceae	绿球藻目 Chlorococcales	绿球藻科 Chlorococcaceae	弓形藻属 Schroederia	拟菱形弓形藻 Schroederia nitzschioides
87	绿藻门 Chlorophyta	绿藻纲 Chlorophyceae	绿球藻目 Chlorococcales	绿球藻科 Chlorococcacac	弓形藻属 Schroederia	弓形藻 Schroederia setigera
88	绿藻门 Chlorophyta	绿藻纲 Chlorophyceae	绿球藻目 Chlorococcales	小球藻科 Chlorellaceae	四角藻属 Tetraedron	三角四角藻 Tetraedron trigonum
89	绿藻门 Chlorophyta	绿藻纲 Chlorophyceae	绿球藻目 Chlorococcales	小球藻科 Chlorellaceae	四角藻属 Tetraedron	微小四角藻 Tetraedron minimum
90	绿藻门 Chlorophyta	绿藻纲 Chlorophyceae	绿球藻目 Chlorococcales	小球藻科 Chlorellaceae	拟新月藻属 Closteriopsis	拟新月藻 Closteriopsis longissima
91	绿藻门 Chlorophyta	绿藻纲 Chlorophyceae	绿球藻目 Chlorococcales	小球藻科 Chlorellaceae	月牙藻属 Selenastrum	月牙藻 Selenastrum dibraianum
92	绿藻门 Chlorophyta	绿藻纲 Chlorophyceae	绿球藻目 Chlorococcales	卵囊藻科 Oocystaceae	卵囊藻属 Oocystis	卵囊藻 Oocystis naegelii
93	绿藻门 Chlorophyta	绿藻纲 Chlorophyceae	绿球藻目 Chlorococcales	卵囊藻科 Oocystaceae	肾形藻属 Nephrocytium	肾形藻 Nephrocytium agardhianum
94	绿藻门 Chlorophyta	绿藻纲 Chlorophyceae	绿球藻目 Chlorococcales	网球藻科 Dictyosphaeraceae	网球藻属 Dictyosphaeria	网球藻 Dictyosphaeria cavernosa
95	绿藻门 Chlorophyta	绿藻纲 Chlorophyceae	绿球藻目 Chlorococcales	盘星藻科 Pediastraceae	盘星藻属 Pediastrum	单角盘星藻具孔变种 Pediastrum simplex var. duodenarium
96	绿藻门 Chlorophyta	绿藻纲 Chlorophyceae	绿球藻目 Chlorococcales	栅藻科 Scenedesmaceae	栅藻属 Scenedesmus	二尾栅藻 Scenedesmus bicaudatus
97	绿藻门 Chlorophyta	绿藻纲 Chlorophyceae	绿球藻目 Chlorococcales	栅藻科 Scenedesmaceae	栅藻属 Scenedesmus	栅藻 Scenedesmus sp.

续表

序号	门	纲	目	科	属	种
98	绿藻门 Chlorophyta	绿藻纲 Chlorophyceae	绿球藻目 Chlorococcales	栅藻科 Scenedesmaceae	十字藻属 Crucigenia	四足十字藻 Crucigenia tetrapedia
99	绿藻门 Chlorophyta	双星藻纲 Zygnematophyceae	双星藻目 Zygnematales	双星藻科 Zygnemataceae	转板藻属 Mougeotia	转板藻 Mougeotia sp.
100	绿藻门 Chlorophyta	双星藻纲 Zygnematophyceae	双星藻目 Zygnematales	双星藻科 Zygnemataceae	水绵属 Spirogyra	水绵 Spirogyra sp.
101	绿藻门 Chlorophyta	双星藻纲 Zygnematophyceae	鼓藻目 Desmidiales	鼓藻科 Desmidiaceae	鼓藻属 Cosmarium	双钝顶鼓藻 Cosmarium biretum
102	绿藻门 Chlorophyta	双星藻纲 Zygnematophyceae	鼓藻目 Desmidiales	鼓藻科 Desmidiaceae	鼓藻属 Cosmarium	球鼓藻 Cosmarium globosum
103	绿藻门 Chlorophyta	双星藻纲 Zygnematophyceae	鼓藻目 Desmidiales	鼓藻科 Desmidiaceae	鼓藻属 Cosmarium	光滑鼓藻 Cosmarium laeve
104	绿藻门 Chlorophyta	双星藻纲 Zygnematophyceae	鼓藻目 Desmidiales	鼓藻科 Desmidiaceae	鼓藻属 Cosmarium	项圈鼓藻 Cosmarium moniliforme
105	绿藻门 Chlorophyta	双星藻纲 Zygnematophyceae	鼓藻目 Desmidiales	鼓藻科 Desmidiaceae	鼓藻属 Cosmarium	肾形鼓藻 Cosmarium reniforme
106	绿藻门 Chlorophyta	双星藻纲 Zygnematophyceae	鼓藻目 Desmidiales	鼓藻科 Desmidiaceae	鼓藻属 Cosmarium	鼓藻 Cosmarium sp.
107	绿藻门 Chlorophyta	双星藻纲 Zygnematophyceae	鼓藻目 Desmidiales	鼓藻科 Desmidiaceae	顶接鼓藻属 Spondylosium	顶接鼓藻 Spondylosium sp.
108	绿藻门 Chlorophyta	双星藻纲 Zygnematophyceae	鼓藻目 Desmidiales	鼓藻科 Desmidiaceae	叉星鼓藻属 Staurodesmus	叉星鼓藻 Staurodesmus sp.
109	绿藻门 Chlorophyta	双星藻纲 Zygnematophyceae	鼓藻目 Desmidiales	鼓藻科 Desmidiaceae	四棘鼓藻属 Arthrodesmus	英克斯四棘鼓藻 Arthrodesmus incus
110	绿藻门 Chlorophyta	双星藻纲 Zygnematophyceae	丝藻目 Ulotrichales	丝藻科 Ulotrichaceae	针丝藻属 Raphidonema	针丝藻 Raphidonema sp.
111	蕨类植物门 Pteridophyta	蕨纲 Filicopsida	真蕨目 Eufilicales	海金沙科 Lygodiaceae	海金沙属 Lygodium	小叶海金沙 Lygodium microphyllum

序号	门	纲	目	科	属	种
112	蕨类植物门 Pteridophyta	蕨纲 Filicopsida	真蕨目 Eufilicales	卤蕨科 Acrostichaceae	卤蕨属 Acrostichum	卤蕨 Acrostichum aureum
113	蕨类植物门 Pteridophyta	蕨纲 Filicopsida	真蕨目 Eufilicales	卤蕨科 Acrostichaceae	卤蕨属 Acrostichum	尖叶卤蕨 Acrostichum speciosum
114	被子植物门 Angiospermae	双子叶植物纲 Dicotyledoneae	芸香目 Rutales	芸香科 Rutaceae	山小橘属 Glycosmis	山小橘 Glycosmis pentaphylla
115	被子植物门 Angiospermae	双子叶植物纲 Dicotyledoneae	芸香目 Rutales	芸香科 Rutaceae	酒饼簕属 Atalantia	酒饼簕 Atalantia buxifolia
116	被子植物门 Angiospermae	双子叶植物纲 Dicotyledoneae	芸香目 Rutales	楝科 Meliaceae	楝属 Melia	苦楝 Melia azedarach
117	被子植物门 Angiospermae	双子叶植物纲 Dicotyledoneae	百合目 Liliflorae	石蒜科 Amaryllidaceae	文殊兰属 Crinum	文殊兰 Crinum asiaticum var. sinicum
118	被子植物门 Angiospermae	双子叶植物纲 Dicotyledoneae	报春花目 Primulales	紫金牛科 Myrsinaceae	蜡烛果属 Aegiceras	桐花树 Aegiceras corniculatum
119	被子植物门 Angiospermae	双子叶植物纲 Dicotyledoneae	侧膜胎座目 Parietales	西番莲科 Passifloraceae	西番莲属 Passiflora	龙珠果 Passiflora foetida
120	被子植物门 Angiospermae	双子叶植物纲 Dicotyledoneae	初生目 Principes	棕榈科 Palmae	水椰属 Nypa	水椰 Nypa fructicans
121	被子植物门 Angiospermae	双子叶植物纲 Dicotyledoneae	初生目 Principes	棕榈科 Palmae	椰子属 Cocos	椰子 Cocos nucifera
122	被子植物门 Angiospermae	双子叶植物纲 Dicotyledoneae	大戟目 Euphorbiales	大戟科 Euphorbiaceae	海漆属 Excoecaria	海漆 Excoecaria agallocha
123	被子植物门 Angiospermae	双子叶植物纲 Dicotyledoneae	大戟目 Euphorbiales	大戟科 Euphorbiaceae	野桐属 Mallotus	白背叶 Mallotus apelta
124	被子植物门 Angiospermae	双子叶植物纲 Dicotyledoneae	大戟目 Euphorbiales	大戟科 Euphorbiaceae	乌桕属 Sapium	山乌桕 Sapium discolor
125	被子植物门 Angiospermae	双子叶植物纲 Dicotyledoneae	大戟目 Euphorbiales	大戟科 Euphorbiaceae	乌桕属 Sapium	乌桕 Sapium sebiferum

续表

序号	门	纲	目	科	属	种
126	被子植物门 Angiospermae	双子叶植物纲 Dicotyledoneae	大戟目 Euphorbiales	大戟科 Euphorbiaceae	木薯属 Manihot	木薯 Manihot esculenta
127	被子植物门 Angiospermae	双子叶植物纲 Dicotyledoneae	大戟目 Euphorbiales	大戟科 Euphorbiaceae	蓖麻属 Ricinus	蓖麻 Ricinus communis
128	被子植物门 Angiospermae	双子叶植物纲 Dicotyledoneae	管状花目 Tubiflorae	爵床科 Acanthaceae	老鼠簕属 Acanthus	老鼠簕 Acanthus ilicifolius
129	被子植物门 Angiospermae	双子叶植物纲 Dicotyledoneae	管状花目 Tubiflorae	马鞭草科 Verbenaceae	海榄雌属 Avicennia	白骨壤 Avicennia marina
130	被子植物门 Angiospermae	双子叶植物纲 Dicotyledoneae	管状花目 Tubiflorae	马鞭草科 Verbenaceae	大青属 Clerodendrum	许树 Clerodendrum inerme
131	被子植物门 Angiospermae	双子叶植物纲 Dicotyledoneae	管状花目 Tubiflorae	马鞭草科 Verbenaceae	马缨丹属 Lantana	马缨丹 Lantana camara
132	被子植物门 Angiospermae	双子叶植物纲 Dicotyledoneae	管状花目 Tubiflorae	马鞭草科 Verbenaceae	豆腐柴属 Premna	钝叶臭黄荆 Premna obtusifolia
133	被子植物门 Angiospermae	双子叶植物纲 Dicotyledoneae	管状花目 Tubiflorae	茄科 Solanaceae	曼陀罗属 Datura	曼陀罗 Datura stramonium
134	被子植物门 Angiospermae	双子叶植物纲 Dicotyledoneae	管状花目 Tubiflorae	茄科 Solanaceae	茄属 Solanum	水茄 Solanum torvum
135	被子植物门 Angiospermae	双子叶植物纲 Dicotyledoneae	管状花目 Tubiflorae	茄科 Solanaceae	酸浆属 Physalis	酸浆 Physalis alkekengi
136	被子植物门 Angiospermae	双子叶植物纲 Dicotyledoneae	管状花目 Tubiflorae	旋花科 Convolvulaceae	番薯属 Ipomoea	厚藤 Ipomoea pes-caprae
137	被子植物门 Angiospermae	双子叶植物纲 Dicotyledoneae	锦葵目 Malvales	椴树科 Tiliaceae	破布叶属 Microcos	破布叶 Microcos paniculata
138	被子植物门 Angiospermae	双子叶植物纲 Dicotyledoneae	锦葵目 Malvales	锦葵科 Malvaceae	木槿属 Hibiscus	黄槿 Hibiscus tiliaceus
139	被子植物门 Angiospermae	双子叶植物纲 Dicotyledoneae	锦葵目 Malvales	锦葵科 Malvaceae	苘麻属 Abutilon	磨盘草 Abutilon indicum

序号	门	纲	目	科	属	种
140	被子植物门 Angiospermae	双子叶植物纲 Dicotyledoneae	锦葵目 Malvales	锦葵科 Malvaceae	黄花稔属 Sida	黄花稔 Sida acuta
141	被子植物门 Angiospermae	双子叶植物纲 Dicotyledoneae	锦葵目 Malvales	锦葵科 Malvaceae	梵天花属 Urena	地桃花 Urena lobata
142	被子植物门 Angiospermae	双子叶植物纲 Dicotyledoneae	锦葵目 Malvales	梧桐科 Sterculiaceae	银叶树属 Heritiera	银叶树 Heritiera littoralis
143	被子植物门 Angiospermae	双子叶植物纲 Dicotyledoneae	桔梗目 Campanulales	菊科 Compositae	阔苞菊属 Pluchea	阔苞菊 Pluchea indica
144	被子植物门 Angiospermae	双子叶植物纲 Dicotyledoneae	桔梗目 Campanulales	菊科 Compositae	泽兰属 Eupatorium	飞机草 Eupatorium odoratum
145	被子植物门 Angiospermae	双子叶植物纲 Dicotyledoneae	桔梗目 Campanulales	菊科 Compositae	蟛蜞菊属 Wedelia	美洲蟛蜞菊 Wedelia chinensis
146	被子植物门 Angiospermae	双子叶植物纲 Dicotyledoneae	捩花目 Contortae	夹竹桃科 Apocynaceae	海杧果属 Cerbera	海杧果 Cerbera manghas
147	被子植物门 Angiospermae	双子叶植物纲 Dicotyledoneae	轮生目 Verticillatae	木麻黄科 Casuarinaceae	木麻黄属 Casuarina	木麻黄 Casuarina equisetifolia
148	被子植物门 Angiospermae	双子叶植物纲 Dicotyledoneae	茜草目 Rubiales	茜草科 Rubiaceae	鸡矢藤属 Paederia	鸡矢藤 Paederia scandens
149	被子植物门 Angiospermae	双子叶植物纲 Dicotyledoneae	蔷薇目 Rosales	豆科 Leguminosae	水黄皮属 Pongamia	水黄皮 Pongamia pinnata
150	被子植物门 Angiospermae	双子叶植物纲 Dicotyledoneae	蔷薇目 Rosales	豆科 Leguminosae	鱼藤属 Derris	鱼藤 Derris trifoliata
151	被子植物门 Angiospermae	双子叶植物纲 Dicotyledoneae	蔷薇目 Rosales	豆科 Leguminosae	合萌属 Aeschynomene	合萌 Aeschynomene indica
152	被子植物门 Angiospermae	双子叶植物纲 Dicotyledoneae	蔷薇目 Rosales	豆科 Leguminosae	刀豆属 Canavalia	海刀豆 Canavalia maritima
153	被子植物门 Angiospermae	双子叶植物纲 Dicotyledoneae	蔷薇目 Rosales	豆科 Leguminosae	含羞草属 Mimosa	含羞草 Mimosa pudica

续表

序号	门	纲	目	科	属	种
154	被子植物门 Angiospermae	双子叶植物纲 Dicotyledoneae	蔷薇目 Rosales	豆科 Leguminosae	云实属 *Caesalpinia*	春云实 *Caesalpinia vernalis*
155	被子植物门 Angiospermae	双子叶植物纲 Dicotyledoneae	蔷薇目 Rosales	豆科 Leguminosae	云实属 *Caesalpinia*	刺果苏木 *Caesalpinia bonduc*
156	被子植物门 Angiospermae	双子叶植物纲 Dicotyledoneae	桃金娘目 Myrtiflorae	海桑科 Sonneratiaceae	海桑属 *Sonneratia*	无瓣海桑 *Sonneratia apetala*
157	被子植物门 Angiospermae	双子叶植物纲 Dicotyledoneae	桃金娘目 Myrtiflorae	海桑科 Sonneratiaceae	海桑属 *Sonneratia*	卵叶海桑 *Sonneratia ovata*
158	被子植物门 Angiospermae	双子叶植物纲 Dicotyledoneae	桃金娘目 Myrtiflorae	红树科 Rhizophoraceae	木榄属 *Bruguiera*	木榄 *Bruguiera gymnorrhiza*
159	被子植物门 Angiospermae	双子叶植物纲 Dicotyledoneae	桃金娘目 Myrtiflorae	红树科 Rhizophoraceae	秋茄树属 *Kandelia*	秋茄 *Kandelia obovata*
160	被子植物门 Angiospermae	双子叶植物纲 Dicotyledoneae	桃金娘目 Myrtiflorae	红树科 Rhizophoraceae	红树属 *Rhizophora*	红海榄 *Rhizophora stylosa*
161	被子植物门 Angiospermae	双子叶植物纲 Dicotyledoneae	桃金娘目 Myrtiflorae	红树科 Rhizophoraceae	木榄属 *Bruguiera*	海莲 *Bruguiera sexangula*
162	被子植物门 Angiospermae	双子叶植物纲 Dicotyledoneae	桃金娘目 Myrtiflorae	红树科 Rhizophoraceae	角果木属 *Ceriops*	角果木 *Ceriops tagal*
163	被子植物门 Angiospermae	双子叶植物纲 Dicotyledoneae	桃金娘目 Myrtiflorae	桃金娘科 Myrtaceae	水翁属 *Cleistocalyx*	水翁 *Cleistocalyx operculatus*
164	被子植物门 Angiospermae	双子叶植物纲 Dicotyledoneae	荨麻目 Urticales	桑科 Moraceae	榕属 *Ficus*	斜叶榕 *Ficus tinctoria* subsp. *gibbosa*
165	被子植物门 Angiospermae	双子叶植物纲 Dicotyledoneae	中央种子目 Centrospermae	番杏科 Aizoaceae	海马齿属 *Sesuvium*	海马齿 *Sesuvium portulacastrum*
166	被子植物门 Angiospermae	双子叶植物纲 Dicotyledoneae	中央种子目 Centrospermae	藜科 Chenopodiaceae	碱蓬属 *Suaeda*	南方碱蓬 *Suaeda australis*
167	被子植物门 Angiospermae	双子叶植物纲 Dicotyledoneae	中央种子目 Centrospermae	苋科 Amaranthaceae	青葙属 *Celosia*	青葙 *Celosia argentea*

续表

序号	门	纲	目	科	属	种
168	被子植物门 Angiospermae	单子叶植物纲 Monocotyledoneae	粉状胚乳目 Farinosae	雨久花科 Pontederiaceae	凤眼蓝属 Eichhornia	凤眼蓝 Eichhornia crassipes
169	被子植物门 Angiospermae	单子叶植物纲 Monocotyledoneae	露兜树目 Pandanales	露兜树科 Pandanaceae	露兜树属 Pandanus	露兜树 Pandanus tectorius
170	被子植物门 Angiospermae	单子叶植物纲 Monocotyledoneae	禾本目 Graminales	禾本科 Gramineae	狼尾草属 Pennisetum	狼尾草 Pennisetum alopecuroides
171	被子植物门 Angiospermae	单子叶植物纲 Monocotyledoneae	禾本目 Graminales	禾本科 Gramineae	红毛草属 Rhynchelytrum	红毛草 Rhynchelytrum repens
172	被子植物门 Angiospermae	单子叶植物纲 Monocotyledoneae	莎草目 Cyperales	莎草科 Cyperaceae	飘拂草属 Fimbristylis	锈鳞飘拂草 Fimbristylis ferrugineae
173	被子植物门 Angiospermae	单子叶植物纲 Monocotyledoneae	莎草目 Cyperales	莎草科 Cyperaceae	飘拂草属 Fimbristylis	细叶飘拂草 Fimbristylis polytrichoides
174	纤毛门 Ciliophora	动基片纲 Kinetofragminophorea	刺钩目 Haptorida	栉毛虫科 Didiniidae	栉毛虫属 Didinium	双杯栉毛虫 Didinium nasuium
175	纤毛门 Ciliophora	动基片纲 Kinetofragminophorea	刺钩目 Haptorida	中缢虫科 Mesodiniidae	中缢虫属 Mesodinium	红色中缢虫 Mesodinium rubrum
176	纤毛门 Ciliophora	多膜纲 Polymenophorea	寡毛目 Oligotrichida	急游虫科 Strombidiidae	急游虫属 Strombidium	锥形急游虫 Strombidium conicum
177	纤毛门 Ciliophora	多膜纲 Polymenophorea	丁丁目 Tintinnida	筒壳科 Tintinnidiidae	薄铃虫属 Leptotintinnus	诺氏薄铃虫 Leptotintinnus nordqvistii
178	纤毛门 Ciliophora	多膜纲 Polymenophorea	丁丁目 Tintinnida	筒壳科 Tintinnidiidae	旋口虫属 Helicostomella	长形旋口虫 Helicostomella longa
179	纤毛门 Ciliophora	多膜纲 Polymenophorea	丁丁目 Tintinnida	褶皱虫科 Ptychocyliidae	网纹虫属 Favella	钟形网纹虫 Favella campanula
180	纤毛门 Ciliophora	多膜纲 Polymenophorea	丁丁目 Tintinnida	褶皱虫科 Ptychocyliidae	网纹虫属 Favella	爱氏网纹虫 Favella ehrenbergii
181	纤毛门 Ciliophora	多膜纲 Polymenophorea	丁丁目 Tintinnida	铃壳虫科 Codonellidae	拟铃虫属 Tintinnopsis	触角拟铃虫 Tintinnopsis tentaculata

续表

序号	门	纲	目	科	属	种
182	纤毛门 Ciliophora	多膜纲 Polymenophorea	丁丁目 Tintinnida	铃壳虫科 Codonellidae	拟铃虫属 Tintinnopsis	妥肯丁拟铃虫 Tintinnopsis tocantinensis
183	纤毛门 Ciliophora	多膜纲 Polymenophorea	丁丁目 Tintinnida	铃壳虫科 Codonellidae	拟铃虫属 Tintinnopsis	管状拟铃虫 Tintinnopsis tubulosa
184	纤毛门 Ciliophora	多膜纲 Polymenophorea	丁丁目 Tintinnida	铃壳虫科 Codonellidae	拟铃虫属 Tintinnopsis	根突拟铃虫 Tintinnopsis radix
185	纤毛门 Ciliophora	多膜纲 Polymenophorea	丁丁目 Tintinnida	铃壳虫科 Codonellidae	拟铃虫属 Tintinnopsis	斯氏拟铃虫 Tintinnopsis schotti
186	纤毛门 Ciliophora	多膜纲 Polymenophorea	丁丁目 Tintinnida	铃壳虫科 Codonellidae	类管虫属 Dadayiella	酒杯类管虫 Dadayiella ganymedes
187	轮虫动物门 Rotifera	双巢纲 Digononta	蛭态轮虫目 Bdelloidea	旋轮科 Philodinidae	转轮虫属 Rotaria	转轮虫 Rotaria rotatoria
188	轮虫动物门 Rotifera	单卵巢纲 Monogononta	游泳目 Ploima	臂尾轮科 Brachionida	龟甲轮虫属 Keratella	曲腿龟甲轮虫 Keratella valga
189	刺胞动物门 Cnidaria	水螅纲 Hydrozoa	花水母目 Anthoathecata	囊水母科 Euphysidae	囊水母属 Euphysa	囊水母 Euphysa sp.
190	刺胞动物门 Cnidaria	水螅纲 Hydrozoa	花水母目 Anthoathecata	囊水母科 Euphysidae	囊水母属 Euphysa	甲状囊水母 Euphysa aurata
191	刺胞动物门 Cnidaria	水螅纲 Hydrozoa	软水母目 Leptothecata	钟螅科 Campanulariidae	薮枝螅水母属 Obelia	双叉薮枝螅水母 Obelia dichotoma
192	刺胞动物门 Cnidaria	水螅纲 Hydrozoa	软水母目 Leptothecata	钟螅科 Campanulariidae	杯水母属 Phialidium	半球杯水母 Phialidium hemisphaericum
193	环节动物门 Annelida	多毛纲 Polychaeta	缨鳃虫目 Sabellida	缨鳃虫科 Sabellidae	刺缨虫属 Potamilla	尖刺缨虫 Potamilla acuminata
194	环节动物门 Annelida	多毛纲 Polychaeta	叶须虫目 Phyllodocida	角吻沙蚕科 Goniadidae	角吻沙蚕属 Goniada	日本角吻沙蚕 Goniada japonica
195	环节动物门 Annelida	多毛纲 Polychaeta	沙蚕目 Nereidida	沙蚕科 Nereididae	鳃沙蚕属 Dendronereis	羽须鳃沙蚕 Dendronereis pinnaticirris

续表

序号	门	纲	目	科	属	种
196	环节动物门 Annelida	多毛纲 Polychaeta	沙蚕目 Nereidida	沙蚕科 Nereididae	刺沙蚕属 Neanthes	腺带刺沙蚕 Neanthes glandicincta
197	环节动物门 Annelida	多毛纲 Polychaeta	沙蚕目 Nereidida	齿吻沙蚕科 Nephtyidae	齿吻沙蚕属 Nephthys	寡鳃齿吻沙蚕 Nephthys oligobranchia
198	环节动物门 Annelida	多毛纲 Polychaeta	矶沙蚕目 Eunicida	矶沙蚕科 Eunicidae	岩虫属 Marphysa	岩虫 Marphysa sanguinea
199	环节动物门 Annelida	多毛纲 Polychaeta	囊吻目 Scolecida	小头虫科 Capitellidae	背蚓虫属 Notomastus	背蚓虫 Notomastus latericeus
200	环节动物门 Annelida	多毛纲 Polychaeta	囊吻目 Scolecida	海蛹科 Opheliidae	角海蛹属 Ophelia	角海蛹 Ophelia acuminata
201	环节动物门 Annelida	多毛纲 Polychaeta	不倒翁虫目 Sternaspida	不倒翁虫科 Sternaspidae	不倒翁虫属 Sternaspis	不倒翁虫 Sternaspis scutata
202	软体动物门 Mollusca	掘足纲 Scaphopoda	角贝目 Dentaliida	角贝科 Dentaliidae	沟角贝属 Striodentalium	沟角贝 Striodentalium chinensis
203	软体动物门 Mollusca	掘足纲 Scaphopoda	角贝目 Dentaliida	角贝科 Dentaliidae	缝角贝属 Fissidentalium	肋缝角贝 Fissidentalium yokoyamai
204	软体动物门 Mollusca	腹足纲 Gastroroda	原始腹足目 Archaeogastropoda	蜒螺科 Neritidae	游螺属 Neritina	紫游螺 Neritina violacea
205	软体动物门 Mollusca	腹足纲 Gastroroda	原始腹足目 Archaeogastropoda	蜒螺科 Neritidae	游螺属 Neritina	细斑游螺 Neritina variegata
206	软体动物门 Mollusca	腹足纲 Gastroroda	原始腹足目 Archaeogastropoda	蜒螺科 Neritidae	石蜒螺属 Clithon	奥莱彩螺 Clithon oualaniensis
207	软体动物门 Mollusca	腹足纲 Gastroroda	原始腹足目 Archaeogastropoda	蜒螺科 Neritidae	石蜒螺属 Clithon	多色彩螺 Clithon sowerbianum
208	软体动物门 Mollusca	腹足纲 Gastroroda	中腹足目 Mesogastropoda	麂眼螺科 Rissoidae	光子螺属 Phosinella	纺锤光子螺 Phosinella fusca
209	软体动物门 Mollusca	腹足纲 Gastroroda	中腹足目 Mesogastropoda	滨螺科 Littorinidae	拟滨螺属 Littoraria	波纹拟滨螺 Littoraria undulata

续表

序号	门	纲	目	科	属	种
210	软体动物门 Mollusca	腹足纲 Gastroroda	中腹足目 Mesogastropoda	滨螺科 Littorinidae	拟滨螺属 Littoraria	粗糙拟滨螺 Littoraria scabra
211	软体动物门 Mollusca	腹足纲 Gastroroda	中腹足目 Mesogastropoda	滨螺科 Littorinidae	拟滨螺属 Littoraria	黑口拟滨螺 Littoraria melanostoma
212	软体动物门 Mollusca	腹足纲 Gastroroda	中腹足目 Mesogastropoda	锥螺科 Turritellidae	锥螺属 Turritella	棒锥螺 Turritella bacillum
213	软体动物门 Mollusca	腹足纲 Gastroroda	中腹足目 Mesogastropoda	狭口螺科 Stenothyridae	狭口螺属 Stenothyra	光滑狭口螺 Stenothyra glabra
214	软体动物门 Mollusca	腹足纲 Gastroroda	中腹足目 Mesogastropoda	黑螺科 Melaniidae	粒粒蜷属 Tarebia	斜粒粒蜷 Tarebia granifera
215	软体动物门 Mollusca	腹足纲 Gastroroda	中腹足目 Mesogastropoda	黑螺科 Melaniidae	齿蜷属 Sermyla	斜肋齿蜷 Sermyla riqueti
216	软体动物门 Mollusca	腹足纲 Gastroroda	中腹足目 Mesogastropoda	黑螺科 Melaniidae	塔蜷属 Thiara	塔蜷 Thiara scabra
217	软体动物门 Mollusca	腹足纲 Gastroroda	中腹足目 Mesogastropoda	黑螺科 Melaniidae	拟黑螺属 Melanoides	瘤拟黑螺 Melanoides tuberculata
218	软体动物门 Mollusca	腹足纲 Gastroroda	中腹足目 Mesogastropoda	黑螺科 Melaniidae	短沟蜷属 Semisulcospira	放逸短沟蜷 Semisulcospira libertina
219	软体动物门 Mollusca	腹足纲 Gastroroda	中腹足目 Mesogastropoda	滩栖螺科 Batillariidae	滩栖螺属 Batillaria	纵带滩栖螺 Batillaria zonalis
220	软体动物门 Mollusca	腹足纲 Gastroroda	中腹足目 Mesogastropoda	汇螺科 Potamididae	拟蟹守螺属 Cerithidea	红树拟蟹守螺 Cerithidea rhizophorarum
221	软体动物门 Mollusca	腹足纲 Gastroroda	中腹足目 Mesogastropoda	汇螺科 Potamididae	拟蟹守螺属 Cerithidea	珠带拟蟹守螺 Cerithidea cingulata
222	软体动物门 Mollusca	腹足纲 Gastroroda	中腹足目 Mesogastropoda	汇螺科 Potamididae	拟蟹守螺属 Cerithidea	中华拟蟹守螺 Cerithidea sinensis
223	软体动物门 Mollusca	腹足纲 Gastroroda	中腹足目 Mesogastropoda	汇螺科 Potamididae	笋光螺属 Terebralia	沟纹笋光螺 Terebralia sulcata

续表

序号	门	纲	目	科	属	种
224	软体动物门 Mollusca	腹足纲 Gastroroda	中腹足目 Mesogastropoda	拟沼螺科 Assimineidae	拟沼螺属 Assiminea	短拟沼螺 Assiminea brevicula
225	软体动物门 Mollusca	腹足纲 Gastroroda	中腹足目 Mesogastropoda	拟沼螺科 Assimineidae	拟沼螺属 Assiminea	亲和山椒螺 Assiminea affinis
226	软体动物门 Mollusca	腹足纲 Gastroroda	中腹足目 Mesogastropoda	玉螺科 Naticidae	玉螺属 Natica	玉螺 Natica sp.
227	软体动物门 Mollusca	腹足纲 Gastroroda	新腹足目 Neogastropoda	织纹螺科 Nassariidae	织纹螺属 Nassarius	节织纹螺 Nassarius hepaticus
228	软体动物门 Mollusca	腹足纲 Gastroroda	头楯目 Cephalaspidea	阿地螺科 Atyidae	泥螺属 Bullacta	泥螺 Bullacta exarata
229	软体动物门 Mollusca	腹足纲 Gastroroda	头楯目 Cephalaspidea	襄螺科 Retusidae	襄螺属 Retusa	婆罗襄螺 Retusa borneensis
230	软体动物门 Mollusca	腹足纲 Gastroroda	柄眼目 Stylommatophora	石磺科 Onciidiidae	石磺属 Onchidium	石磺 Onchidium verruculatum
231	软体动物门 Mollusca	双壳纲 Bivalves	蚶目 Arcida	蚶科 Arcidae	泥蚶属 Tegillarca	结蚶 Tegillarca nodifera
232	软体动物门 Mollusca	双壳纲 Bivalves	蚶目 Arcida	蚶科 Arcidae	泥蚶属 Tegillarca	泥蚶 Tegillarca granosa
233	软体动物门 Mollusca	双壳纲 Bivalves	蚶目 Arcida	蚶科 Arcidae	珠蚶属 Mabellarca	道氏珠蚶 Mabellarca dautzenbergi
234	软体动物门 Mollusca	双壳纲 Bivalves	贻贝目 Mytilida	贻贝科 Mytilidae	贻贝属 Mytilus	紫贻贝 Mytilus galloprovincialis
235	软体动物门 Mollusca	双壳纲 Bivalves	牡蛎目 Ostreida	牡蛎科 Ostreidae	牡蛎属 Crassostrea	牡蛎 Crassostrea sp.
236	软体动物门 Mollusca	双壳纲 Bivalves	帘蛤目 Venerida	满月蛤科 Lucinidae	满月蛤属 Lucina	疏纹满月蛤 Lucina scarlatoi
237	软体动物门 Mollusca	双壳纲 Bivalves	帘蛤目 Venerida	樱蛤科 Tellinidae	美丽蛤属 Merisca	编织美丽蛤 Merisca perplexa

续表

序号	门	纲	目	科	属	种
238	软体动物门 Mollusca	双壳纲 Bivalves	帘蛤目 Venerida	樱蛤科 Tellinidae	楔樱蛤属 Cadella	圆楔樱蛤 Cadella narutoensis
239	软体动物门 Mollusca	双壳纲 Bivalves	帘蛤目 Venerida	樱蛤科 Tellinidae	明樱蛤属 Moerella	红明樱蛤 Moerella rutila
240	软体动物门 Mollusca	双壳纲 Bivalves	帘蛤目 Venerida	樱蛤科 Tellinidae	亮樱蛤属 Nitidotellina	虹光亮樱蛤 Nitidotellina iridella
241	软体动物门 Mollusca	双壳纲 Bivalves	帘蛤目 Venerida	樱蛤科 Tellinidae	白樱蛤属 Macoma	美女白樱蛤 Macoma candida
242	软体动物门 Mollusca	双壳纲 Bivalves	帘蛤目 Venerida	梭蛤科 Trapeziidae	珊瑚蛤属 Coralliophaga	珊瑚蛤 Coralliophaga coralliophaga
243	软体动物门 Mollusca	双壳纲 Bivalves	帘蛤目 Venerida	蚬科 Corbiculidae	蚬属 Geloina	红树蚬 Geloina erosa
244	软体动物门 Mollusca	双壳纲 Bivalves	帘蛤目 Venerida	帘蛤科 Veneridae	杓拿蛤属 Anomalodiscus	鳞杓拿蛤 Anomalodiscus squamosus
245	软体动物门 Mollusca	双壳纲 Bivalves	帘蛤目 Venerida	帘蛤科 Veneridae	加夫蛤属 Gafrarium	凸加夫蛤 Gafrarium tumidum
246	软体动物门 Mollusca	双壳纲 Bivalves	帘蛤目 Venerida	帘蛤科 Veneridae	卵蛤属 Pitar	细纹卵蛤 Pitar striatus
247	软体动物门 Mollusca	双壳纲 Bivalves	帘蛤目 Venerida	帘蛤科 Veneridae	卵蛤属 Pitar	亚明卵蛤 Pitar subpellucidus
248	软体动物门 Mollusca	双壳纲 Bivalves	帘蛤目 Venerida	帘蛤科 Veneridae	镜蛤属 Dosinia	日本镜蛤 Dosinia japonica
249	软体动物门 Mollusca	双壳纲 Bivalves	帘蛤目 Venerida	帘蛤科 Veneridae	镜蛤属 Dosinia	镜蛤 Dosinia sp.
250	软体动物门 Mollusca	双壳纲 Bivalves	帘蛤目 Venerida	帘蛤科 Veneridae	青蛤属 Cyclina	青蛤 Cyclina sinensis
251	软体动物门 Mollusca	双壳纲 Bivalves	帘蛤目 Venerida	绿螂科 Glauconomidae	绿螂属 Glauconome	中国绿螂 Glauconome chinensis

续表

序号	门	纲	目	科	属	种
252	软体动物门 Mollusca	双壳纲 Bivalves	海螂目 Myida	篮蛤科 Corbulidae	异篮蛤属 Anisocorbula	灰异篮蛤 Anisocorbula pallida
253	软体动物门 Mollusca	双壳纲 Bivalves	笋螂目 Pholadomyoida	鸭嘴蛤科 Laternulidae	鸭嘴蛤属 Laternula	截形鸭嘴蛤 Laternula truncata
254	软体动物门 Mollusca	双壳纲 Bivalves	笋螂目 Pholadomyoida	筒蛎科 Clavagellidea	盘筒蛎属 Brechites	环纹盘筒蛎 Brechites penis
255	软体动物门 Mollusca	双壳纲 Bivalves	笋螂目 Pholadomyoida	杓蛤科 Cuspidariidae	杓蛤属 Cuspidaria	皱纹杓蛤 Cuspidaria corrugata
256	软体动物门 Mollusca	头足纲 Cephalopoda	闭眼目 Myopsida	枪乌贼科 Loliginidae	枪乌贼属 Loligo	杜氏枪乌贼 Loligo duvaucelii
257	软体动物门 Mollusca	头足纲 Cephalopoda	乌贼目 Sepiidea	耳乌贼科 Sepiolidae	四盘耳乌贼属 Euprymna	柏氏四盘耳乌贼 Euprymna berryi
258	节肢动物门 Arthropoda	六肢幼虫纲 Hexanauplia	哲水蚤目 Calanoida	哲水蚤科 Calanidae	拟哲水蚤属 Paracalanus	小拟哲水蚤 Paracalanus parvus
259	节肢动物门 Arthropoda	六肢幼虫纲 Hexanauplia	哲水蚤目 Calanoida	真哲水蚤科 Eucalanidae	钦真哲水蚤属 Subeucalanus	亚强钦真哲水蚤 Subeucalanus subcrassus
260	节肢动物门 Arthropoda	六肢幼虫纲 Hexanauplia	剑水蚤目 Cyclopoidea	剑水蚤科 Cyclopidae	中剑水蚤属 Mesocyclops	广布中剑水蚤 Mesocyclops leuckarti
261	节肢动物门 Arthropoda	六肢幼虫纲 Hexanauplia	剑水蚤目 Cyclopoidea	剑水蚤科 Cyclopidae	剑水蚤属 Cyclops	近邻剑水蚤 Cyclops vicinus
262	节肢动物门 Arthropoda	六肢幼虫纲 Hexanauplia	剑水蚤目 Cyclopoidea	大眼水蚤科 Corycaeidae	大眼水蚤属 Corycaeus	太平洋大眼水蚤 Corycaeus pacificus
263	节肢动物门 Arthropoda	六肢幼虫纲 Hexanauplia	剑水蚤目 Cyclopoidea	长腹剑水蚤科 Oithonidae	长腹拟剑水蚤属 Oithona	小长拟剑水蚤 Oithona nana
264	节肢动物门 Arthropoda	六肢幼虫纲 Hexanauplia	剑水蚤目 Cyclopoidea	长腹剑水蚤科 Oithonidae	长腹拟剑水蚤属 Oithona	拟长腹剑水蚤 Oithona similis
265	节肢动物门 Arthropoda	六肢幼虫纲 Hexanauplia	猛水蚤目 Harpacticoida	日猛水蚤科 Tisbidae	日猛水蚤属 Tisbe	分叉小猛水蚤 Tisbe furcata

续表

序号	门	纲	目	科	属	种
266	节肢动物门 Arthropoda	六肢幼虫纲 Hexanauplia	猛水蚤目 Harpacticoida	大吉猛水蚤科 Tachidiidae	真猛水蚤属 Euterpina	尖额真猛水蚤 Euterpina acutifrons
267	节肢动物门 Arthropoda	六肢幼虫纲 Hexanauplia	猛水蚤目 Harpacticoida	暴猛水蚤科 Clytemnestridae	暴猛水蚤属 Clytemnestra	硬鳞暴猛水蚤 Clytemnestra scutellate
268	节肢动物门 Arthropoda	六肢幼虫纲 Hexanauplia	猛水蚤目 Harpacticoida	奇异猛水蚤科 Miraciidae	长毛猛水蚤属 Macrosetella	瘦长毛猛水蚤 Macrosetella gracilis
269	节肢动物门 Arthropoda	六肢幼虫纲 Hexanauplia	猛水蚤目 Harpacticoida	叶水蚤科 Sapphirinidae	叶水蚤属 Sapphirina	达氏叶水蚤 Sapphirina darwinii
270	节肢动物门 Arthropoda	软甲纲 Malacostraca	端足目 Amphipoda	蜾蠃蜚科 Corophiidae	蜾蠃蜚属 Corophium	中华蜾蠃蜚 Corophium sinensis
271	节肢动物门 Arthropoda	软甲纲 Malacostraca	端足目 Amphipoda	钩虾科 Gammaridae	钩虾属 Gammarus	钩虾 Gammarus sp.
272	节肢动物门 Arthropoda	软甲纲 Malacostraca	端足目 Amphipoda	背尾水虱科 Anthuridae	杯状水虱属 Cyathura	杯状水虱 Cyathura politula
273	节肢动物门 Arthropoda	软甲纲 Malacostraca	原足目 Tanaidacea	拟长尾虫科 Parapseudidae	碟尾虫属 Discapseudes	麦克碟尾虫 Discapseudes mackiei
274	节肢动物门 Arthropoda	软甲纲 Malacostraca	口足目 Stomatopoda	虾蛄科 Squillidae	拟绿虾蛄属 Cloridopsis	蝎形拟绿虾蛄 Cloridopsis scorpio
275	节肢动物门 Arthropoda	软甲纲 Malacostraca	口足目 Stomatopoda	虾蛄科 Squillidae	绿虾蛄属 Clorida	小眼绿虾蛄 Clorida microphthalma
276	节肢动物门 Arthropoda	软甲纲 Malacostraca	口足目 Stomatopoda	虾蛄科 Squillidae	平虾蛄属 Erugosquilla	葛氏平虾蛄 Erugosquilla grahami
277	节肢动物门 Arthropoda	软甲纲 Malacostraca	口足目 Stomatopoda	虾蛄科 Squillidae	三宅虾蛄属 Miyakea	长叉三宅虾蛄 Miyakea nepa
278	节肢动物门 Arthropoda	软甲纲 Malacostraca	口足目 Stomatopoda	虾蛄科 Squillidae	口虾蛄属 Oratosquilla	黑斑口虾蛄 Oratosquilla kempi
279	节肢动物门 Arthropoda	软甲纲 Malacostraca	口足目 Stomatopoda	虾蛄科 Squillidae	口虾蛄属 Oratosquilla	口虾蛄 Oratosquilla oratoria

序号	门	纲	目	科	属	种
280	节肢动物门 Arthropoda	软甲纲 Malacostraca	口足目 Stomatopoda	虾蛄科 Squillidae	小口虾蛄属 Oratosquillina	无刺小口虾蛄 Oratosquillina inornata
281	节肢动物门 Arthropoda	软甲纲 Malacostraca	口足目 Stomatopoda	虾蛄科 Squillidae	小口虾蛄属 Oratosquillina	断脊小口虾蛄 Oratosquillina interrupta
282	节肢动物门 Arthropoda	软甲纲 Malacostraca	十足目 Decapoda	对虾科 Penaeidae	明对虾属 Fenneropenaeus	墨吉对虾 Fenneropenaeus merguiensis
283	节肢动物门 Arthropoda	软甲纲 Malacostraca	十足目 Decapoda	对虾科 Penaeidae	明对虾属 Fenneropenaeus	中国明对虾 Fenneropenaeus chinensis
284	节肢动物门 Arthropoda	软甲纲 Malacostraca	十足目 Decapoda	对虾科 Penaeidae	对虾属 Penaeus	对虾 Penaeus sp.
285	节肢动物门 Arthropoda	软甲纲 Malacostraca	十足目 Decapoda	对虾科 Penaeidae	对虾属 Penaeus	斑节对虾 Penaeus monodon
286	节肢动物门 Arthropoda	软甲纲 Malacostraca	十足目 Decapoda	对虾科 Penaeidae	对虾属 Penaeus	短沟对虾 Penaeus semisulcatus
287	节肢动物门 Arthropoda	软甲纲 Malacostraca	十足目 Decapoda	对虾科 Penaeidae	囊对虾属 Marsupenaeus	日本囊对虾 Marsupenaeus japonicus
288	节肢动物门 Arthropoda	软甲纲 Malacostraca	十足目 Decapoda	对虾科 Penaeidae	新对虾属 Metapenaeus	新对虾 Metapenaeus sp.
289	节肢动物门 Arthropoda	软甲纲 Malacostraca	十足目 Decapoda	对虾科 Penaeidae	新对虾属 Metapenaeus	近缘新对虾 Metapenaeus affinis
290	节肢动物门 Arthropoda	软甲纲 Malacostraca	十足目 Decapoda	对虾科 Penaeidae	新对虾属 Metapenaeus	刀额新对虾 Metapenaeus ensis
291	节肢动物门 Arthropoda	软甲纲 Malacostraca	十足目 Decapoda	对虾科 Penaeidae	新对虾属 Metapenaeus	中型新对虾 Metapenaeus intermedius
292	节肢动物门 Arthropoda	软甲纲 Malacostraca	十足目 Decapoda	对虾科 Penaeidae	新对虾属 Metapenaeus	周氏新对虾 Metapenaeus joyneri
293	节肢动物门 Arthropoda	软甲纲 Malacostraca	十足目 Decapoda	对虾科 Penaeidae	新对虾属 Metapenaeus	沙栖新对虾 Metapenaeus moyebi

续表

序号	门	纲	目	科	属	种
294	节肢动物门 Arthropoda	软甲纲 Malacostraca	十足目 Decapoda	对虾科 Penaeidae	仿对虾属 Parapenaeopsis	角突仿对虾 Parapenaeopsis cornuta
295	节肢动物门 Arthropoda	软甲纲 Malacostraca	十足目 Decapoda	对虾科 Penaeidae	仿对虾属 Parapenaeopsis	哈氏仿对虾 Parapenaeopsis hardwickii
296	节肢动物门 Arthropoda	软甲纲 Malacostraca	十足目 Decapoda	对虾科 Penaeidae	仿对虾属 Parapenaeopsis	亨氏仿对虾 Parapenaeopsis hungerfordi
297	节肢动物门 Arthropoda	软甲纲 Malacostraca	十足目 Decapoda	对虾科 Penaeidae	拟对虾属 Parapenaeus	矛形拟对虾 Parapenaeus lanceolatus
298	节肢动物门 Arthropoda	软甲纲 Malacostraca	十足目 Decapoda	对虾科 Penaeidae	鹰爪虾属 Trachysalambria	鹰爪虾 Trachysalambria curvirostris
299	节肢动物门 Arthropoda	软甲纲 Malacostraca	十足目 Decapoda	鼓虾科 Alpheidae	鼓虾属 Alpheus	短脊鼓虾 Alpheus brevicristatus
300	节肢动物门 Arthropoda	软甲纲 Malacostraca	十足目 Decapoda	鼓虾科 Alpheidae	鼓虾属 Alpheus	鲜明鼓虾 Alpheus distinguendus
301	节肢动物门 Arthropoda	软甲纲 Malacostraca	十足目 Decapoda	鼓虾科 Alpheidae	鼓虾属 Alpheus	刺螯鼓虾 Alpheus hoplocheles
302	节肢动物门 Arthropoda	软甲纲 Malacostraca	十足目 Decapoda	鼓虾科 Alpheidae	鼓虾属 Alpheus	无刺鼓虾 Alpheus stanleyi
303	节肢动物门 Arthropoda	软甲纲 Malacostraca	十足目 Decapoda	瓷蟹科 Porcellanidae	瓷蟹属 Porcellana	瓷蟹 Porcellana sp.
304	节肢动物门 Arthropoda	软甲纲 Malacostraca	十足目 Decapoda	黎明蟹科 Matutidae	黎明蟹属 Matuta	颗粒黎明蟹 Matuta granulosa
305	节肢动物门 Arthropoda	软甲纲 Malacostraca	十足目 Decapoda	黎明蟹科 Matutidae	黎明蟹属 Matuta	顽强黎明蟹 Matuta vitor
306	节肢动物门 Arthropoda	软甲纲 Malacostraca	十足目 Decapoda	关公蟹科 Dorippidae	关公蟹属 Dorippe	聪明关公蟹 Dorippe astuta
307	节肢动物门 Arthropoda	软甲纲 Malacostraca	十足目 Decapoda	关公蟹科 Dorippidae	关公蟹属 Dorippe	伪装关公蟹 Dorippe facchino

续表

序号	门	纲	目	科	属	种
308	节肢动物门 Arthropoda	软甲纲 Malacostraca	十足目 Decapoda	关公蟹科 Dorippidae	关公蟹属 Dorippe	疣面关公蟹 Dorippe frascone
309	节肢动物门 Arthropoda	软甲纲 Malacostraca	十足目 Decapoda	关公蟹科 Dorippidae	关公蟹属 Dorippe	日本关公蟹 Dorippe japonica
310	节肢动物门 Arthropoda	软甲纲 Malacostraca	十足目 Decapoda	哲蟳蟹科 Menippidae	哲蟳蟹属 Menippe	缪氏哲蟳蟹 Menippe rumphii
311	节肢动物门 Arthropoda	软甲纲 Malacostraca	十足目 Decapoda	宽甲蟹科 Chasmocarcinidae	宽甲蟹属 Chasmocarcinops	拟光宽甲蟹 Chasmocarcinops gelasimoides
312	节肢动物门 Arthropoda	软甲纲 Malacostraca	十足目 Decapoda	宽背蟹科 Euryplacidae	强蟹属 Eucrate	太阳强蟹 Eucrate solaris
313	节肢动物门 Arthropoda	软甲纲 Malacostraca	十足目 Decapoda	卧蜘蛛蟹科 Epialtidae	绒球蟹属 Doclea	细肢绒球蟹 Doclea gracilipes
314	节肢动物门 Arthropoda	软甲纲 Malacostraca	十足目 Decapoda	卧蜘蛛蟹科 Epialtidae	绒球蟹属 Doclea	羊毛绒球蟹 Doclea ovis
315	节肢动物门 Arthropoda	软甲纲 Malacostraca	十足目 Decapoda	卧蜘蛛蟹科 Epialtidae	互敬蟹属 Hyastenus	双角互敬蟹 Hyastenus diacanthus
316	节肢动物门 Arthropoda	软甲纲 Malacostraca	十足目 Decapoda	菱蟹科 Parthenopidae	菱蟹属 Parthenope	疣背菱蟹 Parthenope tuberculosus
317	节肢动物门 Arthropoda	软甲纲 Malacostraca	十足目 Decapoda	静蟹科 Galenidae	静蟹属 Galene	双刺静蟹 Galene bispinosa
318	节肢动物门 Arthropoda	软甲纲 Malacostraca	十足目 Decapoda	静蟹科 Galenidae	精武蟹属 Patapanope	贪精武蟹 Patapanope euagora
319	节肢动物门 Arthropoda	软甲纲 Malacostraca	十足目 Decapoda	毛刺蟹科 Pilumnidae	毛粒蟹属 Pilumnopeus	真壮毛粒蟹 Pilumnopeus eucratoides
320	节肢动物门 Arthropoda	软甲纲 Malacostraca	十足目 Decapoda	毛刺蟹科 Pilumnidae	佘氏蟹属 Ser	福建佘氏蟹 Ser fukiensis
321	节肢动物门 Arthropoda	软甲纲 Malacostraca	十足目 Decapoda	梭子蟹科 Portunidae	长眼蟹属 Podophthalmus	看守长眼蟹 Podophthalmus vigil

续表

序号	门	纲	目	科	属	种
322	节肢动物门 Arthropoda	软甲纲 Malacostraca	十足目 Decapoda	梭子蟹科 Portunidae	青蟹属 Scylla	拟穴青蟹 Scylla paramamosain
323	节肢动物门 Arthropoda	软甲纲 Malacostraca	十足目 Decapoda	梭子蟹科 Portunidae	梭子蟹属 Portunus	矛形梭子蟹 Portunus hastatoides
324	节肢动物门 Arthropoda	软甲纲 Malacostraca	十足目 Decapoda	梭子蟹科 Portunidae	梭子蟹属 Portunus	远海梭子蟹 Portunus pelagicus
325	节肢动物门 Arthropoda	软甲纲 Malacostraca	十足目 Decapoda	梭子蟹科 Portunidae	梭子蟹属 Portunus	红星梭子蟹 Portunus sanguinolentus
326	节肢动物门 Arthropoda	软甲纲 Malacostraca	十足目 Decapoda	梭子蟹科 Portunidae	梭子蟹属 Portunus	三疣梭子蟹 Portunus trituberculatus
327	节肢动物门 Arthropoda	软甲纲 Malacostraca	十足目 Decapoda	梭子蟹科 Portunidae	蟳属 Charybdis	锐齿蟳 Charybdis acuta
328	节肢动物门 Arthropoda	软甲纲 Malacostraca	十足目 Decapoda	梭子蟹科 Portunidae	蟳属 Charybdis	异齿蟳 Charybdis anisodon
329	节肢动物门 Arthropoda	软甲纲 Malacostraca	十足目 Decapoda	梭子蟹科 Portunidae	蟳属 Charybdis	环纹蟳 Charybdis annulata
330	节肢动物门 Arthropoda	软甲纲 Malacostraca	十足目 Decapoda	梭子蟹科 Portunidae	蟳属 Charybdis	锈斑蟳 Charybdis feriata
331	节肢动物门 Arthropoda	软甲纲 Malacostraca	十足目 Decapoda	梭子蟹科 Portunidae	蟳属 Charybdis	钝齿蟳 Charybdis hellerii
332	节肢动物门 Arthropoda	软甲纲 Malacostraca	十足目 Decapoda	梭子蟹科 Portunidae	蟳属 Charybdis	日本蟳 Charybdis japonica
333	节肢动物门 Arthropoda	软甲纲 Malacostraca	十足目 Decapoda	梭子蟹科 Portunidae	蟳属 Charybdis	晶莹蟳 Charybdis lucifera
334	节肢动物门 Arthropoda	软甲纲 Malacostraca	十足目 Decapoda	梭子蟹科 Portunidae	蟳属 Charybdis	光掌蟳 Charybdis riversandersoni
335	节肢动物门 Arthropoda	软甲纲 Malacostraca	十足目 Decapoda	梭子蟹科 Portunidae	蟳属 Charybdis	东方蟳 Charybdis orientalis

续表

序号	门	纲	目	科	属	种
336	节肢动物门 Arthropoda	软甲纲 Malacostraca	十足目 Decapoda	梭子蟹科 Portunidae	短桨蟹属 Thalamita	少刺短桨蟹 Thalamita danae
337	节肢动物门 Arthropoda	软甲纲 Malacostraca	十足目 Decapoda	梭子蟹科 Portunidae	短桨蟹属 Thalamita	底栖短桨蟹 Thalamita prymna
338	节肢动物门 Arthropoda	软甲纲 Malacostraca	十足目 Decapoda	梭子蟹科 Portunidae	短桨蟹属 Thalamita	双额短桨蟹 Thalamita sima
339	节肢动物门 Arthropoda	软甲纲 Malacostraca	十足目 Decapoda	扇蟹科 Xanthidae	绿蟹属 Chlorodiella	绿蟹 Chlorodiella sp.
340	节肢动物门 Arthropoda	软甲纲 Malacostraca	十足目 Decapoda	扇蟹科 Xanthidae	近扇蟹属 Xanthias	扇蟹 Xanthias sp.
341	节肢动物门 Arthropoda	软甲纲 Malacostraca	十足目 Decapoda	方蟹科 Goneplacidae	大额蟹属 Metopograpsus	四齿大额蟹 Metopograpsus quadridentatus
342	节肢动物门 Arthropoda	软甲纲 Malacostraca	十足目 Decapoda	沙蟹科 Ocypodidae	招潮蟹属 Uca	弧边招潮蟹 Uca arcuata
343	节肢动物门 Arthropoda	软甲纲 Malacostraca	十足目 Decapoda	沙蟹科 Ocypodidae	招潮蟹属 Uca	屠氏招潮蟹 Uca dussumieri
344	节肢动物门 Arthropoda	软甲纲 Malacostraca	十足目 Decapoda	大眼蟹科 Macrophthalmidae	大眼蟹属 Macrophthalmus	日本大眼蟹 Macrophthalmus japonicus
345	节肢动物门 Arthropoda	软甲纲 Malacostraca	十足目 Decapoda	大眼蟹科 Macrophthalmidae	大眼蟹属 Macrophthalmus	太平大眼蟹 Macrophthalmus pacificus
346	节肢动物门 Arthropoda	软甲纲 Malacostraca	十足目 Decapoda	猴面蟹科 Camptandriidae	拟闭口蟹属 Cleistostoma	宽身拟闭口蟹 Cleistostoma dilatatum
347	节肢动物门 Arthropoda	软甲纲 Malacostraca	十足目 Decapoda	毛带蟹科 Dotillidae	泥蟹属 Ilyoplax	台湾泥蟹 Ilyoplax formosensis
348	节肢动物门 Arthropoda	软甲纲 Malacostraca	十足目 Decapoda	毛带蟹科 Dotillidae	泥蟹属 Ilyoplax	谭氏泥蟹 Ilyoplax deschampsi
349	节肢动物门 Arthropoda	软甲纲 Malacostraca	十足目 Decapoda	毛带蟹科 Dotillidae	泥蟹属 Ilyoplax	泥蟹 Ilyoplax sp.

续表

序号	门	纲	目	科	属	种
350	节肢动物门 Arthropoda	软甲纲 Malacostraca	十足目 Decapoda	毛带蟹科 Dotillidae	股窗蟹属 Scopimera	颗粒股窗蟹 Scopimera tuberculata
351	节肢动物门 Arthropoda	软甲纲 Malacostraca	十足目 Decapoda	弓蟹科 Varunidae	长方蟹属 Metaplax	秀丽长方蟹 Metaplax elegans
352	节肢动物门 Arthropoda	软甲纲 Malacostraca	十足目 Decapoda	相手蟹科 Sesarmidae	拟相手蟹属 Parasesarma	斑点拟相手蟹 Parasesarma pictum
353	节肢动物门 Arthropoda	软甲纲 Malacostraca	十足目 Decapoda	相手蟹科 Sesarmidae	拟相手蟹属 Parasesarma	褶痕拟相手蟹 Parasesarma plicatum
354	节肢动物门 Arthropoda	软甲纲 Malacostraca	十足目 Decapoda	相手蟹科 Sesarmidae	近相手蟹属 Perisesarma	双齿近相手蟹 Perisesarma bidens
355	节肢动物门 Arthropoda	软甲纲 Malacostraca	十足目 Decapoda	相手蟹科 Sesarmidae	近相手蟹属 Perisesarma	带纹近相手蟹 Perisesarma fasciatum
356	节肢动物门 Arthropoda	软甲纲 Malacostraca	十足目 Decapoda	相手蟹科 Sesarmidae	中相手蟹属 Sesarmops	中华中相手蟹 Sesarmops sinensis
357	节肢动物门 Arthropoda	软甲纲 Malacostraca	十足目 Decapoda	蝶形蟹科 Latreillidae	蝶形蟹属 Latreillia	蜘蛛蟹 Latreillia sp.
358	节肢动物门 Arthropoda	昆虫纲 Insecta	直翅目 Orthoptera	斑翅蝗科 Oedipodidae	绿纹蝗属 Aiolopus	绿纹蝗 Aiolopus sp.
359	节肢动物门 Arthropoda	昆虫纲 Insecta	直翅目 Orthoptera	蚱科 Tetrigidae		蚱科 1 种
360	节肢动物门 Arthropoda	昆虫纲 Insecta	直翅目 Orthoptera	蟋蟀科 Gryllidae		蟋蟀科 1 种
361	节肢动物门 Arthropoda	昆虫纲 Insecta	直翅目 Orthoptera	蟋蟀科 Gryllidae	油葫芦属 Teleogryllus	油葫芦 Teleogryllus sp.
362	节肢动物门 Arthropoda	昆虫纲 Insecta	蜻蜓目 Odonata	蜻科 Libellulidae	黄蜻属 Pantala	黄蜻 Pantala flavescens
363	节肢动物门 Arthropoda	昆虫纲 Insecta	蜻蜓目 Odonata	蜻科 Libellulidae	丽翅蜻属 Rhyothemis	斑丽翅蜻 Rhyothemis variegata

续表

序号	门	纲	目	科	属	种
364	节肢动物门 Arthropoda	昆虫纲 Insecta	蜻蜓目 Odonata	蜻科 Libellulidae	淙蜻属 Macrodiplax	高翔淙蜻 Macrodiplax cora
365	节肢动物门 Arthropoda	昆虫纲 Insecta	蜻蜓目 Odonata	蜻科 Libellulidae	蓝小蜻属 Diplacodes	纹蓝小蜻 Diplacodes trivialis
366	节肢动物门 Arthropoda	昆虫纲 Insecta	蜻蜓目 Odonata	蜻科 Libellulidae	褐蜻属 Trithemis	晓褐蜻 Trithemis aurora
367	节肢动物门 Arthropoda	昆虫纲 Insecta	蜻蜓目 Odonata	蟌科 Coenagrionidae	异痣蟌属 Ischnura	褐斑异痣蟌 Ischnura sengalensis
368	节肢动物门 Arthropoda	昆虫纲 Insecta	半翅目 Hemiptera	大红蝽科 Largidae	斑红蝽属 Physopelta	突背斑红蝽 Physopelta gutta
369	节肢动物门 Arthropoda	昆虫纲 Insecta	半翅目 Hemiptera	黾蝽科 Gerridae	海黾属 Halobates	海黾 Halobates sp.
370	节肢动物门 Arthropoda	昆虫纲 Insecta	半翅目 Hemiptera	黾蝽科 Gerridac	泽背黾蝽属 Limnogonus	暗条泽黾蝽 Limnogonus fossarum
371	节肢动物门 Arthropoda	昆虫纲 Insecta	半翅目 Hemiptera	土蝽科 Cydnidae		土蝽科 1 种
372	节肢动物门 Arthropoda	昆虫纲 Insecta	半翅目 Hemiptera	龟蝽科 Plataspidae		龟蝽科 1 种
373	节肢动物门 Arthropoda	昆虫纲 Insecta	半翅目 Hemiptera	龟蝽科 Plataspidae	平龟蝽属 Brachyplatys	平龟蝽 Brachyplatys sp.
374	节肢动物门 Arthropoda	昆虫纲 Insecta	半翅目 Hemiptera	蝽科 Pentatomidae	青蝽属 Glaucias	青蝽 Glaucias dorsalis
375	节肢动物门 Arthropoda	昆虫纲 Insecta	半翅目 Hemiptera	蝽科 Pentatomidae	珀蝽属 Plautia	珀蝽 Plautia sp.
376	节肢动物门 Arthropoda	昆虫纲 Insecta	半翅目 Hemiptera	缘蝽科 Coreidae	棘缘蝽属 Cletus	棘缘蝽 Cletus sp.
377	节肢动物门 Arthropoda	昆虫纲 Insecta	半翅目 Hemiptera	盾蝽科 Scutelleridae	沟盾蝽属 Solenostethium	沟盾蝽 Solenostethium sp.

续表

序号	门	纲	目	科	属	种
378	节肢动物门 Arthropoda	昆虫纲 Insecta	半翅目 Hemiptera	飞虱科 Delphacidae		飞虱科 1 种
379	节肢动物门 Arthropoda	昆虫纲 Insecta	半翅目 Hemiptera	叶蝉科 Cicadellidae		叶蝉科 1 种
380	节肢动物门 Arthropoda	昆虫纲 Insecta	半翅目 Hemiptera	叶蝉科 Cicadellidae	可大叶蝉属 Cofana	可大叶蝉 Cofana sp.
381	节肢动物门 Arthropoda	昆虫纲 Insecta	半翅目 Hemiptera	沫蝉科 Cercopidae		沫蝉科 1 种
382	节肢动物门 Arthropoda	昆虫纲 Insecta	半翅目 Hemiptera	角蝉科 Membracidae		角蝉科 1 种
383	节肢动物门 Arthropoda	昆虫纲 Insecta	半翅目 Hemiptera	棘蝉科 Machaerotidae		棘蝉科 1 种
384	节肢动物门 Arthropoda	昆虫纲 Insecta	鞘翅目 Coleoptera	露尾甲科 Nitidulidae		露尾甲科 1 种
385	节肢动物门 Arthropoda	昆虫纲 Insecta	鞘翅目 Coleoptera	叶甲科 Chrysomelidae		叶甲科 1 种
386	节肢动物门 Arthropoda	昆虫纲 Insecta	鞘翅目 Coleoptera	花金龟科 Scarebaeidae		花金龟科 1 种
387	节肢动物门 Arthropoda	昆虫纲 Insecta	鞘翅目 Coleoptera	花金龟科 Scarebaeidae	短突花金龟属 Glycyphana	短突花金龟 Glycyphana sp.
388	节肢动物门 Arthropoda	昆虫纲 Insecta	鞘翅目 Coleoptera	花金龟科 Scarebaeidae	青花金龟属 Oxycetonia	斑青花金龟 Oxycetonia jucunda
389	节肢动物门 Arthropoda	昆虫纲 Insecta	鞘翅目 Coleoptera	瓢甲科 Coccinellidae	宽树月瓢虫属 Menochilus	六斑月瓢虫 Menochilus sexmaculata
390	节肢动物门 Arthropoda	昆虫纲 Insecta	鞘翅目 Coleoptera	瓢甲科 Coccinellidae	裂臀瓢虫属 Henosepilachna	马铃薯瓢虫 Henosepilachna vigintioctomaculata
391	节肢动物门 Arthropoda	昆虫纲 Insecta	鞘翅目 Coleoptera	拟步甲科 Tenebrionidae		土甲族 Opatrini 1 种

续表

序号	门	纲	目	科	属	种
392	节肢动物门 Arthropoda	昆虫纲 Insecta	鞘翅目 Coleoptera	象甲科 Curculionidae		象甲科 1 种
393	节肢动物门 Arthropoda	昆虫纲 Insecta	鞘翅目 Coleoptera	拟天牛科 Oedemeridae		拟天牛科 1 种
394	节肢动物门 Arthropoda	昆虫纲 Insecta	鞘翅目 Coleoptera	天牛科 Cerambycidae	艳虎天牛属 Rhaphuma	米纹艳虎天牛 Rhaphuma pieli
395	节肢动物门 Arthropoda	昆虫纲 Insecta	鞘翅目 Coleoptera	犀金龟科 Dynastidae	木犀金龟属 Xylotrupes	橡胶木犀金龟 Xylotrupes gideon
396	节肢动物门 Arthropoda	昆虫纲 Insecta	等翅目 Isoptera	鼻白蚁科 Rhinotermitidae	乳白蚁属 Coptotermes	乳白蚁 Coptotermes sp.
397	节肢动物门 Arthropoda	昆虫纲 Insecta	等翅目 Isoptera	鼻白蚁科 Rhinotermitidae	乳白蚁属 Coptotermes	台湾乳白蚁 Coptotermes formosanus
398	节肢动物门 Arthropoda	昆虫纲 Insecta	双翅目 Diptera	丽蝇科 Calliphoridae	金蝇属 Chrysomya	大头金蝇 Chrysomya megacephala
399	节肢动物门 Arthropoda	昆虫纲 Insecta	双翅目 Diptera	寄蝇科 Sarcophagidae		寄蝇科 1 种
400	节肢动物门 Arthropoda	昆虫纲 Insecta	双翅目 Diptera	食蚜蝇科 Syrphidae	管蚜蝇属 Eristalinus	斑眼食蚜蝇 Eristalinus arvorum
401	节肢动物门 Arthropoda	昆虫纲 Insecta	双翅目 Diptera	长足虻科 Dolichopodidae		丽长足虻亚科 Sciapodinae 1 种
402	节肢动物门 Arthropoda	昆虫纲 Insecta	双翅目 Diptera	蚊科 Culicidae		蚊科 1 种
403	节肢动物门 Arthropoda	昆虫纲 Insecta	双翅目 Diptera	大蚊科 Tipulidae		大蚊科 1 种
404	节肢动物门 Arthropoda	昆虫纲 Insecta	螳螂目 Mantodea	花螳科 Mantidae		花螳科 1 种
405	节肢动物门 Arthropoda	昆虫纲 Insecta	鳞翅目 Lepidoptera	凤蝶科 Papilionidae	凤蝶属 Papilio	巴黎翠凤蝶 Papilio paris

序号	门	纲	目	科	属	种
406	节肢动物门 Arthropoda	昆虫纲 Insecta	鳞翅目 Lepidoptera	凤蝶科 Papilionidae	凤蝶属 Papilio	美凤蝶 Papilio memnon
407	节肢动物门 Arthropoda	昆虫纲 Insecta	鳞翅目 Lepidoptera	凤蝶科 Papilionidae	凤蝶属 Papilio	玉带凤蝶 Papilio polytes
408	节肢动物门 Arthropoda	昆虫纲 Insecta	鳞翅目 Lepidoptera	凤蝶科 Papilionidae	凤蝶属 Papilio	玉斑凤蝶 Papilio helenus
409	节肢动物门 Arthropoda	昆虫纲 Insecta	鳞翅目 Lepidoptera	凤蝶科 Papilionidae	青凤蝶属 Graphium	碎斑青凤蝶 Graphium chiromides
410	节肢动物门 Arthropoda	昆虫纲 Insecta	鳞翅目 Lepidoptera	凤蝶科 Papilionidae	青凤蝶属 Graphium	统帅青凤蝶 Graphium agamemnon
411	节肢动物门 Arthropoda	昆虫纲 Insecta	鳞翅目 Lepidoptera	凤蝶科 Papilionidae	青凤蝶属 Graphium	青凤蝶 Graphium sarpedon
412	节肢动物门 Arthropoda	昆虫纲 Insecta	鳞翅目 Lepidoptera	凤蝶科 Papilionidae	裳凤蝶属 Troides	裳凤蝶 Troides helena
413	节肢动物门 Arthropoda	昆虫纲 Insecta	鳞翅目 Lepidoptera	凤蝶科 Papilionidae	斑凤蝶属 Chilasa	斑凤蝶 Chilasa clytia
414	节肢动物门 Arthropoda	昆虫纲 Insecta	鳞翅目 Lepidoptera	粉蝶科 Pieridae	斑粉蝶属 Delias	报喜斑粉蝶 Delias pasithoe
415	节肢动物门 Arthropoda	昆虫纲 Insecta	鳞翅目 Lepidoptera	粉蝶科 Pieridae	黄粉蝶属 Eurema	宽边黄粉蝶 Eurema hecabe
416	节肢动物门 Arthropoda	昆虫纲 Insecta	鳞翅目 Lepidoptera	粉蝶科 Pieridae	迁粉蝶属 Catopsilia	镉黄迁粉蝶 Catopsilia scylla
417	节肢动物门 Arthropoda	昆虫纲 Insecta	鳞翅目 Lepidoptera	粉蝶科 Pieridae	粉蝶属 Catopsilia	东方菜粉蝶 Pieris canidia
418	节肢动物门 Arthropoda	昆虫纲 Insecta	鳞翅目 Lepidoptera	粉蝶科 Pieridae	纤粉蝶属 Leptosia	纤粉蝶 Leptosia nina
419	节肢动物门 Arthropoda	昆虫纲 Insecta	鳞翅目 Lepidoptera	粉蝶科 Pieridae	园粉蝶属 Cepora	青园粉蝶 Cepora nadina

序号	门	纲	目	科	属	种
420	节肢动物门 Arthropoda	昆虫纲 Insecta	鳞翅目 Lepidoptera	粉蝶科 Pieridae	园粉蝶属 Cepora	黑脉园粉蝶 Cepora nerissa
421	节肢动物门 Arthropoda	昆虫纲 Insecta	鳞翅目 Lepidoptera	粉蝶科 Pieridae	鹤顶粉蝶属 Hebomoia	鹤顶粉蝶 Hebomoia glaucippe
422	节肢动物门 Arthropoda	昆虫纲 Insecta	鳞翅目 Lepidoptera	斑蝶科 Danaidae	紫斑蝶属 Euploea	幻紫斑蝶 Euploea core
423	节肢动物门 Arthropoda	昆虫纲 Insecta	鳞翅目 Lepidoptera	斑蝶科 Danaidae	紫斑蝶属 Euploea	妒丽紫斑蝶 Euploea tulliolus
424	节肢动物门 Arthropoda	昆虫纲 Insecta	鳞翅目 Lepidoptera	斑蝶科 Danaidae	斑蝶属 Danaus	虎斑蝶 Danaus genutia
425	节肢动物门 Arthropoda	昆虫纲 Insecta	鳞翅目 Lepidoptera	蛱蝶科 Nymphalidae	罗蛱蝶属 Rohana	罗蛱蝶 Rohana parisatis
426	节肢动物门 Arthropoda	昆虫纲 Insecta	鳞翅目 Lepidoptera	蛱蝶科 Nymphalidae	豹蛱蝶属 Argynnis	斐豹蛱蝶 Argynnis hyperbius
427	节肢动物门 Arthropoda	昆虫纲 Insecta	鳞翅目 Lepidoptera	蛱蝶科 Nymphalidae	翠蛱蝶属 Euthalia	尖翅翠蛱蝶 Euthalia phemius
428	节肢动物门 Arthropoda	昆虫纲 Insecta	鳞翅目 Lepidoptera	蛱蝶科 Nymphalidae	带蛱蝶属 Athyma	新月带蛱蝶 Athyma selenophora
429	节肢动物门 Arthropoda	昆虫纲 Insecta	鳞翅目 Lepidoptera	蛱蝶科 Nymphalidae	带蛱蝶属 Athyma	相思带蛱蝶 Athyma nefte
430	节肢动物门 Arthropoda	昆虫纲 Insecta	鳞翅目 Lepidoptera	蛱蝶科 Nymphalidae	环蛱蝶属 Neptis	娑环蛱蝶 Neptis soma
431	节肢动物门 Arthropoda	昆虫纲 Insecta	鳞翅目 Lepidoptera	蛱蝶科 Nymphalidae	环蛱蝶属 Neptis	中环蛱蝶 Neptis hylas
432	节肢动物门 Arthropoda	昆虫纲 Insecta	鳞翅目 Lepidoptera	蛱蝶科 Nymphalidae	斑蛱蝶属 Hypolimnas	幻紫斑蛱蝶 Hypolimnas bolina
433	节肢动物门 Arthropoda	昆虫纲 Insecta	鳞翅目 Lepidoptera	蛱蝶科 Nymphalidae	蟠蛱蝶属 Pantoporia	金蟠蛱蝶 Pantoporia hordonia

续表

序号	门	纲	目	科	属	种
434	节肢动物门 Arthropoda	昆虫纲 Insecta	鳞翅目 Lepidoptera	蛱蝶科 Nymphalidae	襟蛱蝶属 Cupha	黄襟蛱蝶 Cupha erymanthis
435	节肢动物门 Arthropoda	昆虫纲 Insecta	鳞翅目 Lepidoptera	蛱蝶科 Nymphalidae	脉蛱蝶属 Hestina	黑脉蛱蝶 Hestina assimilis
436	节肢动物门 Arthropoda	昆虫纲 Insecta	鳞翅目 Lepidoptera	蛱蝶科 Nymphalidae	眼蛱蝶属 Junonia	黄裳眼蛱蝶 Junonia hierta
437	节肢动物门 Arthropoda	昆虫纲 Insecta	鳞翅目 Lepidoptera	蛱蝶科 Nymphalidae	波蛱蝶属 Ariadne	波蛱蝶 Ariadne ariadne
438	节肢动物门 Arthropoda	昆虫纲 Insecta	鳞翅目 Lepidoptera	灰蝶科 Lycaenidae	亮灰蝶属 Lampides	亮灰蝶 Lampides boeticus
439	节肢动物门 Arthropoda	昆虫纲 Insecta	鳞翅目 Lepidoptera	灰蝶科 Lycaenidae	紫灰蝶属 Chilades	曲纹紫灰蝶 Chilades pandava
440	节肢动物门 Arthropoda	昆虫纲 Insecta	鳞翅目 Lepidoptera	灰蝶科 Lycaenidae	酢浆灰蝶属 Pseudozizeeria	酢浆灰蝶 Pseudozizeeria maha
441	节肢动物门 Arthropoda	昆虫纲 Insecta	鳞翅目 Lepidoptera	灰蝶科 Lycaenidae	毛眼灰蝶属 Zizina	毛眼灰蝶 Zizina otis
442	节肢动物门 Arthropoda	昆虫纲 Insecta	鳞翅目 Lepidoptera	灰蝶科 Lycaenidae	细灰蝶属 Leptotes	细灰蝶 Leptotes plinius
443	节肢动物门 Arthropoda	昆虫纲 Insecta	鳞翅目 Lepidoptera	灰蝶科 Lycaenidae	雅灰蝶属 Jamides	西冷雅灰蝶 Jamides celeno
444	节肢动物门 Arthropoda	昆虫纲 Insecta	鳞翅目 Lepidoptera	灰蝶科 Lycaenidae	银灰蝶属 Curetis	尖翅银灰蝶 Curetis acuta
445	节肢动物门 Arthropoda	昆虫纲 Insecta	鳞翅目 Lepidoptera	灰蝶科 Lycaenidae	银线灰蝶属 Spindasis	银线灰蝶 Spindasis lohita
446	节肢动物门 Arthropoda	昆虫纲 Insecta	鳞翅目 Lepidoptera	灰蝶科 Lycaenidae	银线灰蝶属 Spindasis	豆粒银线灰蝶 Spindasis syama
447	节肢动物门 Arthropoda	昆虫纲 Insecta	鳞翅目 Lepidoptera	灰蝶科 Lycaenidae	熙灰蝶属 Spalgis	熙灰蝶 Spalgis epius

续表

序号	门	纲	目	科	属	种
448	节肢动物门 Arthropoda	昆虫纲 Insecta	鳞翅目 Lepidoptera	灰蝶科 Lycaenidae	彩灰蝶属 Heliophorus	彩灰蝶 Heliophorus sp.
449	节肢动物门 Arthropoda	昆虫纲 Insecta	鳞翅目 Lepidoptera	灰蝶科 Lycaenidae	咖灰蝶属 Catochrysops	咖灰蝶 Catochrysops strabo
450	节肢动物门 Arthropoda	昆虫纲 Insecta	鳞翅目 Lepidoptera	灰蝶科 Lycaenidae	美姬灰蝶属 Megisba	美姬灰蝶 Megisba malaya
451	节肢动物门 Arthropoda	昆虫纲 Insecta	鳞翅目 Lepidoptera	灰蝶科 Lycaenidae	长腹灰蝶属 Zizula	长腹灰蝶 Zizula hylax
452	节肢动物门 Arthropoda	昆虫纲 Insecta	鳞翅目 Lepidoptera	弄蝶科 Hesperiidae	玛弄蝶属 Matapa	玛弄蝶 Matapa aria
453	节肢动物门 Arthropoda	昆虫纲 Insecta	鳞翅目 Lepidoptera	弄蝶科 Hesperiidae	黄室弄蝶属 Potanthus	黄室弄蝶 Potanthus sp.
454	节肢动物门 Arthropoda	昆虫纲 Insecta	鳞翅目 Lepidoptera	眼蝶科 Satyridae	眉眼蝶属 Mycalesis	小眉眼蝶 Mycalesis mineus
455	节肢动物门 Arthropoda	昆虫纲 Insecta	鳞翅目 Lepidoptera	眼蝶科 Satyridae	眉眼蝶属 Mycalesis	平顶眉眼蝶 Mycalesis panthaka
456	节肢动物门 Arthropoda	昆虫纲 Insecta	鳞翅目 Lepidoptera	眼蝶科 Satyridae	黛眼蝶属 Lethe	长纹黛眼蝶 Lethe europa
457	节肢动物门 Arthropoda	昆虫纲 Insecta	鳞翅目 Lepidoptera	眼蝶科 Satyridae	锯眼蝶属 Elymnias	翠袖锯眼蝶 Elymnias hypermnestra
458	节肢动物门 Arthropoda	昆虫纲 Insecta	鳞翅目 Lepidoptera	眼蝶科 Satyridae	矍眼蝶属 Ypthima	矍眼蝶 Ypthima motschulskyi
459	节肢动物门 Arthropoda	昆虫纲 Insecta	鳞翅目 Lepidoptera	尺蛾科 Geometridae	豹尺蛾属 Dysphania	豹尺蛾 Dysphania militaris
460	节肢动物门 Arthropoda	昆虫纲 Insecta	鳞翅目 Lepidoptera	尺蛾科 Geometridae	蓝尺蛾属 Milionia	橙带蓝尺蛾 Milionia basalis
461	节肢动物门 Arthropoda	昆虫纲 Insecta	鳞翅目 Lepidoptera	拟灯蛾科 Hypsidae	拟灯蛾属 Asota	一点拟灯蛾 Asota caricae

续表

序号	门	纲	目	科	属	种
462	节肢动物门 Arthropoda	昆虫纲 Insecta	鳞翅目 Lepidoptera	草螟科 Crambidae	白带野螟属 Hymenia	甜菜白带野螟 Hymenia recurvalis
463	节肢动物门 Arthropoda	昆虫纲 Insecta	鳞翅目 Lepidoptera	毒蛾科 Lymantriidae	盗毒蛾属 Porthesia	盗毒蛾 Porthesia similis
464	节肢动物门 Arthropoda	昆虫纲 Insecta	鳞翅目 Lepidoptera	斑蛾科 Zygaenidae	锦斑蛾属 Cyclosia	蝶形锦斑蛾 Cyclosia papilionaris
465	节肢动物门 Arthropoda	昆虫纲 Insecta	鳞翅目 Lepidoptera	鹿蛾科 Ctenuchidae	鹿蛾属 Ceryx	伊贝鹿蛾 Ceryx imaon
466	节肢动物门 Arthropoda	昆虫纲 Insecta	鳞翅目 Lepidoptera	虎蛾科 Agaristidae	彩虎蛾属 Episteme	选彩虎蛾 Episteme lectrix
467	节肢动物门 Arthropoda	昆虫纲 Insecta	膜翅目 Hymenoptera	蜜蜂科 Apidae	蜜蜂属 Apis	中华蜜蜂 Apis cerana
468	节肢动物门 Arthropoda	昆虫纲 Insecta	膜翅目 Hymenoptera	蜜蜂科 Apidae	木蜂属 Zonohirsuta	木蜂 Zonohirsuta sp.
469	节肢动物门 Arthropoda	昆虫纲 Insecta	膜翅目 Hymenoptera	马蜂科 Polistidae	马蜂属 Polistes	点马蜂 Polistes stigma
470	节肢动物门 Arthropoda	昆虫纲 Insecta	膜翅目 Hymenoptera	泥蜂科 Sphecidae		泥蜂科 1 种
471	节肢动物门 Arthropoda	昆虫纲 Insecta	膜翅目 Hymenoptera	胡蜂科 Vespidae	胡蜂属 Vespa	黄腰胡蜂 Vespa affinis
472	节肢动物门 Arthropoda	昆虫纲 Insecta	膜翅目 Hymenoptera	蚁科 Formicidae	多刺蚁属 Polyrhachis	双齿多刺蚁 Polyrhachis dives
473	节肢动物门 Arthropoda	昆虫纲 Insecta	膜翅目 Hymenoptera	蚁科 Formicidae	火蚁属 Solenopsis	红火蚁 Solenopsis invicta
474	尾索动物门 Urochordata	尾海鞘纲 Appendicularia	有尾目 Copelata	住囊虫科 Oikopleuridae	住囊虫属 Oikopleura	中型住囊虫 Oikopleura intermedia
475	脊索动物门 Chordata	软骨鱼纲 Chondrichthyes	鲼形目 Rajiformes	团扇鳐科 Platyrhinidae	团扇鳐属 Platyrhina	中国团扇鳐 Platyrhina sinensis

序号	门	纲	目	科	属	种
476	脊索动物门 Chordata	软骨鱼纲 Chondrichthyes	鲼形目 Myliobatiformes	魟科 Dasyatidae	魟属 Dasyatis	赤魟 Dasyatis akajei
477	脊索动物门 Chordata	辐鳍鱼纲 Actinopterygii	鳗鲡目 Anguilliformes	康吉鳗科 Congridae	颌吻鳗属 Gnathophis	异颌突吻鳗 Gnathophis xenica
478	脊索动物门 Chordata	辐鳍鱼纲 Actinopterygii	鳗鲡目 Anguilliformes	海鳗科 Muraenesocidae	海鳗属 Muraenesox	海鳗 Muraenesox cinereus
479	脊索动物门 Chordata	辐鳍鱼纲 Actinopterygii	鳗鲡目 Anguilliformes	蛇鳗科 Ophichthidae	豆齿鳗属 Pisodonophis	食蟹豆齿鳗 Pisodonophis cancrivorus
480	脊索动物门 Chordata	辐鳍鱼纲 Actinopterygii	鳗鲡目 Anguilliformes	蛇鳗科 Ophichthidae	豆齿鳗属 Pisodonophis	杂食豆齿鳗 Pisodonophis boro
481	脊索动物门 Chordata	辐鳍鱼纲 Actinopterygii	鳗鲡目 Anguilliformes	蛇鳗科 Ophichthidae	褐蛇鳗属 Bascanichthys	克氏褐蛇鳗 Bascanichthys kirkii
482	脊索动物门 Chordata	辐鳍鱼纲 Actinopterygii	鳗鲡目 Anguilliformes	蛇鳗科 Ophichthidae	虫鳗属 Muraenichthys	大鳍虫鳗 Muraenichthys macropterus
483	脊索动物门 Chordata	辐鳍鱼纲 Actinopterygii	鲱形目 Clupeiformes	鲱科 Clupeidae	洁白鲱属 Escualosa	洁白鲱 Escualosa thoracata
484	脊索动物门 Chordata	辐鳍鱼纲 Actinopterygii	鲱形目 Clupeiformes	鲱科 Clupeidae	小沙丁鱼属 Sardinella	青鳞小沙丁鱼 Sardinella zunasi
485	脊索动物门 Chordata	辐鳍鱼纲 Actinopterygii	鲱形目 Clupeiformes	鲱科 Clupeidae	小沙丁鱼属 Sardinella	短体小沙丁鱼 Sardinella brachysoma
486	脊索动物门 Chordata	辐鳍鱼纲 Actinopterygii	鲱形目 Clupeiformes	鲱科 Clupeidae	斑鰶属 Konosirus	斑鰶 Konosirus punctatus
487	脊索动物门 Chordata	辐鳍鱼纲 Actinopterygii	鲱形目 Clupeiformes	鲱科 Clupeidae	海鰶属 Nematalosa	圆吻海鰶 Nematalosa nasus
488	脊索动物门 Chordata	辐鳍鱼纲 Actinopterygii	鲱形目 Clupeiformes	鲱科 Clupeidae	海鰶属 Nematalosa	日本海鰶 Nematalosa japonica
489	脊索动物门 Chordata	辐鳍鱼纲 Actinopterygii	鲱形目 Clupeiformes	鳀科 Engraulidae	小公鱼属 Stolephorus	印度小公鱼 Stolephorus indicus

续表

序号	门	纲	目	科	属	种
490	脊索动物门 Chordata	辐鳍鱼纲 Actinopterygii	鲱形目 Clupeiformes	鳀科 Engraulidae	棱鳀属 Thryssa	汉氏棱鳀 Thryssa hamiltonii
491	脊索动物门 Chordata	辐鳍鱼纲 Actinopterygii	鲱形目 Clupeiformes	鳀科 Engraulidae	棱鳀属 Thryssa	赤鼻棱鳀 Thryssa kammalensis
492	脊索动物门 Chordata	辐鳍鱼纲 Actinopterygii	仙鱼目 Aulopiformes	狗母鱼科 Synodontidae	蛇鲻属 Saurida	长蛇鲻 Saurida elongata
493	脊索动物门 Chordata	辐鳍鱼纲 Actinopterygii	鮟鱇目 Lophiiformes	躄鱼科 Antennariidae	躄鱼属 Antennarius	毛躄鱼 Antennarius hispidus
494	脊索动物门 Chordata	辐鳍鱼纲 Actinopterygii	鲻形目 Mugiliformes	鲻科 Mugilidae	鲻属 Mugil	鲻 Mugil cephalus
495	脊索动物门 Chordata	辐鳍鱼纲 Actinopterygii	鲻形目 Mugiliformes	鲻科 Mugilidae	骨鲻属 Osteomugil	前鳞骨鲻 Osteomugil ophuyseni
496	脊索动物门 Chordata	辐鳍鱼纲 Actinopterygii	鲻形目 Mugiliformes	鲻科 Mugilidae	鮻属 Liza	棱鮻 Liza carinata
497	脊索动物门 Chordata	辐鳍鱼纲 Actinopterygii	鲻形目 Mugiliformes	鲻科 Mugilidae	鮻属 Liza	粗鳞鮻 Liza dussumieri
498	脊索动物门 Chordata	辐鳍鱼纲 Actinopterygii	鲻形目 Mugiliformes	鲻科 Mugilidae	凡鲻属 Valamugil	长鳍凡鲻 Valamugil cunnesius
499	脊索动物门 Chordata	辐鳍鱼纲 Actinopterygii	鲇形目 Siluriformes	海鲇科 Ariidae	海鲇属 Arius	中华海鲇 Arius sinensis
500	脊索动物门 Chordata	辐鳍鱼纲 Actinopterygii	鲇形目 Siluriformes	鳗鲇科 Plotosidae	鳗鲇属 Plotosus	线纹鳗鲇 Plotosus lineatus
501	脊索动物门 Chordata	辐鳍鱼纲 Actinopterygii	银汉鱼目 Atheriniformes	银汉鱼科 Atherinidae	蓝美银汉鱼属 Atherinomorus	蓝美银汉鱼 Atherinomorus lacunosus
502	脊索动物门 Chordata	辐鳍鱼纲 Actinopterygii	银汉鱼目 Atheriniformes	银汉鱼科 Atherinidae	下银汉鱼属 Hypoatherina	凡氏下银汉鱼 Hypoatherina valenciennes
503	脊索动物门 Chordata	辐鳍鱼纲 Actinopterygii	颌针鱼目 Beloniformes	颌针鱼科 Belonidae	柱颌针鱼属 Strongylura	斑尾柱颌针鱼 Strongylura strongylura

续表

序号	门	纲	目	科	属	种
504	脊索动物门 Chordata	辐鳍鱼纲 Actinopterygii	颌针鱼目 Beloniformes	鱵科 Hemiramphidae	下鱵属 Hyporhamphus	瓜氏下鱵鱼 Hyporhamphus quoyi
505	脊索动物门 Chordata	辐鳍鱼纲 Actinopterygii	鲉形目 Scorpaeniformes	鲉科 Scorpaenidae	蓑鲉属 Pterois	环纹蓑鲉 Pterois lunulata
506	脊索动物门 Chordata	辐鳍鱼纲 Actinopterygii	鲉形目 Scorpaeniformes	鲉科 Scorpaenidae	赤鲉属 Hypodytes	红鳍赤鲉 Hypodytes rubripinnis
507	脊索动物门 Chordata	辐鳍鱼纲 Actinopterygii	鲉形目 Scorpaeniformes	毒鲉科 Synanceiidae	粗头鲉属 Trachicephalus	瞻星粗头鲉 Trachicephalus uranoscopus
508	脊索动物门 Chordata	辐鳍鱼纲 Actinopterygii	鲉形目 Scorpaeniformes	鲬科 Platycephalidae	鲬属 Platycephalus	鲬 Platycephalus indicus
509	脊索动物门 Chordata	辐鳍鱼纲 Actinopterygii	鲉形目 Scorpaeniformes	鲬科 Platycephalidae	棘线鲬属 Grammoplites	棘线鲬 Grammoplites scaber
510	脊索动物门 Chordata	辐鳍鱼纲 Actinopterygii	鲈形目 Perciformes	魣科 Sphyraenidae	魣属 Sphyraena	倒牙魣 Sphyraena putnamae
511	脊索动物门 Chordata	辐鳍鱼纲 Actinopterygii	鲈形目 Perciformes	魣科 Sphyraenidae	魣属 Sphyraena	斑条魣 Sphyraena jello
512	脊索动物门 Chordata	辐鳍鱼纲 Actinopterygii	鲈形目 Perciformes	马鲅鱼科 Polynemidae	多指马鲅属 Polydactylus	六丝多指马鲅 Polydactylus sexfilis
513	脊索动物门 Chordata	辐鳍鱼纲 Actinopterygii	鲈形目 Perciformes	双边鱼科 Ambassidae	双边鱼属 Ambassis	眶棘双边鱼 Ambassis gymnocephalus
514	脊索动物门 Chordata	辐鳍鱼纲 Actinopterygii	鲈形目 Perciformes	鮨科 Serranidae	石斑鱼属 Epinephelus	布氏石斑鱼 Epinephelus bleekeri
515	脊索动物门 Chordata	辐鳍鱼纲 Actinopterygii	鲈形目 Perciformes	天竺鲷科 Apogonidae	天竺鲷属 Apogon	中线天竺鲷 Apogon kiensis
516	脊索动物门 Chordata	辐鳍鱼纲 Actinopterygii	鲈形目 Perciformes	鱚科 Sillaginidae	鱚属 Sillago	多鳞鱚 Sillago sihama
517	脊索动物门 Chordata	辐鳍鱼纲 Actinopterygii	鲈形目 Perciformes	鲹科 Carangidae	叶鲹属 Atule	丽叶鲹 Atule kalla

续表

序号	门	纲	目	科	属	种
518	脊索动物门 Chordata	辐鳍鱼纲 Actinopterygii	鲈形目 Perciformes	鲹科 Carangidae	圆鲹属 Decapterus	蓝圆鲹 Decapterus maruadsi
519	脊索动物门 Chordata	辐鳍鱼纲 Actinopterygii	鲈形目 Perciformes	鲹科 Carangidae	鲹属 Caranx	珍鲹 Caranx ignobilis
520	脊索动物门 Chordata	辐鳍鱼纲 Actinopterygii	鲈形目 Perciformes	石首鱼科 Sciaenidae	叫姑鱼属 Johnius	皮氏叫姑鱼 Johnius belangerii
521	脊索动物门 Chordata	辐鳍鱼纲 Actinopterygii	鲈形目 Perciformes	石首鱼科 Sciaenidae	银姑鱼属 Pennahia	大头银姑鱼 Pennahia macrocephalus
522	脊索动物门 Chordata	辐鳍鱼纲 Actinopterygii	鲈形目 Perciformes	石首鱼科 Sciaenidae	银姑鱼属 Pennahia	截尾银姑鱼 Pennahia anea
523	脊索动物门 Chordata	辐鳍鱼纲 Actinopterygii	鲈形目 Perciformes	石首鱼科 Sciaenidae	枝鳔石首鱼属 Dendrophysa	勒氏枝鳔石首鱼 Dendrophysa russelii
524	脊索动物门 Chordata	辐鳍鱼纲 Actinopterygii	鲈形目 Perciformes	鲾科 Leiognathidae	鲾属 Leiognathus	短吻鲾 Leiognathus brevirostris
525	脊索动物门 Chordata	辐鳍鱼纲 Actinopterygii	鲈形目 Perciformes	鲾科 Leiognathidae	鲾属 Leiognathus	短棘鲾 Leiognathus equulus
526	脊索动物门 Chordata	辐鳍鱼纲 Actinopterygii	鲈形目 Perciformes	鲾科 Leiognathidae	鲾属 Leiognathus	颈斑鲾 Leiognathus nuchalis
527	脊索动物门 Chordata	辐鳍鱼纲 Actinopterygii	鲈形目 Perciformes	鲾科 Leiognathidae	鲾属 Leiognathus	细纹鲾 Leiognathus berbis
528	脊索动物门 Chordata	辐鳍鱼纲 Actinopterygii	鲈形目 Perciformes	鲾科 Leiognathidae	鹿斑仰口鲾属 Secutor	鹿斑仰口鲾 Secutor ruconius
529	脊索动物门 Chordata	辐鳍鱼纲 Actinopterygii	鲈形目 Perciformes	银鲈科 Gerreidae	银鲈属 Gerres	长棘银鲈 Gerres filamentosus
530	脊索动物门 Chordata	辐鳍鱼纲 Actinopterygii	鲈形目 Perciformes	银鲈科 Gerreidae	银鲈属 Gerres	日本十棘银鲈 Gerres japonicus
531	脊索动物门 Chordata	辐鳍鱼纲 Actinopterygii	鲈形目 Perciformes	银鲈科 Gerreidae	银鲈属 Gerres	短棘银鲈 Gerres lucidus

续表

序号	门	纲	目	科	属	种
532	脊索动物门 Chordata	辐鳍鱼纲 Actinopterygii	鲈形目 Perciformes	笛鲷科 Lutjanidae	笛鲷属 Lutjanus	金焰笛鲷 Lutjanus fulviflamma
533	脊索动物门 Chordata	辐鳍鱼纲 Actinopterygii	鲈形目 Perciformes	笛鲷科 Lutjanidae	笛鲷属 Lutjanus	勒氏笛鲷 Lutjanus russellii
534	脊索动物门 Chordata	辐鳍鱼纲 Actinopterygii	鲈形目 Perciformes	裸颊鲷科 Lethrinidae	裸颊鲷属 Lethrinus	红鳍裸颊鲷 Lethrinus haematopterus
535	脊索动物门 Chordata	辐鳍鱼纲 Actinopterygii	鲈形目 Perciformes	鲷科 Sparidae	棘鲷属 Acanthopagrus	灰鳍棘鲷 Acanthopagrus berda
536	脊索动物门 Chordata	辐鳍鱼纲 Actinopterygii	鲈形目 Perciformes	鲷科 Sparidae	棘鲷属 Acanthopagrus	黄鳍棘鲷 Acanthopagrus latus
537	脊索动物门 Chordata	辐鳍鱼纲 Actinopterygii	鲈形目 Perciformes	鲷科 Sparidae	真鲷属 Pagrus	真鲷 Pagrus major
538	脊索动物门 Chordata	辐鳍鱼纲 Actinopterygii	鲈形目 Perciformes	鲷科 Sparidae	平鲷属 Rhabdosargus	平鲷 Rhabdosargus sarba
539	脊索动物门 Chordata	辐鳍鱼纲 Actinopterygii	鲈形目 Perciformes	松鲷科 Lobotidae	松鲷属 Lobotes	松鲷 Lobotes surinamensis
540	脊索动物门 Chordata	辐鳍鱼纲 Actinopterygii	鲈形目 Perciformes	仿石鲈科 Haemulidae	石鲈属 Pomadasys	大斑石鲈 Pomadasys maculates
541	脊索动物门 Chordata	辐鳍鱼纲 Actinopterygii	鲈形目 Perciformes	鯻科 Terapontidae	牙鯻属 Pelates	列牙鯻 Pelates quadrilineatus
542	脊索动物门 Chordata	辐鳍鱼纲 Actinopterygii	鲈形目 Perciformes	鯻科 Terapontidae	鯻属 Terapon	细鳞鯻 Terapon jarbua
543	脊索动物门 Chordata	辐鳍鱼纲 Actinopterygii	鲈形目 Perciformes	鯻科 Terapontidae	突吻鯻属 Rhynchopelates	突吻鯻 Rhynchopelates oxyrhynchus
544	脊索动物门 Chordata	辐鳍鱼纲 Actinopterygii	鲈形目 Perciformes	舵科 Kyphosidae	舵属 Kyphosus	短鳍舵 Kyphosus lembus
545	脊索动物门 Chordata	辐鳍鱼纲 Actinopterygii	鲈形目 Perciformes	羊鱼科 Mullidae	副绯鲤属 Parupeneus	圆口副绯鲤 Parupeneus cyclostomus

续表

序号	门	纲	目	科	属	种
546	脊索动物门 Chordata	辐鳍鱼纲 Actinopterygii	鲈形目 Perciformes	羊鱼科 Mullidae	绯鲤属 Upeneus	黑斑绯鲤 Upeneus tragula
547	脊索动物门 Chordata	辐鳍鱼纲 Actinopterygii	鲈形目 Perciformes	丽鱼科 Cichlidae	罗非鱼属 Tilapia	齐氏罗非鱼 Tilapia zillii
548	脊索动物门 Chordata	辐鳍鱼纲 Actinopterygii	鲈形目 Perciformes	金钱鱼科 Scatophagidae	金钱鱼属 Scatophagus	金钱鱼 Scatophagus argus
549	脊索动物门 Chordata	辐鳍鱼纲 Actinopterygii	鲈形目 Perciformes	隆头鱼科 Labridae	海猪鱼属 Halichoeres	黄斑海猪鱼 Halichoeres melanurus
550	脊索动物门 Chordata	辐鳍鱼纲 Actinopterygii	鲈形目 Perciformes	鳗鳚科 Congrogadidae	鳗鳚属 Congrogadus	鳗鳚 Congrogadus subducens
551	脊索动物门 Chordata	辐鳍鱼纲 Actinopterygii	鲈形目 Perciformes	鳄齿鱼科 Champsodontidae	鳄齿鱼属 Champsodon	短鳄齿鱼 Champsodon snyderi
552	脊索动物门 Chordata	辐鳍鱼纲 Actinopterygii	鲈形目 Perciformes	鳚科 Blenniidae	肩鳃鳚属 Omobranchus	斑头肩鳃鳚 Omobranchus fasciolatoceps
553	脊索动物门 Chordata	辐鳍鱼纲 Actinopterygii	鲈形目 Perciformes	鼠䲁科 Callionymidae	䲁属 Callionymus	弯棘䲁 Callionymus curvicornis
554	脊索动物门 Chordata	辐鳍鱼纲 Actinopterygii	鲈形目 Perciformes	鼠䲁科 Callionymidae	䲁属 Callionymus	日本䲁 Callionymus japonicus
555	脊索动物门 Chordata	辐鳍鱼纲 Actinopterygii	鲈形目 Perciformes	鼠䲁科 Callionymidae	美尾䲁属 Calliurichthys	丝背美尾䲁 Calliurichthys variegates
556	脊索动物门 Chordata	辐鳍鱼纲 Actinopterygii	鲈形目 Perciformes	鼠䲁科 Callionymidae	斜棘䲁属 Repomucenus	李氏䲁 Repomucenus richardsonii
557	脊索动物门 Chordata	辐鳍鱼纲 Actinopterygii	鲈形目 Perciformes	篮子鱼科 Siganidae	篮子鱼属 Siganus	褐篮子鱼 Siganus fuscescens
558	脊索动物门 Chordata	辐鳍鱼纲 Actinopterygii	鲈形目 Perciformes	篮子鱼科 Siganidae	篮子鱼属 Siganus	星篮子鱼 Siganus guttatus
559	脊索动物门 Chordata	辐鳍鱼纲 Actinopterygii	鲈形目 Perciformes	带鱼科 Trichiuridae	沙带鱼属 Lepturacanthus	沙带鱼 Lepturacanthus savala

序号	门	纲	目	科	属	种
560	脊索动物门 Chordata	辐鳍鱼纲 Actinopterygii	鲈形目 Perciformes	长鲳科 Centrolophidae	刺鲳属 Psenopsis	刺鲳 Psenopsis anomala
561	脊索动物门 Chordata	辐鳍鱼纲 Actinopterygii	鲈形目 Perciformes	塘鳢科 Eleotridae	乌塘鳢属 Bostrychus	中华乌塘鳢 Bostrychus sinensis
562	脊索动物门 Chordata	辐鳍鱼纲 Actinopterygii	鲈形目 Perciformes	塘鳢科 Eleotridae	嵴塘鳢属 Butis	锯塘鳢 Butis koilomatodon
563	脊索动物门 Chordata	辐鳍鱼纲 Actinopterygii	鲈形目 Perciformes	塘鳢科 Eleotridae	嵴塘鳢属 Butis	嵴塘鳢 Butis butis
564	脊索动物门 Chordata	辐鳍鱼纲 Actinopterygii	鲈形目 Perciformes	虾虎鱼科 Gobiidae	缟虾虎鱼属 Tridentiger	髭缟虾虎鱼 Tridentiger barbatus
565	脊索动物门 Chordata	辐鳍鱼纲 Actinopterygii	鲈形目 Perciformes	虾虎鱼科 Gobiidae	缟虾虎鱼属 Tridentiger	纹缟虾虎鱼 Tridentiger trigonocephalus
566	脊索动物门 Chordata	辐鳍鱼纲 Actinopterygii	鲈形目 Perciformes	虾虎鱼科 Gobiidae	舌虾虎鱼属 Glossogobius	双斑舌虾虎鱼 Glossogobius biocellatus
567	脊索动物门 Chordata	辐鳍鱼纲 Actinopterygii	鲈形目 Perciformes	虾虎鱼科 Gobiidae	舌虾虎鱼属 Glossogobius	舌虾虎鱼 Glossogobius giuris
568	脊索动物门 Chordata	辐鳍鱼纲 Actinopterygii	鲈形目 Perciformes	虾虎鱼科 Gobiidae	舌虾虎鱼属 Glossogobius	斑纹舌虾虎鱼 Glossogobius olivaceus
569	脊索动物门 Chordata	辐鳍鱼纲 Actinopterygii	鲈形目 Perciformes	虾虎鱼科 Gobiidae	舌虾虎鱼属 Glossogobius	舌虾虎鱼 Glossogobius sp.
570	脊索动物门 Chordata	辐鳍鱼纲 Actinopterygii	鲈形目 Perciformes	虾虎鱼科 Gobiidae	丝虾虎鱼属 Cryptocentrus	长丝犁突虾虎鱼 Cryptocentrus filifer
571	脊索动物门 Chordata	辐鳍鱼纲 Actinopterygii	鲈形目 Perciformes	虾虎鱼科 Gobiidae	沟虾虎鱼属 Oxyurichthys	眼瓣沟虾虎鱼 Oxyurichthys ophthalmonema
572	脊索动物门 Chordata	辐鳍鱼纲 Actinopterygii	鲈形目 Perciformes	虾虎鱼科 Gobiidae	沟虾虎鱼属 Oxyurichthys	小鳞沟虾虎鱼 Oxyurichthys microlepis
573	脊索动物门 Chordata	辐鳍鱼纲 Actinopterygii	鲈形目 Perciformes	虾虎鱼科 Gobiidae	狭虾虎鱼属 Stenogobius	眼带狭虾虎鱼 Stenogobius ophthalmoporus

续表

序号	门	纲	目	科	属	种
574	脊索动物门 Chordata	辐鳍鱼纲 Actinopterygii	鲈形目 Perciformes	虾虎鱼科 Gobiidae	细棘虾虎鱼属 Acentrogobius	大牙细棘虾虎鱼 Acentrogobius caninus
575	脊索动物门 Chordata	辐鳍鱼纲 Actinopterygii	鲈形目 Perciformes	虾虎鱼科 Gobiidae	细棘虾虎鱼属 Acentrogobius	青斑细棘虾虎鱼 Acentrogobius ciridipunctatus
576	脊索动物门 Chordata	辐鳍鱼纲 Actinopterygii	鲈形目 Perciformes	虾虎鱼科 Gobiidae	鲟虾虎鱼属 Amoya	绿斑鲟虾虎鱼 Amoya chlorostigmatoides
577	脊索动物门 Chordata	辐鳍鱼纲 Actinopterygii	鲈形目 Perciformes	虾虎鱼科 Gobiidae	衔虾虎鱼属 Istigobius	凯氏衔虾虎鱼 Istigobius campbelli
578	脊索动物门 Chordata	辐鳍鱼纲 Actinopterygii	鲈形目 Perciformes	虾虎鱼科 Gobiidae	拟矛尾虾虎鱼属 Parachaeturichthys	拟矛尾虾虎鱼 Parachaeturichthys polynema
579	脊索动物门 Chordata	辐鳍鱼纲 Actinopterygii	鲈形目 Perciformes	虾虎鱼科 Gobiidae	叉牙虾虎鱼属 Apocryptodon	少指叉牙虾虎鱼 Apocryptodon glyphisodon
580	脊索动物门 Chordata	辐鳍鱼纲 Actinopterygii	鲈形目 Perciformes	虾虎鱼科 Gobiidae	孔虾虎鱼属 Trypauchen	孔虾虎鱼 Trypauchen vagina
581	脊索动物门 Chordata	辐鳍鱼纲 Actinopterygii	鲈形目 Perciformes	虾虎鱼科 Gobiidae	栉孔虾虎鱼属 Ctenotrypauchen	中华栉孔虾虎鱼 Ctenotrypauchen chinensis
582	脊索动物门 Chordata	辐鳍鱼纲 Actinopterygii	鲈形目 Perciformes	虾虎鱼科 Gobiidae	栉孔虾虎鱼属 Ctenotrypauchen	小头栉孔虾虎鱼 Ctenotrypauchen microcephalus
583	脊索动物门 Chordata	辐鳍鱼纲 Actinopterygii	鲈形目 Perciformes	虾虎鱼科 Gobiidae	大弹涂鱼属 Boleophthalmus	大弹涂鱼 Boleophthalmus pectinirostris
584	脊索动物门 Chordata	辐鳍鱼纲 Actinopterygii	鲈形目 Perciformes	虾虎鱼科 Gobiidae	大弹涂鱼属 Boleophthalmus	细斑大弹涂鱼 Boleophthalmus maculatus
585	脊索动物门 Chordata	辐鳍鱼纲 Actinopterygii	鲈形目 Perciformes	虾虎鱼科 Gobiidae	吻虾虎鱼属 Rhinogobius	溪吻虾虎鱼 Rhinogobius duospilus
586	脊索动物门 Chordata	辐鳍鱼纲 Actinopterygii	鲈形目 Perciformes	虾虎鱼科 Gobiidae	鳗虾虎鱼属 Taenioides	须鳗虾虎鱼 Taenioides cirratus

续表

序号	门	纲	目	科	属	种
587	脊索动物门 Chordata	辐鳍鱼纲 Actinopterygii	鲈形目 Perciformes	虾虎鱼科 Gobiidae	弹涂鱼属 Periophthalmus	弹涂鱼 Periophthalmus modestus
588	脊索动物门 Chordata	辐鳍鱼纲 Actinopterygii	鲽形目 Pleuronectiformes	牙鲆科 Paralichthyidae	斑鲆属 Pseudorhombus	大牙斑鲆 Pseudorhombus arsius
589	脊索动物门 Chordata	辐鳍鱼纲 Actinopterygii	鲽形目 Pleuronectiformes	鳎科 Soleidae	鳎属 Solea	卵鳎 Solea ovata
590	脊索动物门 Chordata	辐鳍鱼纲 Actinopterygii	鲽形目 Pleuronectiformes	鳎科 Soleidae	若鳎属 Brachirus	东方若鳎 Brachirus orientalis
591	脊索动物门 Chordata	辐鳍鱼纲 Actinopterygii	鲽形目 Pleuronectiformes	舌鳎科 Cynoglossidae	舌鳎属 Cynoglossus	斑头舌鳎 Cynoglossus puncticeps
592	脊索动物门 Chordata	辐鳍鱼纲 Actinopterygii	鲽形目 Pleuronectiformes	舌鳎科 Cynoglossidae	舌鳎属 Cynoglossus	大鳞舌鳎 Cynoglossus macrolepidotus
593	脊索动物门 Chordata	辐鳍鱼纲 Actinopterygii	鲀形目 Tetraodontiformes	鲀科 Tetraodontidae	东方鲀属 Takifugu	铅点东方鲀 Takifugu alboplumbeus
594	脊索动物门 Chordata	辐鳍鱼纲 Actinopterygii	鲀形目 Tetraodontiformes	鲀科 Tetraodontidae	东方鲀属 Takifugu	星点东方鲀 Takifugu niphobles
595	脊索动物门 Chordata	鸟纲 Aves	鸡形目 Galliformes	雉科 Phasianidae	鹧鸪属 Francolinus	中华鹧鸪 Francolinus pintadeanus
596	脊索动物门 Chordata	鸟纲 Aves	䴙䴘目 Podicipediformes	䴙䴘科 Podicipedidae	小䴙䴘属 Tachybaptus	小䴙䴘 Tachybaptus ruficollis
597	脊索动物门 Chordata	鸟纲 Aves	鸽形目 Columbiformes	鸠鸽科 Columbidae	斑鸠属 Streptopelia	火斑鸠 Streptopelia tranquebarica
598	脊索动物门 Chordata	鸟纲 Aves	鸽形目 Columbiformes	鸠鸽科 Columbidae	珠颈斑鸠属 Spilopelia	珠颈斑鸠 Spilopelia chinensis
599	脊索动物门 Chordata	鸟纲 Aves	雨燕目 Apodiformes	雨燕科 Apodidae	雨燕属 Apus	小白腰雨燕 Apus nipalensis
600	脊索动物门 Chordata	鸟纲 Aves	鹃形目 Cuculiformes	杜鹃科 Cuculidae	鸦鹃属 Centropus	褐翅鸦鹃 Centropus sinensis

续表

序号	门	纲	目	科	属	种
601	脊索动物门 Chordata	鸟纲 Aves	鹃形目 Cuculiformes	杜鹃科 Cuculidae	凤头鹃属 Clamator	红翅凤头鹃 Clamator coromandus
602	脊索动物门 Chordata	鸟纲 Aves	鹃形目 Cuculiformes	杜鹃科 Cuculidae	噪鹃属 Eudynamys	噪鹃 Eudynamys scolopaceus
603	脊索动物门 Chordata	鸟纲 Aves	鹤形目 Gruiformes	秧鸡科 Rallidae	纹秧鸡属 Lewinia	灰胸秧鸡 Lewinia striata
604	脊索动物门 Chordata	鸟纲 Aves	鹤形目 Gruiformes	秧鸡科 Rallidae	苦恶鸟属 Amaurornis	白胸苦恶鸟 Amaurornis phoenicurus
605	脊索动物门 Chordata	鸟纲 Aves	鹤形目 Gruiformes	秧鸡科 Rallidae	水鸡属 Gallinula	黑水鸡 Gallinula chloropus
606	脊索动物门 Chordata	鸟纲 Aves	鸻形目 Charadriiformes	鸻科 Charadriidae	斑鸻属 Pluvialis	金鸻 Pluvialis fulva
607	脊索动物门 Chordata	鸟纲 Aves	鸻形目 Charadriiformes	鸻科 Charadriidae	斑鸻属 Pluvialis	灰鸻 Pluvialis squatarola
608	脊索动物门 Chordata	鸟纲 Aves	鸻形目 Charadriiformes	鸻科 Charadriidae	鸻属 Charadrius	金眶鸻 Charadrius dubius
609	脊索动物门 Chordata	鸟纲 Aves	鸻形目 Charadriiformes	鸻科 Charadriidae	鸻属 Charadrius	环颈鸻 Charadrius alexandrinus
610	脊索动物门 Chordata	鸟纲 Aves	鸻形目 Charadriiformes	鸻科 Charadriidae	鸻属 Charadrius	蒙古沙鸻 Charadrius mongolus
611	脊索动物门 Chordata	鸟纲 Aves	鸻形目 Charadriiformes	鸻科 Charadriidae	鸻属 Charadrius	铁嘴沙鸻 Charadrius leschenaultii
612	脊索动物门 Chordata	鸟纲 Aves	鸻形目 Charadriiformes	鹬科 Scolopacidae	沙锥属 Gallinago	扇尾沙锥 Gallinago gallinago
613	脊索动物门 Chordata	鸟纲 Aves	鸻形目 Charadriiformes	鹬科 Scolopacidae	塍鹬属 Limosa	黑尾塍鹬 Limosa limosa
614	脊索动物门 Chordata	鸟纲 Aves	鸻形目 Charadriiformes	鹬科 Scolopacidae	塍鹬属 Limosa	斑尾塍鹬 Limosa lapponica

序号	门	纲	目	科	属	种
615	脊索动物门 Chordata	鸟纲 Aves	鸻形目 Charadriiformes	鹬科 Scolopacidae	杓鹬属 Numenius	中杓鹬 Numenius phaeopus
616	脊索动物门 Chordata	鸟纲 Aves	鸻形目 Charadriiformes	鹬科 Scolopacidae	鹬属 Tringa	红脚鹬 Tringa totanus
617	脊索动物门 Chordata	鸟纲 Aves	鸻形目 Charadriiformes	鹬科 Scolopacidae	鹬属 Tringa	泽鹬 Tringa stagnatilis
618	脊索动物门 Chordata	鸟纲 Aves	鸻形目 Charadriiformes	鹬科 Scolopacidae	鹬属 Tringa	青脚鹬 Tringa nebularia
619	脊索动物门 Chordata	鸟纲 Aves	鸻形目 Charadriiformes	鹬科 Scolopacidae	鹬属 Tringa	林鹬 Tringa glareola
620	脊索动物门 Chordata	鸟纲 Aves	鸻形目 Charadriiformes	鹬科 Scolopacidae	矶鹬属 Actitis	矶鹬 Actitis hypoleucos
621	脊索动物门 Chordata	鸟纲 Aves	鸻形目 Charadriiformes	鹬科 Scolopacidae	滨鹬属 Calidris	红颈滨鹬 Calidris ruficollis
622	脊索动物门 Chordata	鸟纲 Aves	鸻形目 Charadriiformes	鹬科 Scolopacidae	滨鹬属 Calidris	青脚滨鹬 Calidris temminckii
623	脊索动物门 Chordata	鸟纲 Aves	鸻形目 Charadriiformes	鹬科 Scolopacidae	滨鹬属 Calidris	黑腹滨鹬 Calidris alpina
624	脊索动物门 Chordata	鸟纲 Aves	鸻形目 Charadriiformes	鹬科 Scolopacidae	瓣蹼鹬属 Phalaropus	红颈瓣蹼鹬 Phalaropus lobatus
625	脊索动物门 Chordata	鸟纲 Aves	鸻形目 Charadriiformes	鸥科 Laridae	浮鸥属 Chlidonias	须浮鸥 Chlidonias hybrida
626	脊索动物门 Chordata	鸟纲 Aves	鹈形目 Pelecaniformes	鹭科 Ardeidae	苇鳽属 Ixobrychus	黄斑苇鳽 Ixobrychus sinensis
627	脊索动物门 Chordata	鸟纲 Aves	鹈形目 Pelecaniformes	鹭科 Ardeidae	苇鳽属 Ixobrychus	栗苇鳽 Ixobrychus cinnamomeus
628	脊索动物门 Chordata	鸟纲 Aves	鹈形目 Pelecaniformes	鹭科 Ardeidae	池鹭属 Ardeola	池鹭 Ardeola bacchus

续表

序号	门	纲	目	科	属	种
629	脊索动物门 Chordata	鸟纲 Aves	鹈形目 Pelecaniformes	鹭科 Ardeidae	牛背鹭属 Bubulcus	牛背鹭 Bubulcus coromandus
630	脊索动物门 Chordata	鸟纲 Aves	鹈形目 Pelecaniformes	鹭科 Ardeidae	鹭属 Ardea	苍鹭 Ardea cinerea
631	脊索动物门 Chordata	鸟纲 Aves	鹈形目 Pelecaniformes	鹭科 Ardeidae	鹭属 Ardea	大白鹭 Ardea alba
632	脊索动物门 Chordata	鸟纲 Aves	鹈形目 Pelecaniformes	鹭科 Ardeidae	鹭属 Ardea	中白鹭 Ardea intermedia
633	脊索动物门 Chordata	鸟纲 Aves	鹈形目 Pelecaniformes	鹭科 Ardeidae	白鹭属 Egretta	白鹭 Egretta garzetta
634	脊索动物门 Chordata	鸟纲 Aves	鹰形目 Accipitriformes	鹗科 Pandionidae	鹗属 Pandion	鹗 Pandion haliaetus
635	脊索动物门 Chordata	鸟纲 Aves	鹰形目 Accipitriformes	鹰科 Accipitridae	黑翅鸢属 Elanus	黑翅鸢 Elanus caeruleus
636	脊索动物门 Chordata	鸟纲 Aves	鹰形目 Accipitriformes	鹰科 Accipitridae	鹰属 Accipiter	松雀鹰 Accipiter virgatus
637	脊索动物门 Chordata	鸟纲 Aves	鹰形目 Accipitriformes	鹰科 Accipitridae	鹞属 Circus	白腹鹞 Circus spilonotus
638	脊索动物门 Chordata	鸟纲 Aves	鸮形目 Strigiformes	鸱鸮科 Strigidae	角鸮属 Otus	领角鸮 Otus lettia
639	脊索动物门 Chordata	鸟纲 Aves	犀鸟目 Bucerotiformes	戴胜科 Upupidae	戴胜属 Upupa	戴胜 Upupa epops
640	脊索动物门 Chordata	鸟纲 Aves	佛法僧目 Coraciiformes	翠鸟科 Alcedinidae	翡翠属 Halcyon	白胸翡翠 Halcyon smyrnensis
641	脊索动物门 Chordata	鸟纲 Aves	佛法僧目 Coraciiformes	翠鸟科 Alcedinidae	翡翠属 Halcyon	蓝翡翠 Halcyon pileata
642	脊索动物门 Chordata	鸟纲 Aves	佛法僧目 Coraciiformes	翠鸟科 Alcedinidae	翠鸟属 Alcedo	普通翠鸟 Alcedo atthis

续表

序号	门	纲	目	科	属	种
643	脊索动物门 Chordata	鸟纲 Aves	佛法僧目 Coraciiformes	翠鸟科 Alcedinidae	鱼狗属 Ceryle	斑鱼狗 Ceryle rudis
644	脊索动物门 Chordata	鸟纲 Aves	雀形目 Passeriformes	黄鹂科 Oriolidae	黄鹂属 Oriolus	黑枕黄鹂 Oriolus chinensis
645	脊索动物门 Chordata	鸟纲 Aves	雀形目 Passeriformes	卷尾科 Dicruridae	卷尾属 Dicrurus	黑卷尾 Dicrurus macrocercus
646	脊索动物门 Chordata	鸟纲 Aves	雀形目 Passeriformes	卷尾科 Dicruridae	卷尾属 Dicrurus	大盘尾 Dicrurus paradiseus
647	脊索动物门 Chordata	鸟纲 Aves	雀形目 Passeriformes	伯劳科 Laniidae	伯劳属 Lanius	棕背伯劳 Lanius schach
648	脊索动物门 Chordata	鸟纲 Aves	雀形目 Passeriformes	山雀科 Padriae	山雀属 Parus	大山雀 Parus major
649	脊索动物门 Chordata	鸟纲 Aves	雀形目 Passeriformes	扇尾莺科 Cisticolidae	山鹛莺属 Prinia	黄腹山鹛莺 Prinia flaviventris
650	脊索动物门 Chordata	鸟纲 Aves	雀形目 Passeriformes	燕科 Hirundinidae	燕属 Hirundo	家燕 Hirundo rustica
651	脊索动物门 Chordata	鸟纲 Aves	雀形目 Passeriformes	鹎科 Pycnonotidae	鹎属 Pycnonotus	白头鹎 Pycnonotus sinensis
652	脊索动物门 Chordata	鸟纲 Aves	雀形目 Passeriformes	鹎科 Pycnonotidae	鹎属 Pycnonotus	白喉红臀鹎 Pycnonotus aurigaster
653	脊索动物门 Chordata	鸟纲 Aves	雀形目 Passeriformes	柳莺科 Phylloscopidae	柳莺属 Phylloscopus	褐柳莺 Phylloscopus fuscatus
654	脊索动物门 Chordata	鸟纲 Aves	雀形目 Passeriformes	柳莺科 Phylloscopidae	柳莺属 Phylloscopus	黄眉柳莺 Phylloscopus inornatus
655	脊索动物门 Chordata	鸟纲 Aves	雀形目 Passeriformes	绣眼鸟科 Zosteropidae	绣眼鸟属 Zosterops	暗绿绣眼鸟 Zosterops simplex
656	脊索动物门 Chordata	鸟纲 Aves	雀形目 Passeriformes	椋鸟科 Sturnidae	八哥属 Acridotheres	八哥 Acridotheres cristatellus

序号	门	纲	目	科	属	种
657	脊索动物门 Chordata	鸟纲 Aves	雀形目 Passeriformes	椋鸟科 Sturnidae	斑椋鸟属 Gracupica	黑领椋鸟 Gracupica nigricollis
658	脊索动物门 Chordata	鸟纲 Aves	雀形目 Passeriformes	椋鸟科 Sturnidae	椋鸟属 Sturnia	灰背椋鸟 Sturnia sinensis
659	脊索动物门 Chordata	鸟纲 Aves	雀形目 Passeriformes	鸫科 Turdidae	鸫属 Turdus	乌鸫 Turdus mandarinus
660	脊索动物门 Chordata	鸟纲 Aves	雀形目 Passeriformes	鹟科 Muscicapidae	鹊鸲属 Copsychus	鹊鸲 Copsychus saularis
661	脊索动物门 Chordata	鸟纲 Aves	雀形目 Passeriformes	花蜜鸟科 Nectariniidae	双领花蜜鸟属 Cinnyris	黄腹花蜜鸟 Cinnyris jugularis
662	脊索动物门 Chordata	鸟纲 Aves	雀形目 Passeriformes	梅花雀科 Estrildidae	文鸟属 Lonchura	斑文鸟 Lonchura punctulata
663	脊索动物门 Chordata	鸟纲 Aves	雀形目 Passeriformes	鹡鸰科 Motacillidae	鹡鸰属 Motacilla	黄鹡鸰 Motacilla tschutschensis
664	脊索动物门 Chordata	鸟纲 Aves	雀形目 Passeriformes	鹡鸰科 Motacillidae	鹡鸰属 Motacilla	灰鹡鸰 Motacilla cinerea
665	脊索动物门 Chordata	鸟纲 Aves	雀形目 Passeriformes	鹡鸰科 Motacillidae	鹡鸰属 Motacilla	白鹡鸰 Motacilla alba
666	脊索动物门 Chordata	鸟纲 Aves	雀形目 Passeriformes	鹡鸰科 Motacillidae	鹨属 Anthus	理氏鹨 Anthus richardi
667	脊索动物门 Chordata	两栖纲 Amphibia	无尾目 Anura	蟾蜍科 Bufonidae	头棱蟾属 Duttaphrynus	黑眶蟾蜍 Duttaphrynus melanostictus
668	脊索动物门 Chordata	两栖纲 Amphibia	无尾目 Anura	雨蛙科 Hylidae	雨蛙属 Hyla	华南雨蛙 Hyla simplex
669	脊索动物门 Chordata	两栖纲 Amphibia	无尾目 Anura	蛙科 Ranidae	沼蛙属 Boulengerana	沼蛙 Boulengerana guentheri
670	脊索动物门 Chordata	两栖纲 Amphibia	无尾目 Anura	叉舌蛙科 Dicroglossidae	陆蛙属 Fejervarya	泽陆蛙 Fejervarya multistriata

续表

序号	门	纲	目	科	属	种
671	脊索动物门 Chordata	两栖纲 Amphibia	无尾目 Anura	叉舌蛙科 Dicroglossidae	陆蛙属 Fejervarya	海陆蛙 Fejervarya cancrivora
672	脊索动物门 Chordata	两栖纲 Amphibia	无尾目 Anura	浮蛙科 Occidozygidae	蟾舌蛙属 Phrynoglossus	圆蟾舌蛙 Phrynoglossus martensii
673	脊索动物门 Chordata	两栖纲 Amphibia	无尾目 Anura	树蛙科 Rhacophoridae	泛树蛙属 Polypedates	斑腿泛树蛙 Polypedates megacephalus
674	脊索动物门 Chordata	两栖纲 Amphibia	无尾目 Anura	姬蛙科 Microhylidae	姬蛙属 Microhyla	粗皮姬蛙 Microhyla butleri
675	脊索动物门 Chordata	两栖纲 Amphibia	无尾目 Anura	姬蛙科 Microhylidae	姬蛙属 Microhyla	小弧斑姬蛙 Microhyla heymonsi
676	脊索动物门 Chordata	两栖纲 Amphibia	无尾目 Anura	姬蛙科 Microhylidae	姬蛙属 Microhyla	饰纹姬蛙 Microhyla ornate
677	脊索动物门 Chordata	两栖纲 Amphibia	无尾目 Anura	姬蛙科 Microhylidae	姬蛙属 Microhyla	花姬蛙 Microhyla pulchra
678	脊索动物门 Chordata	两栖纲 Amphibia	无尾目 Anura	姬蛙科 Microhylidae	狭口蛙属 Kaloula	花狭口蛙 Kaloula pulchra
679	脊索动物门 Chordata	爬行纲 Reptilia	有鳞目 Squamata	壁虎科 Gekkonidae	蜥虎属 Hemidactylus	疣尾蜥虎 Hemidactylus frenatus
680	脊索动物门 Chordata	爬行纲 Reptilia	有鳞目 Squamata	壁虎科 Gekkonidae	蜥虎属 Hemidactylus	原尾蜥虎 Hemidactylus bowringii
681	脊索动物门 Chordata	爬行纲 Reptilia	有鳞目 Squamata	石龙子科 Scincidae	蜓蜥属 Sphenomorphus	铜蜓蜥 Sphenomorphus indicus
682	脊索动物门 Chordata	爬行纲 Reptilia	有鳞目 Squamata	鬣蜥科 Agamidae	树蜥属 Calotes	变色树蜥 Calotes versicolor
683	脊索动物门 Chordata	爬行纲 Reptilia	有鳞目 Squamata	游蛇科 Colubridae	小头蛇属 Oligodon	台湾小头蛇 Oligodon formosanus
684	脊索动物门 Chordata	爬行纲 Reptilia	有鳞目 Squamata	游蛇科 Colubridae	林蛇属 Boiga	繁花林蛇 Boiga multomaculata

续表

序号	门	纲	目	科	属	种
685	脊索动物门 Chordata	爬行纲 Reptilia	有鳞目 Squamata	游蛇科 Colubridae	渔游蛇属 Xenochrophis	黄斑渔游蛇 Xenochrophis flavipunctata
686	脊索动物门 Chordata	爬行纲 Reptilia	有鳞目 Squamata	钝头蛇科 Pareidae	钝头蛇属 Pareas	横纹钝头蛇 Pareas margaritophorus
687	脊索动物门 Chordata	爬行纲 Reptilia	有鳞目 Squamata	眼镜蛇科 Elapidae	环蛇属 Bungarus	金环蛇 Bungarus fasciatus
688	脊索动物门 Chordata	哺乳纲 Mammalia	鼩形目 Soricomorpha	鼩鼱科 Soricidae	臭鼩属 Suncus	臭鼩 Suncus murinus
689	脊索动物门 Chordata	哺乳纲 Mammalia	啮齿目 Rodentia	松鼠科 Sciuridae	花松鼠属 Tamiops maritimus	倭松鼠 Tamiops maritimus
690	脊索动物门 Chordata	哺乳纲 Mammalia	啮齿目 Rodentia	鼠科 Muridae	家鼠属 Rattus	黑缘齿鼠 Rattus andamanensis
691	脊索动物门 Chordata	哺乳纲 Mammalia	啮齿目 Rodentia	鼠科 Muridae	家鼠属 Rattus	褐家鼠 Rattus norvegicus
692	脊索动物门 Chordata	哺乳纲 Mammalia	啮齿目 Rodentia	鼠科 Muridae	家鼠属 Rattus	黄胸鼠 Rattus tanezumi
693	脊索动物门 Chordata	哺乳纲 Mammalia	啮齿目 Rodentia	鼠科 Muridae	家鼠属 Rattus	黄毛鼠 Rattus losea
694	脊索动物门 Chordata	哺乳纲 Mammalia	啮齿目 Rodentia	鼠科 Muridae	白腹鼠属 Niviventer	针毛鼠 Niviventer fulvescens